"十二五"职业教育国家规划教材
经全国职业教育教材审定委员会审定

O2O | 职业院校O2O新形态立体化系列规划教材

常用工具软件

立体化教程 | 微课版

张传勇 刘华威 ◎ 主编
潘治国 程晓蕾 张凌飞 ◎ 副主编

人民邮电出版社
北京

图书在版编目（CIP）数据

常用工具软件立体化教程 ：微课版 / 张传勇，刘华威主编. -- 2版. -- 北京 ：人民邮电出版社，2017.9(2021.2重印)
职业院校020新形态立体化系列规划教材
ISBN 978-7-115-46202-2

Ⅰ. ①常… Ⅱ. ①张… ②刘… Ⅲ. ①软件工具－职业教育－教材 Ⅳ. ①TP311.561

中国版本图书馆CIP数据核字(2017)第184582号

内 容 提 要

本书主要讲解常用工具软件的使用，包括磁盘管理工具、系统工具、安全防护工具、光盘工具、文档文件工具、图像处理工具、影音播放与编辑工具、网络通信工具、文件传输工具和智能辅助工具等知识。

本书采用项目式的方式对知识点进行讲解，每个任务主要由任务目标、相关知识和任务实施3个部分组成，然后再进行强化实训。每个项目最后总结了技巧提升，并安排了相应的练习进行实践。本书着重于对学生实际应用能力的培养，将职业场景引入课堂教学中，让学生提前进入工作的角色。

本书适合作为职业院校计算机应用等相关专业的教材，也可作为各类社会培训学校的教材，同时还可供计算机初学者自学参考。

◆ 主　　编　张传勇　刘华威
副 主 编　潘治国　程晓蕾　张凌飞
责任编辑　马小霞
责任印制　马振武

◆ 人民邮电出版社出版发行　　北京市丰台区成寿寺路11号
邮编　100164　　电子邮件　315@ptpress.com.cn
网址　http://www.ptpress.com.cn
固安县铭成印刷有限公司印刷

◆ 开本：787×1092　1/16
印张：14　　2017年9月第2版
字数：347千字　　2021年2月河北第9次印刷

定价：39.80元

读者服务热线：(010)81055256　印装质量热线：(010)81055316
反盗版热线：(010)81055315
广告经营许可证：京东市监广登字20170147号

前　言

PREFACE

根据现代教育教学的需要，我们于 2014 年组织了一批优秀的、具有丰富的教学经验和实践经验的作者团队编写了本套“职业院校 O2O 新形态立体化系列规划教材”。

教材进入学校已有三年多的时间，在这段时间里，我们很庆幸这套图书能够帮助老师授课，并得到广大老师的认可；同时我们更加庆幸，很多老师在使用教材的同时，给我们提出了宝贵的建议。为了让本套书更好地服务于广大老师和同学，我们根据一线老师的建议，开始着手教材的改版工作。改版后的套书拥有案例更多、练习更多和实用性更强等优点。在教学方法、教学内容、教学资源 3 个方面体现出自己的特色，更加适合现代教学需要。

教学方法

本书根据“情景导入→课堂知识→项目实训→课后练习→技巧提升”5 段教学法，将职业场景、软件知识 、行业知识进行有机整合，各个环节环环相扣，浑然一体。

- **情景导入**：本书以日常办公中的场景开展，以主人公的实习情景模式为例引入各章教学主题，让学生了解相关知识点在实际工作中的应用情况。书中设置的主人公如下。

  米拉：职场新进人员，昵称小米。

  洪钧威：人称老洪，米拉的顶头上司，职场的引入者。
- **课堂知识**：具体讲解与本书相关的各个知识点，并尽可能通过实例、操作的形式将难以理解的知识展示出来。在讲解过程中，穿插有“知识补充”和“操作提示”小栏目，提升学生的软件操作技能，扩宽学生的知识面。
- **项目实训**：结合课堂知识，以及实际工作的需要进行综合训练。训练注重学生的自我总结和学习，所以在项目实训中，我们只提供适当的操作思路及步骤提示供参考，要求学生独立完成操作，充分训练学生的动手能力。
- **课后练习**：结合本章内容给出难度适中的练习题、上机操作题，可以让学生强化巩固所学知识。
- **技巧提升**：以本章讲解的知识为主导，以帮助有需要的学生深入学习相关的知识，达到融会贯通的目的。

教学内容

本书的教学目标是循序渐进地帮助学生掌握使用常用工具软件的方法，并能通过使用工具软件完成工作和学习上的各种任务。全书共 10 个项目，可分为以下 5 个方面的内容。

- **项目一～项目四**：主要讲解与操作系统密切相关的工具软件，包括磁盘管理工具、系统工具、安全防护工具和光盘工具的使用方法等知识。
- **项目五**：主要讲解使用 Adobe Acrobat 阅读编辑 PDF 文档、使用有道词典即时翻译、使用 WinRAR 压缩文件、使用格式工厂转换文件格式等文件文档相关的操作。

- **项目六～项目七**：主要讲解图片、音频和视频相关知识，如图片抓取、浏览、编辑处理、美化美容、影音文件播放与编辑制作等操作。
- **项目八～项目九**：主要讲解与网络密切相关的工具软件，包括使用 Foxmail 收发邮件、使用腾讯 QQ 即时通信、使用迅雷下载网络资源、运用百度网盘进行文件传输等知识。
- **项目十**：主要讲解了智能辅助工具，如 360 手机助手、微信电脑客户端、易企秀等的使用。

平台支撑

人民邮电出版社充分发挥在线教育方面的技术优势、内容优势、人才优势，潜心研究，为读者提供一种“纸质图书 + 在线课程”相配套，全方位学习常用工具软件的解决方案。读者可根据个人需求，利用图书和“微课云课堂”平台上的在线课程进行碎片化、移动化的学习，以便快速全面地掌握常用工具软件的相关知识。

“微课云课堂”目前包含近 50000 个微课视频，在资源展现上分为“微课云”“云课堂”这两种形式。“微课云”是该平台中所有微课的集中展示区，用户可随需选择；“云课堂”是在现有微课云的基础上，为用户组建的推荐课程群，用户可以在“云课堂”中按推荐的课程进行系统化学习，或者将“微课云”中的内容进行自由组合，定制符合自己需求的课程。

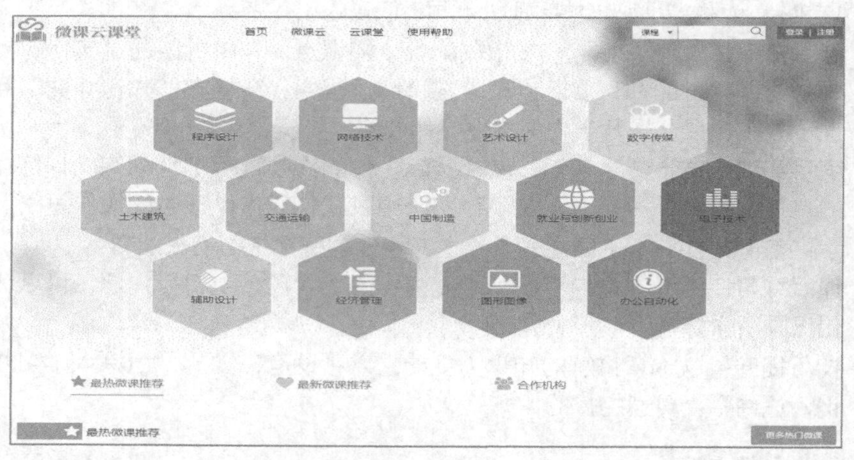

- **“微课云课堂”主要特点**

微课资源海量，持续不断更新：“微课云课堂”充分利用了出版社在信息技术领域的优势，以人民邮电出版社 60 多年的发展积累为基础，将资源经过分类、整理、加工以及微课化之后提供给用户。

资源精心分类，方便自主学习：“微课云课堂”相当于一个庞大的微课视频资源库，按照门类进行一级和二级分类，以及难度等级分类，不同专业、不同层次的用户均可以在平台中搜索自己需要或者感兴趣的内容资源。

多终端自适应，碎片化移动化：绝大部分微课时长不超过 10 分钟，可以满足读者碎片化学习的需要；平台支持多终端自适应显示，除了在 PC 端使用外，用户还可以在移动端随心所欲地进行学习。

● **“微课云课堂”使用方法**

扫描封面上的二维码或者直接登录“微课云课堂”（www.ryweike.com）→用手机号码注册→在用户中心输入本书激活码（701cfe99），将本书包含的微课资源添加到个人账户，获取永久在线观看本课程微课视频的权限。

此外，购买本书的读者还将获得一年期价值 168 元的 VIP 会员资格，可免费学习 50000 微课视频。

教学资源

本书的教学资源包括以下内容。

- **素材与效果文件**：包含本书实例中涉及的所有素材文件和效果文件。
- **模拟试题库**：包含丰富的关于工具软件的相关试题，包括选择题、填空题、判断题、简答题和上机题等多种题型，读者可自动组合出不同的试卷进行测试。另外，还提供了两套完整的模拟试题，以便读者测试和练习。
- **PPT 课件和教学教案**：包括 PPT 课件和 Word 文档格式的教学教案，以便老师顺利开展教学工作。
- **拓展资源**：包含常用工具软件下载地址速查表。

特别提醒：上述教学资源可访问人民邮电出版社人邮教育社区（http://www.ryjiaoyu.com/）搜索书名下载，或者发电子邮件至 dxbook@qq.com 索取。

本书涉及的所有案例、实训、讲解的重要知识点都提供了二维码，只需使用手机或平板电脑扫描即可查看对应的操作演示以及知识点的讲解内容，方便灵活运用碎片时间，即时学习。

本书由张传勇、刘华威任主编，潘治国、程晓蕾、张凌飞任副主编，虽然编者在编写本书的过程中倾注了大量心血，但恐百密之中仍有疏漏，恳请广大读者及专家不吝赐教。

编　者

2017 年 7 月

目录

CONTENTS

项目一　磁盘管理工具　1

项目二　系统工具　13

项目三　安全防护工具　35

项目四　光盘工具　53

项目五　文档文件工具　73

项目六　图像处理工具　101

项目七 影音播放与编辑工具 131

项目八 网络通信工具 159

项目九 文件传输工具 175

项目十 智能辅助工具 191

PART 1

项目一 磁盘管理工具

情景导入

米拉：老洪，我对我的计算机磁盘分区不满意，该怎么调整容量大小呢？

老洪：你可以使用 DiskGenius 重新分配磁盘分区的容量，它是一款专业磁盘管理的软件。

米拉：我的计算机中有些文件不小心被删除了，能够重新找回来吗？

老洪：当然可以，你可以使用 FinalData 数据恢复软件恢复被删除文件。FinalData 是一款经典的数据恢复软件，操作简单，只需根据向导提示进行操作即可，并且文件恢复率较高。

米拉：听你这样说，我踏实多了，不用担心丢失的文件再也找不回来了，我要好好学习这两款软件。

学习目标

- 掌握使用 DiskGenius 调整分区容量的方法
- 掌握使用 DiskGenius 创建分区的方法
- 掌握使用 FinalData 恢复被删除和丢失文件的方法
- 掌握使用 FinalData 修复 Office 文件的方法

技能目标

- 能使用 DiskGenius 进行磁盘的基本管理
- 能使用 FinalData 恢复被删除和丢失文件

任务一　使用 DiskGenius 为磁盘分区

DiskGenius 是一款高性能、高效率、在 Windows 环境下运行的磁盘分区和管理软件，该软件可以对磁盘进行新建分区、重新分区、格式化分区和调整分区大小等操作。

一、任务目标

本任务将利用 DiskGenius 优化磁盘，提高应用程序和系统运行速度，并且在不损失磁盘数据的情况下调整分区大小，并对磁盘进行分区管理。主要练习创建分区、调整分区容量、无损分割分区的操作。通过本任务的学习，掌握使用 DiskGenius 为磁盘分区的基本操作。

二、相关知识

启动 DiskGenius，进入 DiskGenius 操作界面，如图 1-1 所示，该界面由标题栏、菜单栏、工具栏和驱动器显示窗口等组成。

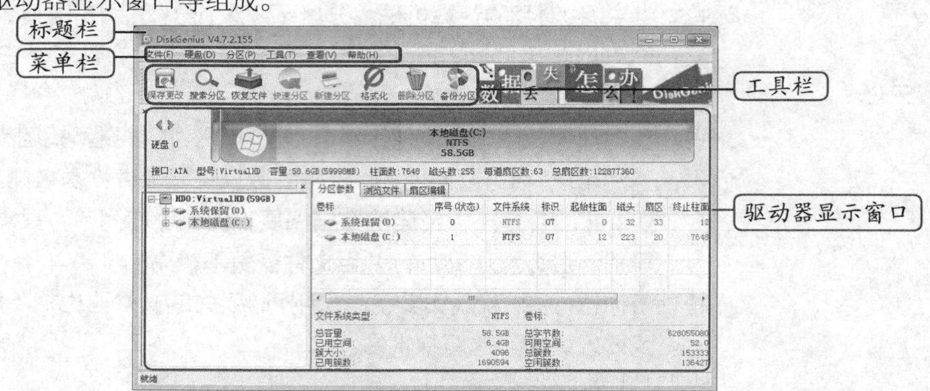

图 1-1　DiskGenius 的操作界面

在进行磁盘分区管理的操作前需先介绍一下磁盘和分区的相关知识。

- 磁盘属于存储器，由金属磁片制成，而磁片有记忆功能，所以存储到磁片上的数据，不论是开机还是关机，都不会丢失。
- 硬盘分区有 3 种，包括主磁盘分区、扩展磁盘分区和逻辑分区。一个硬盘可以有一个主分区，一个扩展分区，也可以只有一个主分区没有扩展分区，逻辑分区可以有若干个。主分区是硬盘的启动分区，它是独立的，也是硬盘的第一个分区，一般是 C 盘。分出主分区后，通常将剩下的部分全部分成扩展分区，但扩展分区是不能直接使用的，它要以逻辑分区的方式来使用，因此扩展分区可分成若干逻辑分区。它们的关系是包含与被包含的关系，每个逻辑分区都是扩展分区的一部分。

应降低磁盘分区软件的使用频率

磁盘分区软件应尽量少用，因为对磁盘分区的操作有一定危险性，一旦在使用时遇到断电的情况，可能存在数据丢失或磁盘损坏的风险。

三、任务实施

（一）调整分区容量

使用 DiskGenius 来调整分区容量是指增大或缩小该分区的容量，但磁盘的总容量不会发生改变，因此指定的另一个分区容量会相应地缩小或扩大。下面的实例中，磁盘已经安装了操作系统，但是没有分区，这里将系统盘 C 缩小为 20GB，其具体操作如下。

（1）启动 DiskGenius，选择“本地磁盘 (C:)”选项，选择【分区】/【调整分区大小】菜单命令，如图 1-2 所示。

（2）打开“调整分区容量”对话框，在“调整后容量”数值框中输入“20GB”，单击 开始 按钮，如图 1-3 所示。

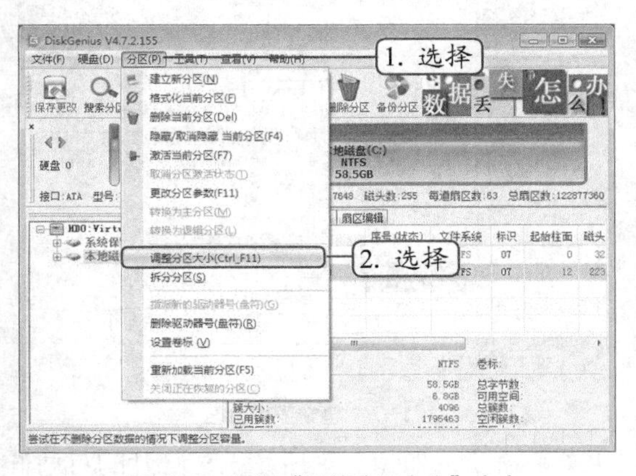

图 1-2　选择“调整分区大小”命令

图 1-3　设置分区容量

（3）在打开的“DiskGenius”提示框中单击 是 按钮，如图 1-4 所示。

（4）打开“需要在 DOS 下执行”提示框，单击选中 完成后: 复选框和 重启Windows 单选项，单击 确定 按钮，如图 1-5 所示。

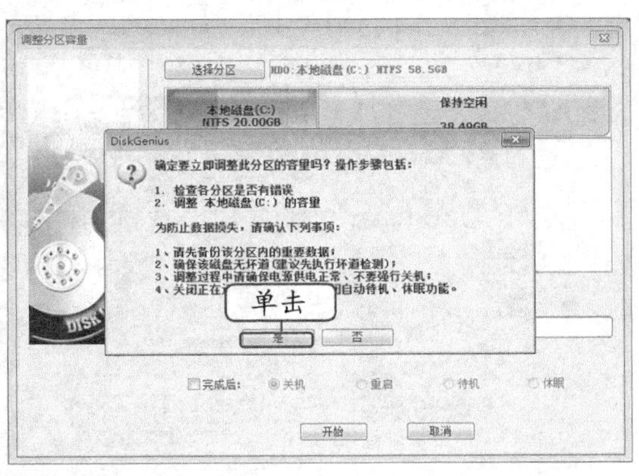

图 1-4　确认操作

图 1-5　打开“需要在 DOS 下执行”提示框

（5）在打开的“DiskGenius”提示框中单击 确定 按钮，计算机将进行分区容量的调整，并显示调整进度条，完成后计算机自动重启，完成调整分区容量的操作。

（二）创建分区

使用 DiskGenius 软件可以方便地在现有磁盘的基础上再新建一个分区，下面将系统盘缩小后磁盘的空闲容量创建为新的分区，其具体操作如下。

（1）启动 DiskGenius，在磁盘状态栏中选择“空闲”磁盘，单击“新建分区”按钮，在打开的对话框中单击选中扩展磁盘分区单选项，分区大小保持默认，单击确定按钮，如图 1-6 所示。

（2）再次单击“新建分区”按钮，在打开的对话框中单击选中逻辑分区单选项，其他设置保持默认，单击确定按钮，如图 1-7 所示。

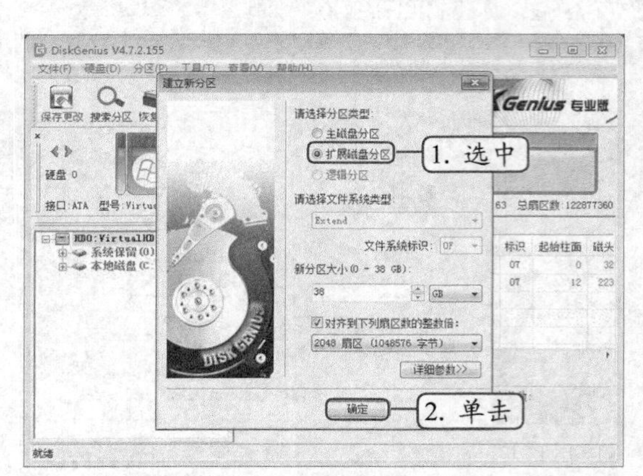

图 1-6　建立扩展磁盘分区

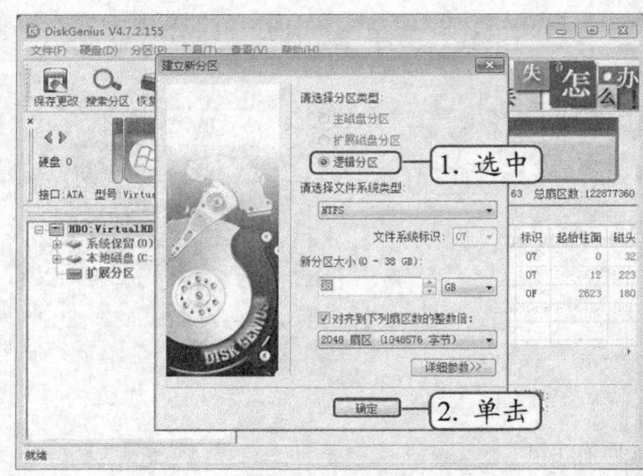

图 1-7　建立逻辑分区

（3）完成分区后，选择【硬盘】/【保存分区表】菜单命令，如图 1-8 所示，在打开的对话框中单击是(Y)按钮确认保存分区表，或单击“保存更改”按钮，使磁盘格式化有效进行。

（4）单击“格式化”按钮，在打开的“格式化分区”对话框中单击格式化按钮，将分区后的磁盘空间按指定的文件系统格式划分存储单元，即用于文件管理的磁盘空间，如 D 盘、E 盘、F 盘等，如图 1-9 所示。再在打开的提示对话框中单击是(Y)按钮。

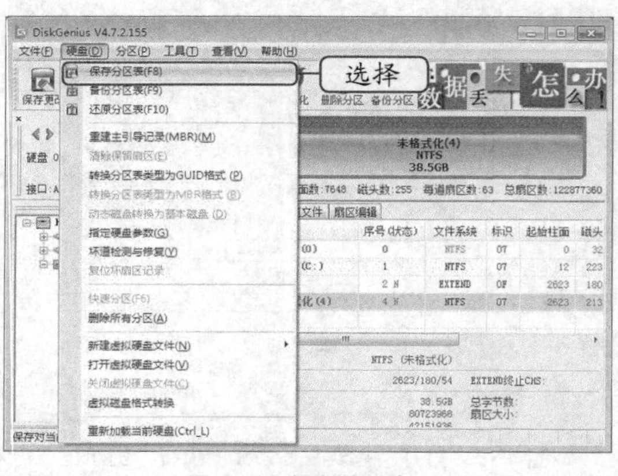

图 1-8　保存分区表

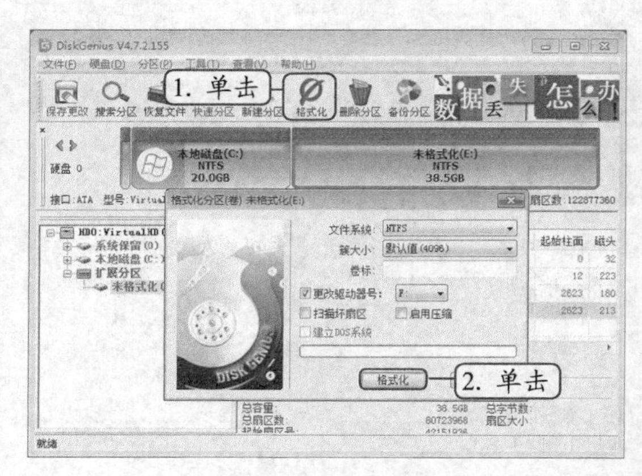

图 1-9　格式化分区

重启使设置生效

在某些情况下，当执行完任务后，软件会自动重启计算机，并在重新进入系统之前执行所有操作。这里需要用户手动重启计算机，以使操作生效。

（三）无损分割分区

使用 DiskGenius 还可以将一个含有数据的分区分割为两个分区，并且可以自定义每个分区中保存的数据，但是无损分区仍然有一定风险，建议先备份资料再进行分区。其具体操作如下。

（1）启动 DiskGenius，在操作主界面左侧的分区列表中选择 F 盘，然后选择【分区】/【调整分区大小】菜单命令，如图 1-10 所示。

（2）打开“调整分区容量”对话框，在“调整后容量”数值框中输入“20GB”，然后单击“本地磁盘 F”按钮，激活“分布后部的空间”右侧的下拉列表框，选择“建立新分区”选项，单击 开始 按钮，如图 1-11 所示。

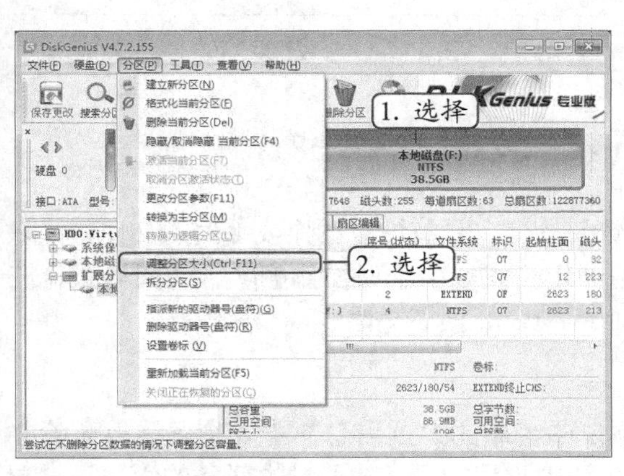

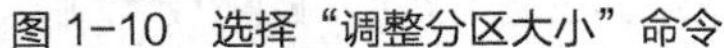
图 1-10　选择“调整分区大小”命令

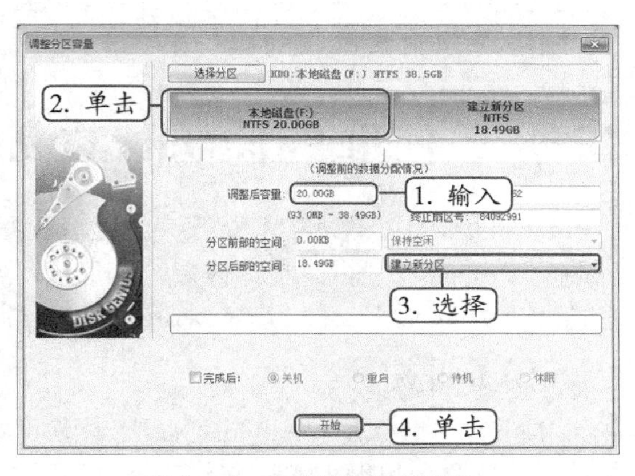

图 1-11　设置分割分区的参数

无损分割分区注意事项

在进行无损分割分区操作时，应将“调整后容量”的数值设置大于当前分区中存放文件的容量，如这里分区中存放的容量为 20GB，那么“调整后容量”的数值应大于 21GB，否则将出现错误，严重时将丢失文件。

（3）在打开的“DiskGenius”提示框中单击 是 按钮，如图 1-12 所示，开始对所选分区执行分割操作，并显示分割进度。

（4）完成分割后，在打开的对话框中单击 完成 按钮，返回 DiskGenius 工作界面，可查看到分割分区后的效果，如图 1-13 所示。

删除分区重新分配

如果对分区容量分配结果不满意，可单击“删除分区”按钮，以删除分区，将其转换为空闲容量，然后再创建新的分区，重新对分区的容量大小进行配置。

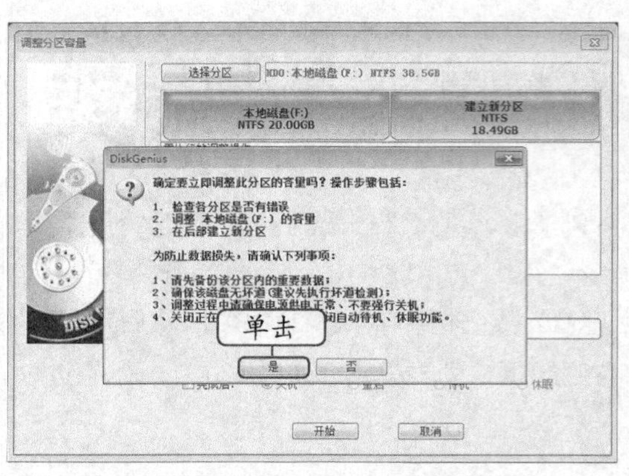

图 1-12　确认操作

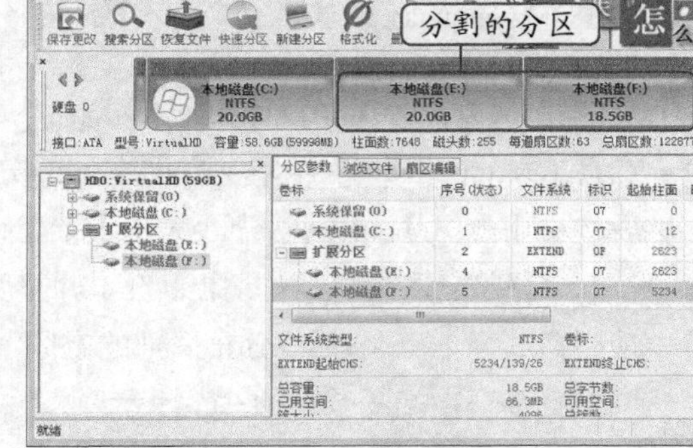

图 1-13　分区效果

任务二　使用 FinalData 恢复磁盘数据

FinalData 是一款功能非常强大的磁盘数据恢复软件，具有恢复删除或丢失的文件、恢复已删除 E-mail 和 Office 文件修复等功能，可帮助用户恢复由于误操作删除，或因格式化磁盘造成丢失的数据，还可修复 Word、Excel 或 PowerPoint 损坏文件。

一、任务目标

本任务的目标是利用 FinalData 工具软件恢复磁盘中的数据信息，主要练习恢复删除数据或丢失文件，以及 Office 文件的修复等工作生活中常用的操作。通过本任务的学习，掌握使用 FinalData 恢复磁盘数据的操作方法。

二、相关知识

FinalData 是一款经典的数据恢复软件，具有强大的数据恢复功能。当文件被误删除（且回收站中已清除）、FAT 表或者磁盘分区被病毒侵蚀造成文件信息全部丢失、物理故障造成 FAT 表或者磁盘分区不可读，以及磁盘格式化造成的全部文件信息丢失后，FinalData 都能够通过直接扫描目标磁盘抽取并恢复出文件信息（包括文件名、文件类型、原始位置、创建日期、删除日期、文件长度等，用户可以根据这些信息方便地查找和恢复需要的文件。甚至在数据文件已经被部分覆盖后，FinalData 也可以将剩余部分文件恢复出来。

启动 FinalData 软件，进入操作主界面，如图 1-14 所示。该界面简洁直观，左侧有相应的功能按钮，单击其中的功能按钮，右侧窗口将显示对应功能的说明信息，引导用户完成操作。

微课视频

恢复删除或丢失的文件

三、任务实施

（一）恢复删除或丢失的文件

当数据文件丢失或被误删除后，若在回收站中也不能找到，此时便可使用 FinalData 软件对其进行恢复，其具体操作如下。

（1）启动 FinalData，在左侧单击恢复删除/丢失文件按钮，在打开的界面中选择恢复类型，这里单击恢复已删除文件按钮，如图 1-15 所示，执行恢复已删除文件的操作。

（2）在打开界面的左侧列表框中选择扫描的磁盘区，然后单击 扫描 按钮，如图 1–16 所示，软件开始扫描文件。

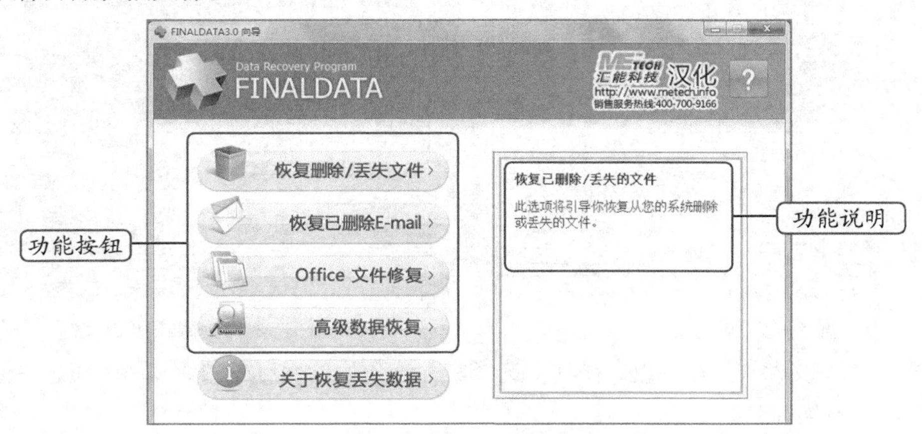

图 1–14　FinalData 操作界面

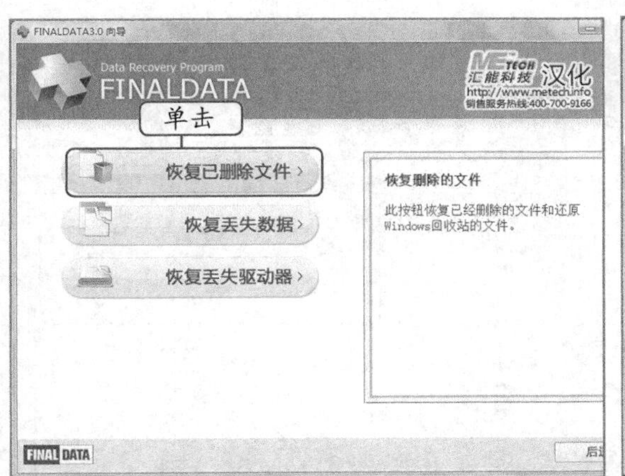

图 1–15　选择恢复已删除文件

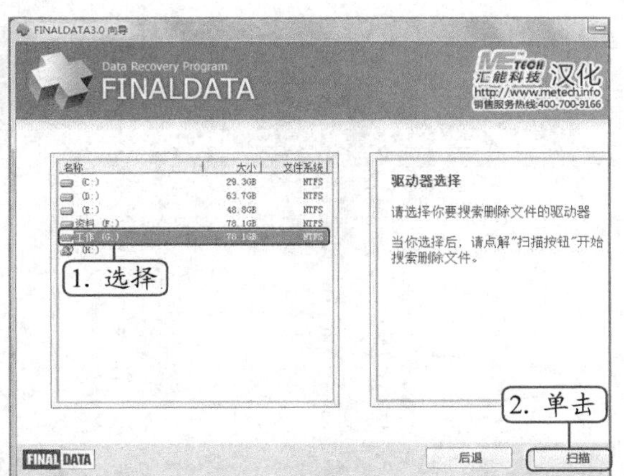

图 1–16　选择扫描分区

恢复丢失数据或驱动器

单击 恢复丢失数据 按钮，用于恢复磁盘中所丢失的文件，单击 恢复丢失驱动器 按钮，用于恢复丢失的磁盘分区。操作与恢复已删除文件的操作相同，其花费的时间较长，需要耐心等待。

（3）软件开始对所选分区 F 进行扫描，扫描结束后，列表框中将显示该分区中被删除的文件，单击 资源管理器视图选择 按钮，打开“搜索 / 过滤器”对话框，单击选中 显示特定文件 单选项，然后单击选中 多媒体（ASF, AVI, MOV, MP3, MPG, RM, WAV, SWF, ASX）复选框，单击 确定 按钮，筛选多媒体文件格式，如图 1–17 所示。

（4）列表框中将显示该分区中被删除的多媒体文件，选择要恢复的文件选项，然后单击 恢复 按钮，如图 1–18 所示。

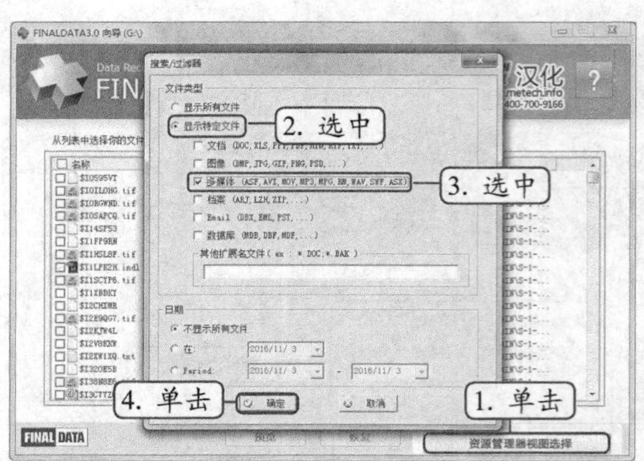

图 1-17　筛选文件

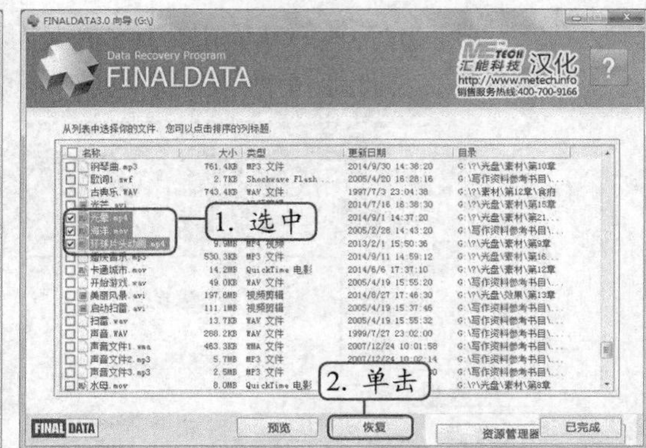

图 1-18　选择要恢复的文件

（5）打开“浏览文件夹”对话框，在其中选择文件恢复后的保存位置，然后单击 确定 按钮，如图 1-19 所示。

（6）软件开始恢复文件，恢复完成后。在设置的保存位置即可看到恢复的文件，如图 1-20 所示。

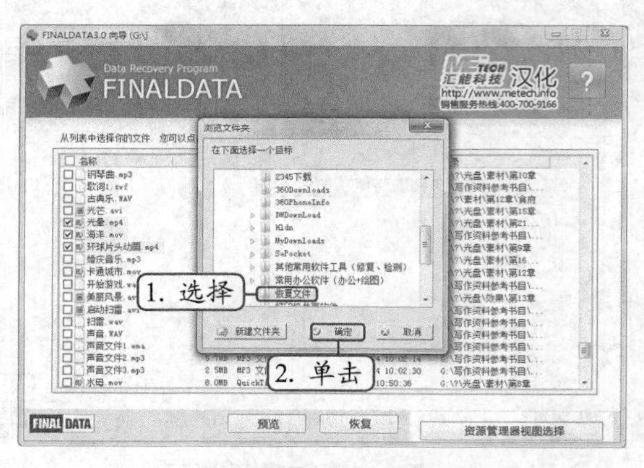

图 1-19　设置恢复文件的保存位置

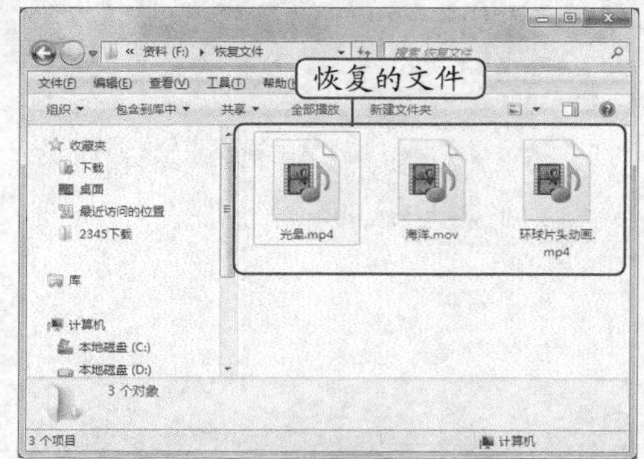

图 1-20　成功恢复删除的文件

（二）修复 Office 文件

FinalData 可专门用于修复损坏的 Word、Excel 和 PowerPoint 文件，其具体操作如下。

微课视频
修复 Office 文件

（1）启动 FinalData，在左侧单击 Office 文件修复 按钮，在打开的界面中选择修复 Office 文件类型，这里单击 MS Word 按钮，如图 1-21 所示。

（2）在打开界面的左侧列表框中选择磁盘分区，在右侧列表框中依次双击保存修复文件的文件夹选项，如图 1-22 所示。

（3）选择要修复的 Word 文件，然后单击 修复 按钮，如图 1-23 所示。

（4）在打开对话框的“浏览文件夹”中选择文件恢复后的保存位置，然后单击 确定 按钮，如图 1-24 所示。

（5）软件将开始修复 Word 文件，修复完成后，单击 确定 按钮，如图 1-25 所示。

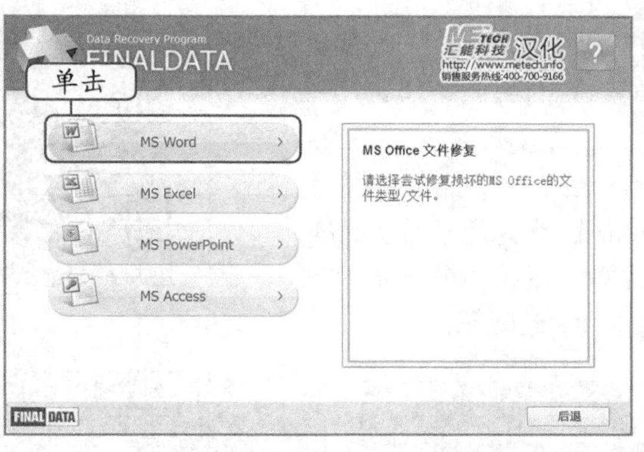

图 1-21　选择要修复的文件类型

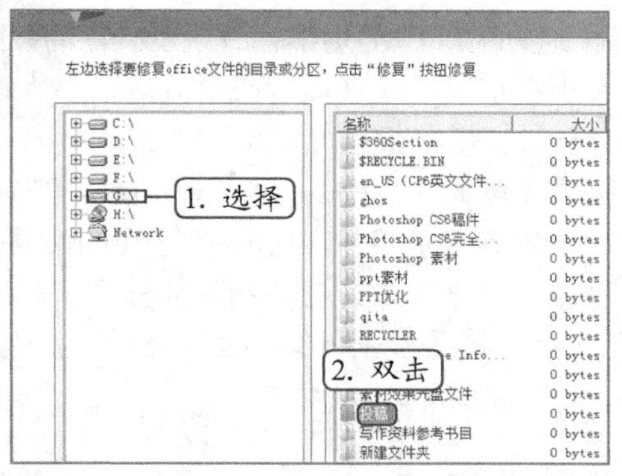

图 1-22　文件保存的位置

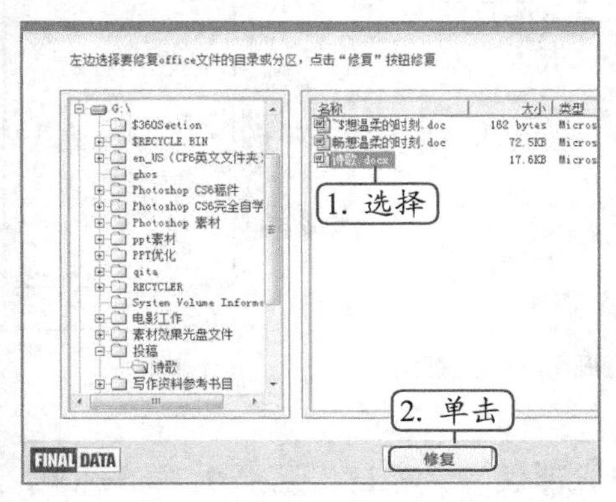

图 1-23　选择要修复的文件

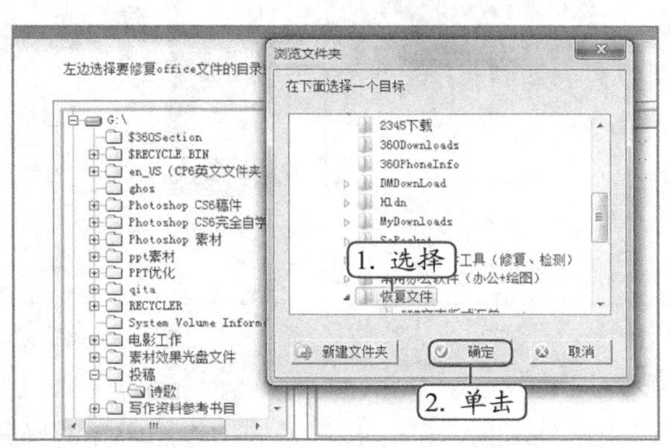

图 1-24　设置修复文件的保存位置

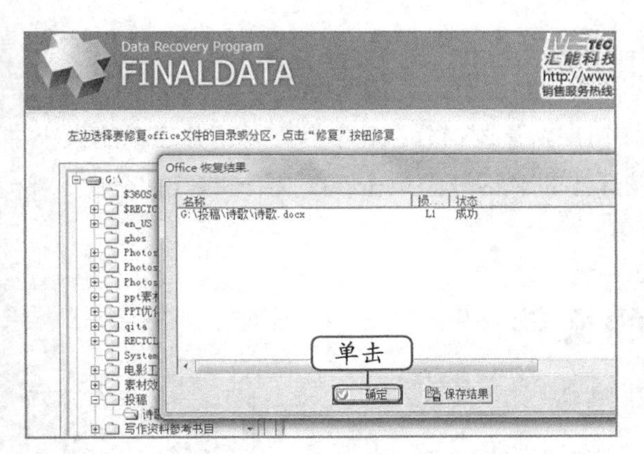

图 1-25　完成修复

知识补充　修复后的文件格式

FinalData 修复损坏的 Word、Excel 和 PowerPoint 文件，文件的文字内容将以.txt文档格式保存，图片内容将以单独的图片文件保存。

实训一　重新划分磁盘分区

【实训要求】

为了保障计算机的正常运转，通常系统盘安装操作系统后需要留有足够的剩余空间，而其他磁盘分区由于保存的文件不同，空间大小也将有所分别，如用于存放工作资料的分区可分配更多的空间，而用于存放娱乐文件的分区则可以少分配一些空间。本实训将重新划分硬盘的磁盘分区，增大系统盘的空间容量，对其他磁盘分区容量重新进行分配。

【实训思路】

本实训可运用前面所学的使用DiskGenius软件为磁盘分区的知识来操作。先删除系统盘外的其他分区，然后增大系统盘分区的空间，最后对空闲容量进行重新分区。操作过程如图1-26所示。

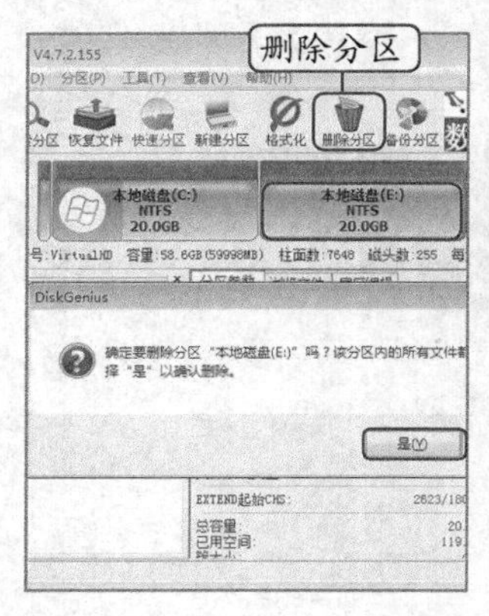

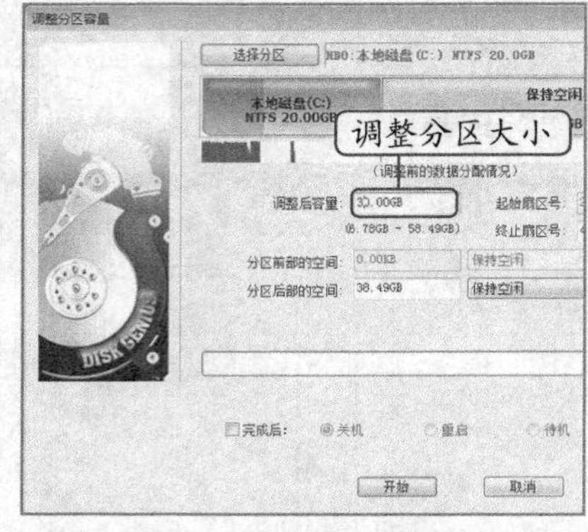

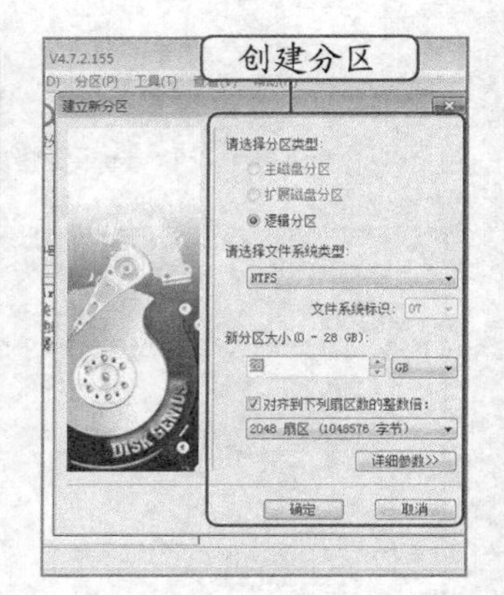

图1-26　重新划分磁盘分区操作思路示意图

【步骤提示】

（1）启动DiskGenius，在打开的主界面中先选择分区磁盘，再单击“删除分区”按钮，然后选择【硬盘】/【保存分区表】菜单命令。

（2）选择系统盘C盘，选择【分区】/【调整分区大小】菜单命令，单击选中 主磁盘分区 单选项，在“调整后容量”数值框中输入更大的容量，然后单击 开始 按钮。

（3）选择“空闲”磁盘，单击“新建分区”按钮新建逻辑分区，根据需要划分磁盘的大小，完成后单击“保存更改”按钮，再在打开的对话框中单击 是(Y) 按钮格式化分区，最后重启计算机使设置生效。

实训二　恢复F盘中被删除的文件

【实训要求】

本实训要求使用工具软件恢复F盘中被删除的文件。进一步熟悉使用FinalData工具软件恢复被删除文件的操作方法。

微课视频

恢复F盘中被删除的文件

【实训思路】

本实训将运用前面所学的使用FinalData软件恢复磁盘数据的知识进行操作。启动软件后，先选择需要恢复的文件，再选择另外的磁盘作为存放该恢复文件的位置，操作过程如图1-27所示。通过该思路，还可以尝试使用该软件来恢复其他磁盘中被删除的文件。

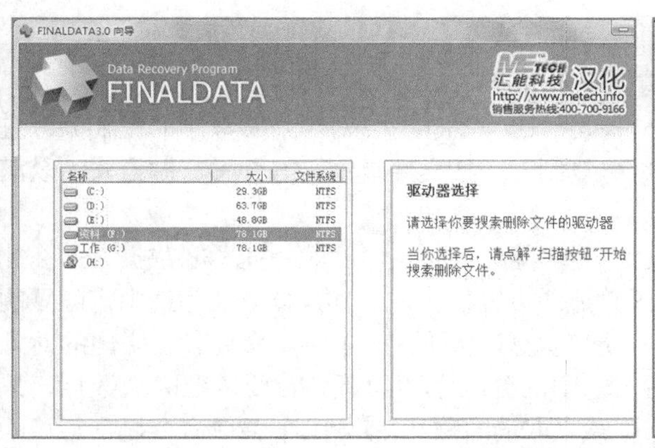

图 1-27　恢复 F 盘中被删除的文件示意图

【步骤提示】

（1）启动 FinalData，依次单击 恢复删除/丢失文件 和 恢复已删除文件 按钮。

（2）在打开界面选择“F 盘”选项，然后单击 扫描 按钮，软件开始扫描文件。

（3）扫描结束后，根据需要筛选文件格式，然后在筛选结果中选择要恢复的文件选项，单击 恢复 按钮。

（4）在打开的“浏览文件夹”对话框中设置回复文件的保存位置，然后单击 确定 按钮，开始恢复文件。

课后练习

练习 1：磁盘分区

安装 DiskGenius，启动该软件后查看当前计算机上各磁盘的分区，然后练习对分区进行调整容量和分割分区等操作。

练习 2：恢复彻底删除的文件

尝试使用 FinalData 软件，恢复计算机中被彻底删除的文件。

技巧提升

1．其他磁盘分区管理软件

除了 DiskGenius 磁盘分区工具外，还有 DM（Disk Manager）、Fdisk 和 PartitionMagic 等，这些软件都是硬盘分区管理工具，主要用于磁盘的分区管理，如格式化分区、新建分区、调整分区大小等。

2．其他数据恢复软件

FinalData 是一款操作简单的数据恢复软件，与之同类型的软件还有 RecoverNT、EasyRecovery 和迅捷数据恢复软件等，它们都拥有恢复被破坏的磁盘中丢失的引导记录、BIOS 参数数据块、分区表、FAT 表以及引导区等功能，使用和操作方法相似。

3．DiskGenius 软件两种常见的管理磁盘的方法

除前面介绍的内容外，DiskGenius 还有以下两种管理磁盘的操作。

- **备份分区**：用 DiskGenius 提供的“备份分区”功能可以对当前磁盘中的重要分区进行备份。提供“全部复制”“按结构复制”“按文件复制”等 3 种复制方式，以满足不同需求。
- **隐藏分区**：为了工作或生活需要，有时可能会在磁盘中隐藏一些私密数据，那么此时利用 DiskGenius 软件的隐藏分区功能即可轻松实现。其操作方法为选中需隐藏的分区，然后选择【分区】/【隐藏 / 取消隐藏 当前分区】菜单命令，在弹出的对话框中单击“确定”按钮，即可将选中的分区立即隐藏。若要读取隐藏数据，只需在主界面再次执行【分区】/【隐藏 / 取消隐藏 当前分区】菜单命令显示隐藏的分区。

4．使用 DiskGenius 恢复文件

使用 DiskGenius 软件也可以恢复计算机中被删除的文件，其操作方法与使用 FinalData 相似，启动软件后，首先需在磁盘栏中选择分区选项，然后单击“恢复文件”按钮，打开“恢复文件”对话框，在“选择恢复方式”栏中可设置恢复方式，单击选中“仅恢复误删除的文件”单选项，用于恢复误删除文件，单击选中“完整恢复”单选项，则进行完成数据恢复，单击“选择文件类型”按钮，在打开的对话框中可设置恢复文件的文件类型。单击“开始”按钮即可开始扫描删除的文件，扫描完成后，在下方列表框的“浏览文件”选项卡中显示被删除的文件或文件夹，在需要恢复的文件上单击鼠标右键，在弹出的快捷菜单中选择“复制”命令，可将文件复制到桌面、我的文档或指定的文件夹中，如图 1-28 所示。

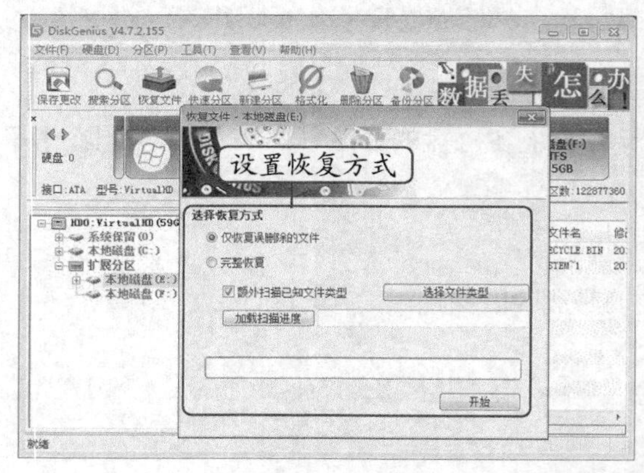

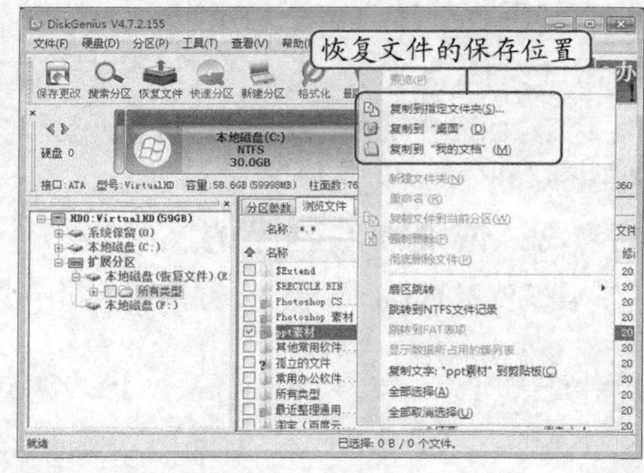

图 1-28　使用 DiskGenius 恢复文件

PART 2

项目二 系统工具

情景导入

老洪：米拉，你的计算机最近运行是不是越来越慢了？

米拉：是呀，我一直在想办法解决，却束手无策。

老洪：那你可以尝试使用Windows 7优化大师来对系统性能进行优化。另外，还可以使用驱动精灵对系统进行维护，如诊断系统、管理系统的驱动程序，使计算机稳定高效运行。

米拉：那有没有什么工具可以对系统进行备份呢？

老洪：这个简单，推荐你使用 Ghost 备份和还原系统，这款软件已经久经沙场了，对系统备份和还原的操作非常高效。

米拉：这样呀，那么我认真学习相关知识后，计算机系统若出现问题，就再也不用愁了！

学习目标

- 掌握使用 Windows 7 优化大师优化系统的各类操作方法
- 掌握使用驱动精灵管理驱动程序以及系统诊断等系统维护操作
- 掌握使用 Ghost 备份和还原系统的操作方法
- 了解 MaxDOS 控制台的相关知识

技能目标

- 能使用 Windows 7 优化大师提升系统性能
- 能使用驱动精灵进行系统常规维护
- 能使用 Ghost 备份和还原操作系统

任务一 使用 Windows 7 优化大师优化系统

Windows 7 优化大师是国内首款完全针对 Windows 7 操作系统开发的一款系统增强优化工具，可以有效地改善程序的响应速度，增强系统稳定性，完全兼容 Windows 7 操作系统，同时可以运行在 Windows Vista、Windows XP、Windows 2008、2003 等 Windows 操作系统平台。

一、任务目标

本任务的目标是利用 Windows 7 优化大师对系统进行优化，减小系统冗余，其中将主要涉及使用优化向导、优化系统性能、系统清理等操作。通过本任务的学习，掌握使用 Windows 7 优化大师的基本操作。

二、相关知识

Windows 7 优化大师的操作界面如图 2-1 所示，主要包括 3 个板块，分别介绍如下。

图 2-1 Windows 7 优化大师操作界面

- **功能选项卡**：系统检测、系统优化、系统清理和系统维护。
- **功能导航栏**：Windows 7 优化大师的功能选项卡包括很多具体的功能，详细说明请参照各模块的功能说明。
- **信息与功能应用显示区**：当选择到具体功能模块时，该区域会显示详细的模块信息，根据功能模块的不同，所显示的信息也会不同。

三、任务实施

（一）使用优化向导

安装好 Windows 7 优化大师后，就可以使用优化大师对系统进行优化了。初次使用 Windows 7 优化大师时，将自动打开优化向导，用户可根据提示对系统进行快速优化设置。其具体操作如下。

（1）启动 Windows 7 优化大师，打开“优化向导”对话框，或在“开始”功能选项卡中，单击功能导航栏的“优化向导”选项，也可打开“优化向导”对话框。

（2）在对话框中撤销选中 □下次启动时运行此向导 复选框，保持默认单击选中 ☑优化内存及缓存、☑加速开关机速度 和 ☑加快系统运行速度 复选框，单击 保存优化设置，下一步 按钮，如图 2-2 所示。

（3）在打开的“网络优化”对话框中根据实际情况选择上网方式，然后单击 保存优化设置，下一步 按钮，如图 2-3 所示。

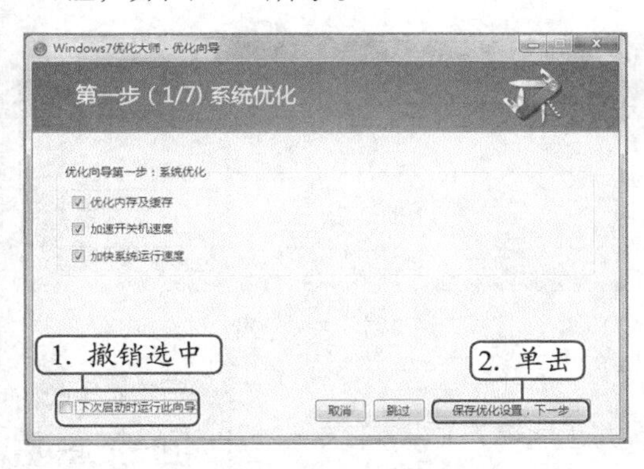

图 2-2　系统运行优化

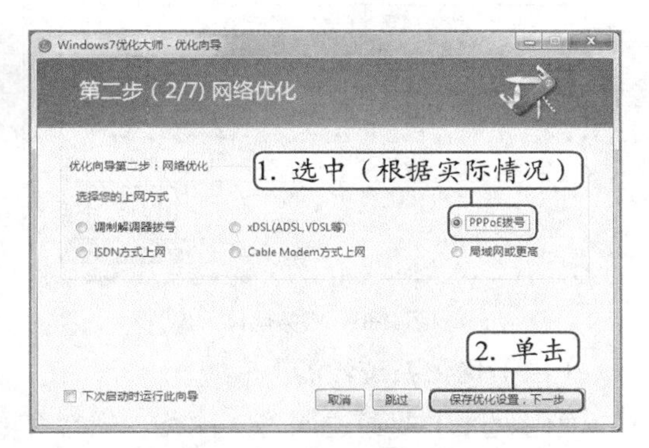

图 2-3　网络优化

（4）在打开的“IE 优化”对话框中设置 IE 浏览器的默认搜索引擎和主页，然后单击 保存优化设置，下一步 按钮，如图 2-4 所示。

（5）进入“服务优化”对话框，一般可单击选中所有复选框或保持默认设置，单击 保存优化设置，下一步 按钮，如图 2-5 所示。

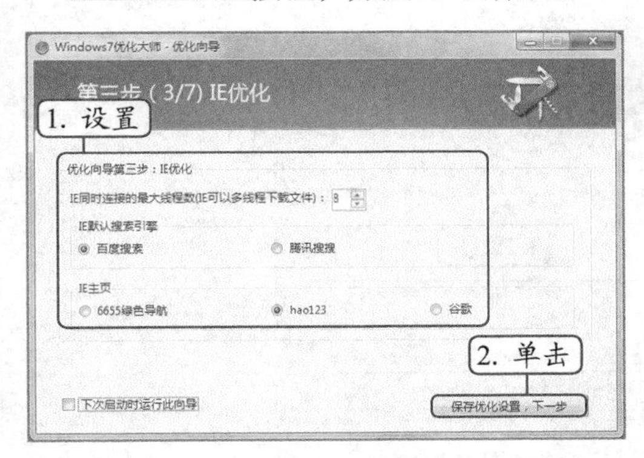

图 2-4　IE 优化

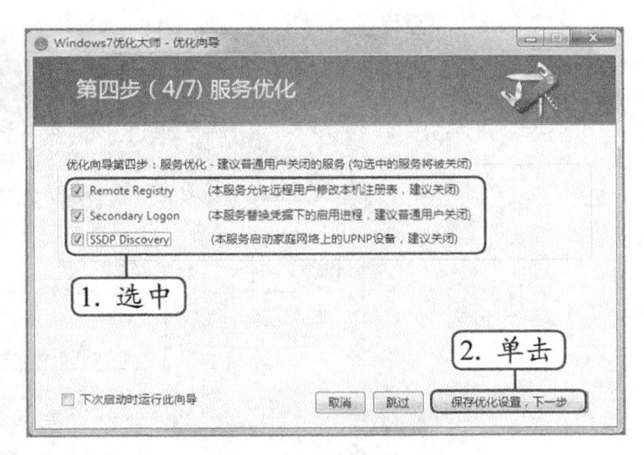

图 2-5　服务优化

操作提示

服务优化的提示

在进行系统服务优化时，应根据选项后面的说明信息进行设置，或者保持默认设置即可。如果任意关闭服务选项，可能导致系统某些特殊功能无法实现。

（6）第五步仍是“服务优化”对话框，根据实际需要进行设置，然后单击 保存优化设置，下一步 按钮，如图 2-6 所示。

（7）进入“安全优化”对话框，根据实际情况可禁用设备的自动运行、默认管理共享和分区共享，然后单击 保存优化设置，下一步 按钮，如图 2-7 所示。在打开的对话框中单击优化结束，完成本向导 按钮完成优化操作。

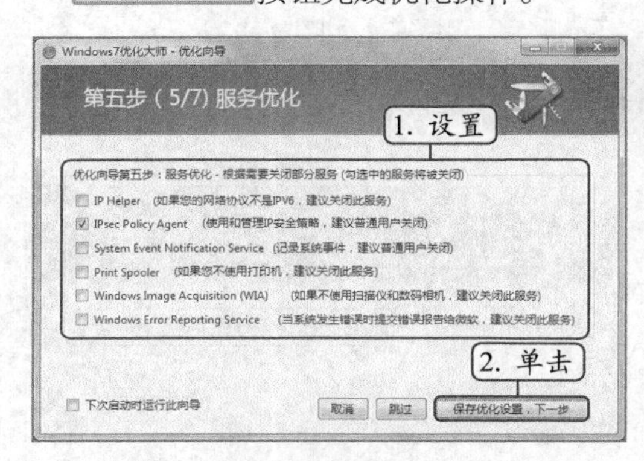

图 2-6　服务优化

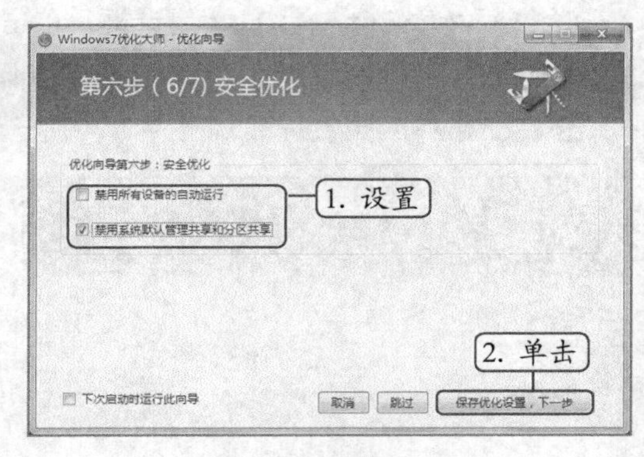

图 2-7　安全优化

（二）优化系统性能

微课视频

优化系统性能

优化大师主要通过服务、网络、内存和开机速度等方面，对系统进行优化处理，从而提高系统的总体性能，更好地提高计算机系统的稳定性和运行速度。其具体操作如下。

（1）启动 Windows 7 优化大师，单击“系统优化”选项卡，在右侧单击“系统加速”选项卡，选中 ☑ 开启SATA硬盘的高级功能以提高性能 和 ☑ 当资源管理器崩溃时则自动重启资源管理器 复选框，单击 保存设置 按钮，如图 2-8 所示，然后在打开的提示对话框中单击 是(Y) 按钮，重启资源管理器。

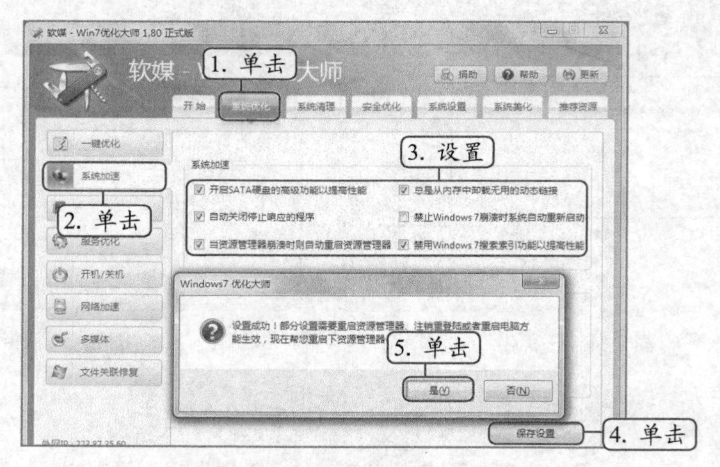

图 2-8　系统加速优化

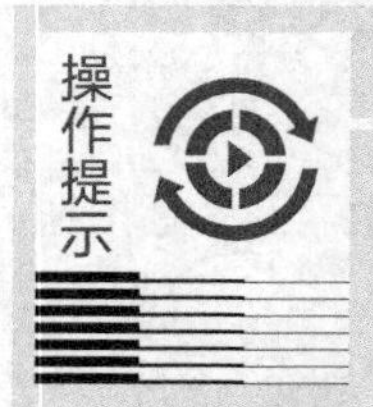

操作提示

一键优化

在“系统优化”选项卡的右侧单击“一键优化”选项卡，可进行简单快捷的优化设置，主要包括系统缓存优化、IE 优化和服务优化 3 方面的设置内容。

（2）单击“内存及缓存”选项卡，拖动“二级缓存设置”栏中的滑块，设置二级缓存大小。

若不知道具体参数，可单击 自动设置 按钮，优化大师会根据情况自动设置二级缓存。拖动“物理内存设置”栏中的滑块，设置物理内存的大小，这里单击 自动设置 按钮。然后单击 保存设置 按钮，如图 2-9 所示。

（3）单击“开机 / 关机”选项卡，在“开机速度优化”栏中单击选中☑ 启动时禁止自动检测IDE驱动器 和☑ 关闭系统启动时的声效 复选框。然后单击 保存设置 按钮，再在打开的对话框中单击 是(Y) 按钮，如图 2-10 所示。

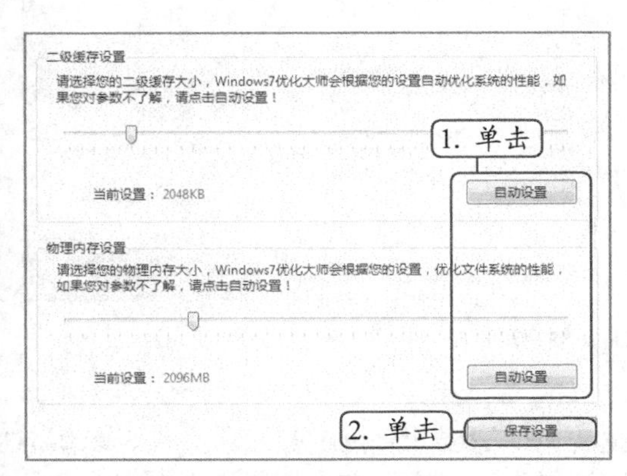

图 2-9 内存及缓存优化

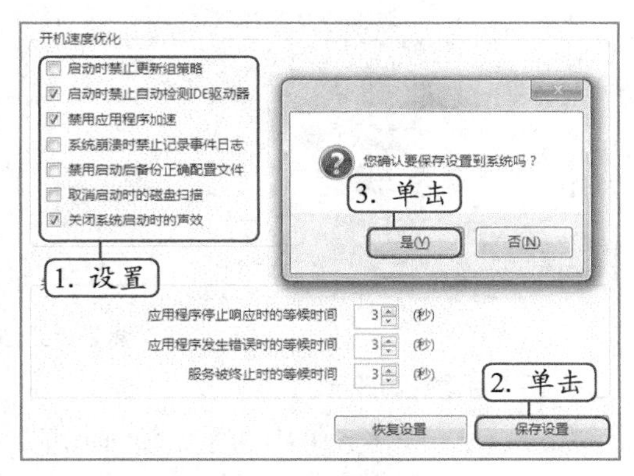

图 2-10 开机速度优化

（4）单击“网络加速”选项卡，在“选择您的上网方式”栏中选择上网方式，单击 自动优化 按钮，优化大师将自动设置最佳值，在打开的提示对话框中单击 是(Y) 按钮，返回“网络加速”选项卡，单击 保存设置 按钮，如图 2-11 所示。

（5）单击“多媒体”选项卡，进行多媒体优化设置，如单击选中☑ 加快多媒体应用程序的运行速度 和☑ 自动预览位图文件的小缩略图 复选框，如图 2-12 所示，单击 保存设置 按钮。

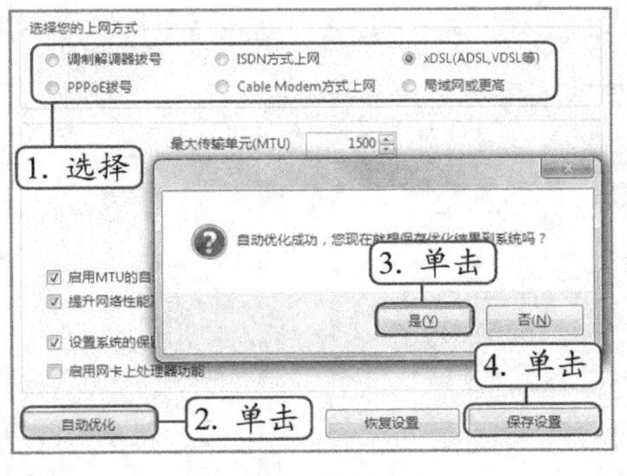

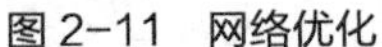

图 2-11 网络优化

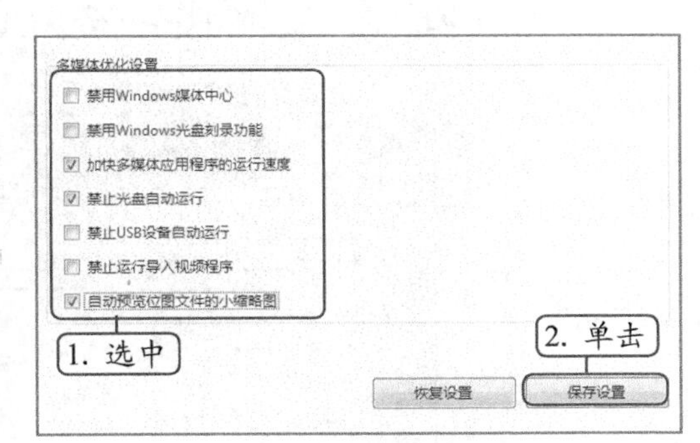

图 2-12 多媒体优化

知识补充

恢复设置

如果对优化设置效果不满意，可以在设置窗口中单击 恢复设置 按钮，快速恢复到原始参数。

（6）单击右侧的“文件关联修复”选项卡，单击选中需修复的文件类型颜色为红色，状态为不可用的复选框。单击 修复 按钮，打开完成提示框，单击 确定 按钮。返回文件关联修复列表即可完成修复，如图 2–13 所示。

图 2–13　文件关联修复

（三）系统清理

Windows 7 优化大师中的系统清理功能，主要包括清理计算机中的垃圾文件、系统盘瘦身、注册表清理、用户隐私清理和系统字体清理等操作，其操作方法相似。下面主要介绍垃圾文件清理和注册表清理的相关知识。

微课视频

垃圾文件清理

1. 垃圾文件清理

清理计算机中出现的垃圾文件、冗余文件，可以使用 Windows 7 优化大师中系统清理功能，进行清理和优化，其具体操作如下。

（1）单击“系统清理”选项卡，打开“系统清理大师”窗口。单击“垃圾文件清理”超链接，在“驱动器”列表框中单击选中需清理的磁盘，如系统盘“C:\”，单击 开始查找垃圾文件 按钮，如图 2–14 所示。

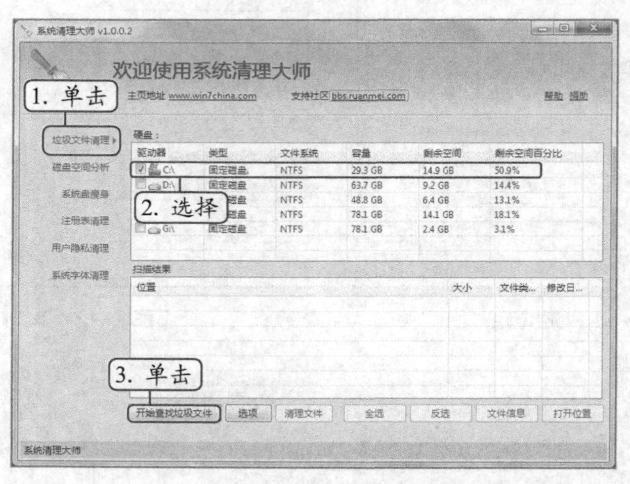

图 2–14　“系统清理大师”窗口

（2）系统清理大师开始对系统盘进行扫描。扫描结束后在窗口下方的“扫描结果”列表框中显示扫描出来的垃圾文件，可根据需要选择对应的复选框，如需要选择全部复选框，

可单击 全选 按钮，如图 2-15 所示，再单击 清理文件 按钮。

（3）打开提示框询问是否删除所选文件，单击 是(Y) 按钮，程序开始清理垃圾文件。清理完成后打开提示框，提示已完成清理，如图 2-16 所示。

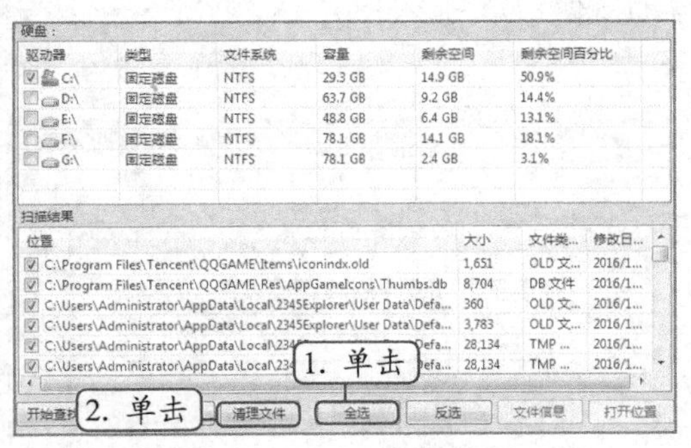

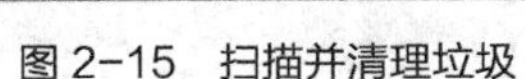
图 2-15　扫描并清理垃圾

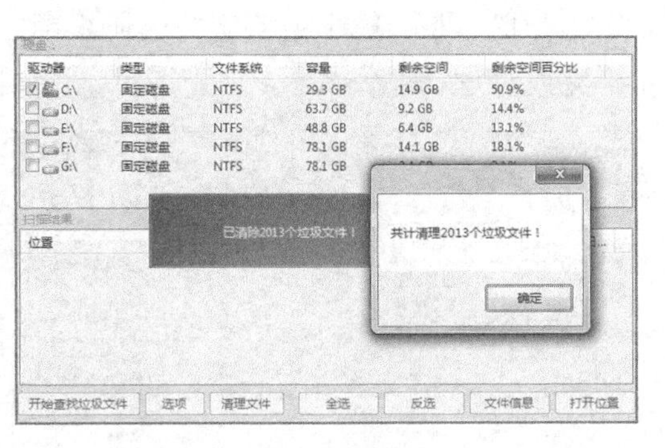

图 2-16　成功清理

2. 注册表清理

经常卸载或安装应用程序，会在注册表中产生大量的无用注册表。注册表越庞大系统运行的速度也就越慢，这些无用注册表无法用普通方法进行删除，这时可以使用 Windows 7 优化大师将其删除，其具体操作如下。

（1）在“系统清理大师”窗口中单击“注册表清理”超链接，进入清理窗口，为防止丢失必要的注册表，可单击 导入/还原注册表 按钮，打开“注册表备份”窗口，选择存放备份文件的文件夹，单击 保存(S) 按钮，将当前注册表备份，如图 2-17 所示。

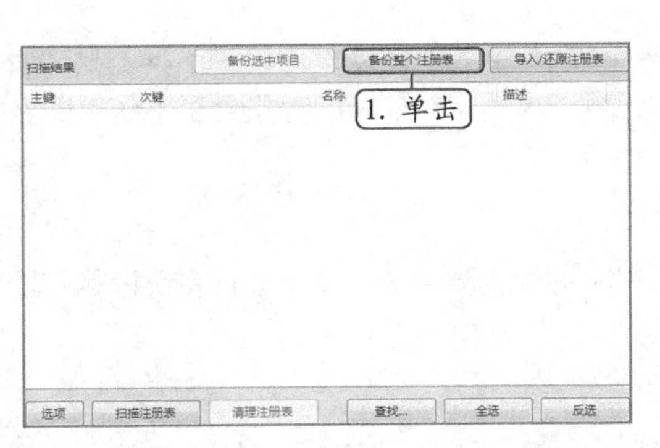

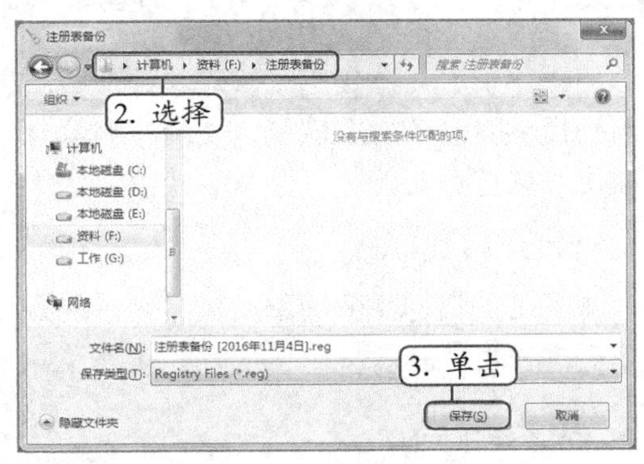

图 2-17　备份注册表

导入 / 还原注册表

当因为注册表问题导致计算机某些功能无法实现时，可在“注册表清理”窗口中单击 导入/还原注册表 按钮，在打开的对话框中将之前保存的注册表导入即可。

（2）稍等片刻后，将打开提示框提示已备份完毕，单击确定按钮，返回“系统清理大师”窗口。单击扫描注册表按钮，程序将扫描出注册表中无用的注册项。被扫描出的注册表均被选中，单击清理注册表按钮。程序即将选中的信息从注册表中清理。同时打开提示框，提示被清理的注册表项已自动备份，如图 2-18 所示。单击确定按钮，完成清理。

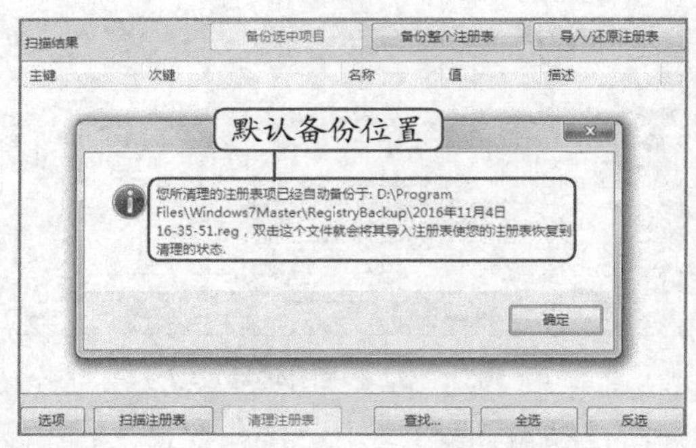

图 2-18　清理注册表

Windows 7 优化大师其他功能

在 Windows 7 优化大师中还包括“安全优化”“系统设置”“系统美化”功能选项卡，可进行安全优化、系统设置以及系统美化。其操作与正文中介绍的相关知识相似。

任务二　使用驱动精灵维护系统

驱动精灵是一款集驱动管理和硬件检测于一体的、专业的驱动管理维护工具。驱动精灵为用户提供驱动备份、恢复、安装、删除、在线更新等实用功能，同时集合了系统诊断、软件净化等维护功能。

一、任务目标

本任务的目标是使用驱动精灵对系统驱动程序进行监测管理，以及进行系统诊断和软件净化等维护管理。

二、相关知识

驱动精灵作为一款集驱动管理和硬件检测于一体的老品牌维护软件，具有如下特点。

- **先进的硬件检测技术**：驱动精灵利用硬件检测技术，配合驱动之家近十年的驱动数据库积累，能够智能识别计算机硬件，匹配相应驱动程序并提供快速的下载与安装。
- **硬件侦测功能使配置一目了然**：驱动精灵不仅是驱动助手，还是硬件助手。计算机硬件检测功能让计算机配置一清二楚，能随时保持硬件的最佳工作状态，驱动精灵不仅可以用来升级驱动，还可以报出详细的硬件配置。

- **驱动备份与还原：**对于很难在网上找到驱动程序的设备，或是不提供驱动光盘的“品牌电脑”，驱动精灵的驱动备份技术可完美实现驱动程序备份。硬件驱动可被备份为独立的文件或 Zip 压缩包，系统重装不再发愁，还可通过驱动精灵的驱动还原管理界面进行驱动程序还原。
- **安全驱动卸载功能：**错误安装或残留于系统的无效驱动程序可能影响操作系统的运行，使用驱动精灵的驱动卸载功能，可安全卸载驱动程序或清理操作系统的驱动残留。

成功安装驱动精灵后，双击桌面快捷方式图标，启动驱动精灵 9.3，即可进入其主界面，如图 2-19 所示，驱动精灵的主界面非常简洁，单击相应的功能按钮，即可进入对应的操作窗口。

图 2-19 驱动精灵 9.3 主界面

三、任务实施

（一）驱动管理

驱动精灵工具软件的主要功能是对计算机硬件的驱动程序进行检测、安装、更新、备份和还原。下面对相关知识分别进行介绍。

1. 驱动安装与更新

通过驱动精灵可以自动安装硬件设备的驱动程序，如果计算机的硬件设备已经安装有驱动程序，则还可使用驱动精灵对驱动进行升级更新，使计算机系统更加稳定和高效运行。下面使用驱动精灵检测驱动并进行升级更新，其具体操作如下。

（1）选择【开始】/【所有程序】/【驱动精灵】/【驱动精灵】菜单命令，启动驱动精灵。

（2）在主界面中单击 立即检测 按钮，对驱动程序进行检测，完成后，将显示未安装驱动和驱动可更新的选项信息，默认选中所有未安装驱动的硬件选项，如图 2-20 所示，计算机中触摸板和音频驱动未安装，单击 一键安装 按钮，软件自动下载驱动，如图 2-21 所示。

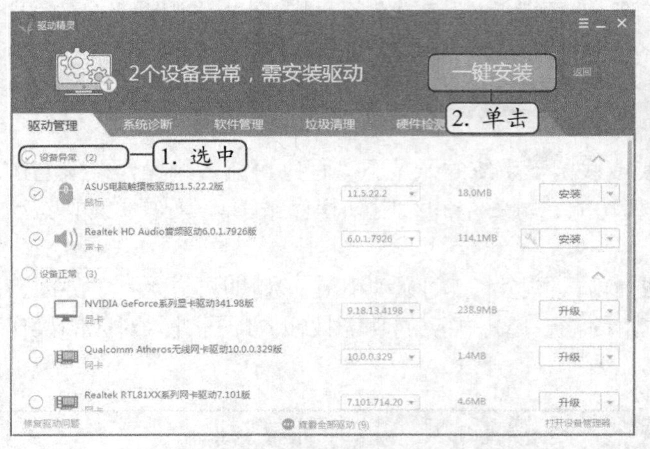

图 2-20　检测驱动

图 2-21　下载驱动

（3）当第一个驱动下载完成后，将打开其对应的驱动程序安装对话框，这里打开“ELAN输入设备驱动程序安装”对话框，根据提示单击下一步(N)>按钮，如图 2-22 所示，再在打开的对话框中选中◉我接受此协议单选项，单击下一步(N)>按钮，如图 2-23 所示。

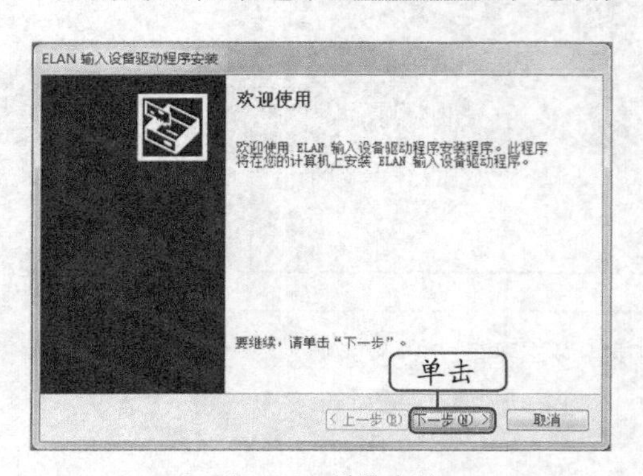

图 2-22　继续安装

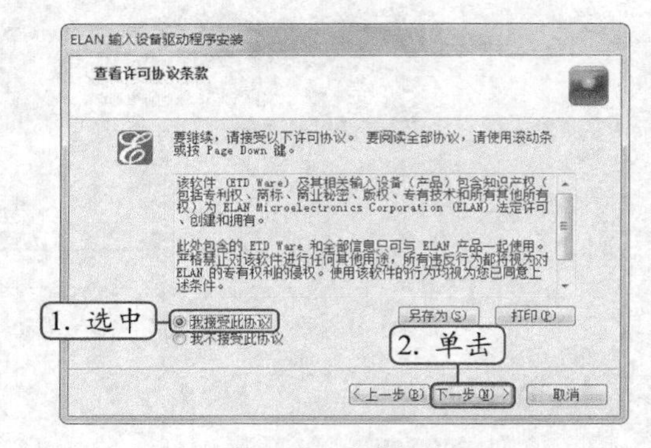

图 2-23　同意协议

（4）开始安装驱动程序，如图 2-24 所示，完成后，在打开的对话框中单击完成按钮完成安装，如图 2-25 所示。

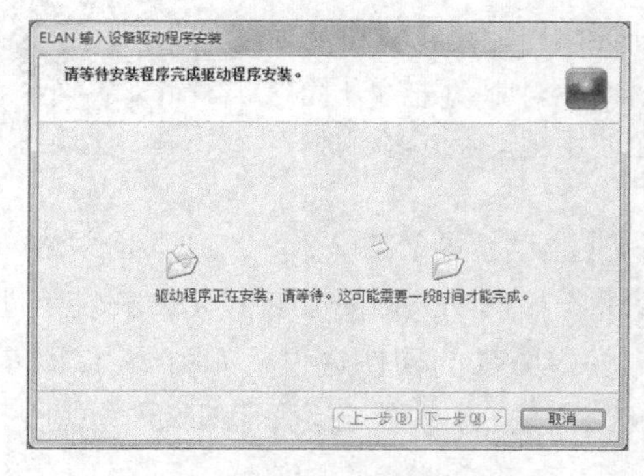

图 2-24　正在安装

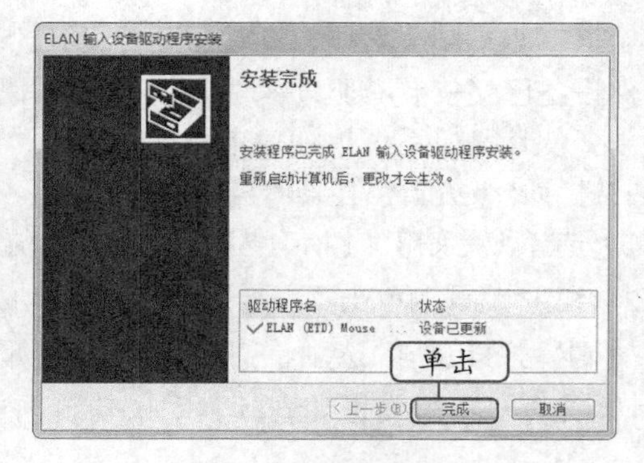

图 2-25　完成安装

（5）触摸板驱动程序安装完成后，将打开音频驱动程序的安装对话框，按照相同安装方法进行安装即可，完成安装后需要重启计算机。

更新驱动程序

驱动程序的更新与安装驱动程序的操作相似，在需要进行驱动更新的硬件栏中单击 升级 按钮，软件开始下载新版驱动程序，下载完成后，将打开安装对话框，根据提示进行安装即可。在更新驱动前最好备份以前版本的驱动，防止更新驱动后，新版本的驱动程序不兼容等问题。

2. 驱动备份与还原

利用驱动精灵的备份与还原功能，可备份驱动程序，当重装系统或驱动损坏时，即使没有连接网络，也可还原驱动程序，使系统硬件正常运行，其具体操作如下。

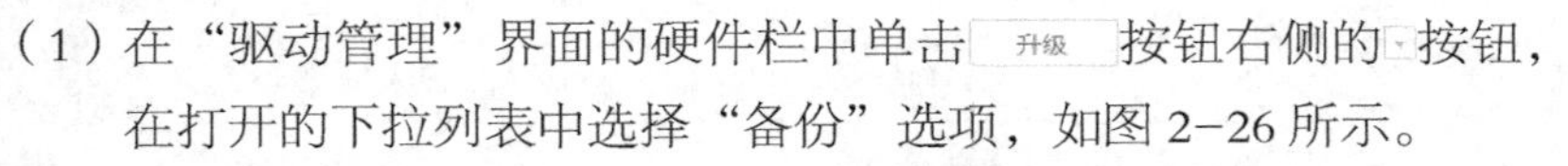

（1）在“驱动管理”界面的硬件栏中单击 升级 按钮右侧的 按钮，在打开的下拉列表中选择“备份”选项，如图 2-26 所示。

（2）在打开的“备份驱动”界面默认选中所有驱动选项，单击上方的“修改文件路径”超链接，如图 2-27 所示。

图 2-26 执行“备份”命令

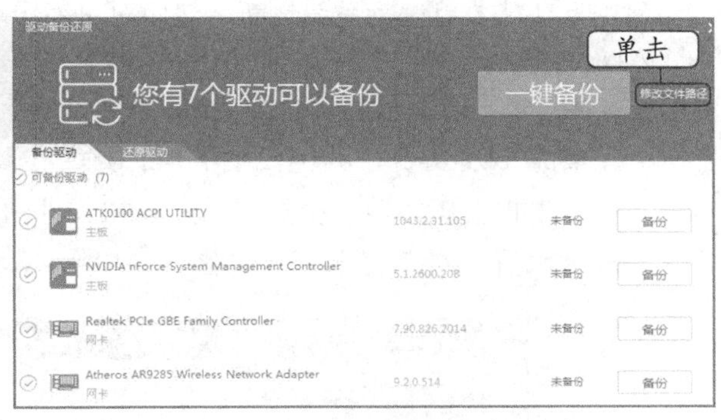

图 2-27 单击“修改文件路径”超链接

（3）打开“设置”对话框，在“备份设置”栏中设置驱动程序的备份文件保存格式，然后在“驱动备份”栏中单击“选择目录”超链接，如图 2-28 所示。

（4）打开“浏览文件夹”对话框，设置驱动备份的保存位置，然后单击 确定 按钮，如图 2-29 所示。

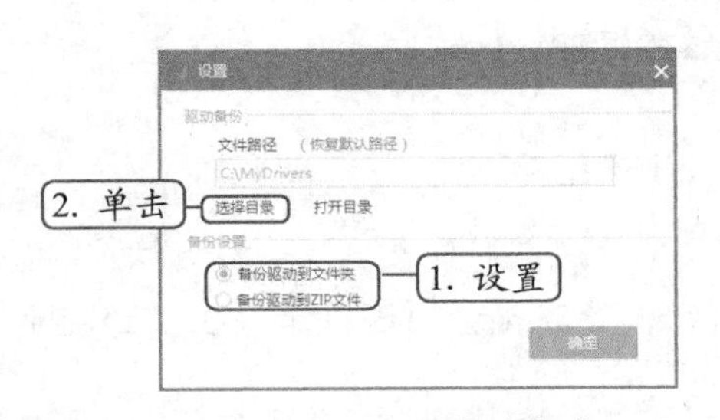

图 2-28 设置保存格式

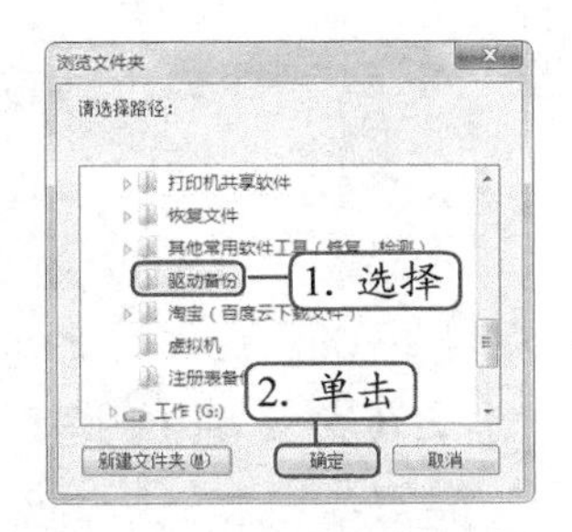

图 2-29 设置备份驱动保存位置

（5）返回“设置”对话框，单击确定按钮，返回“备份驱动”界面，单击一键备份按钮备份驱动。

（6）如果要还原备份驱动，需进入“备份驱动”界面，单击“还原驱动”选项卡，单击驱动选项对应的还原按钮，可自动进行还原操作，完成后重启计算机即可，如图2-30所示。

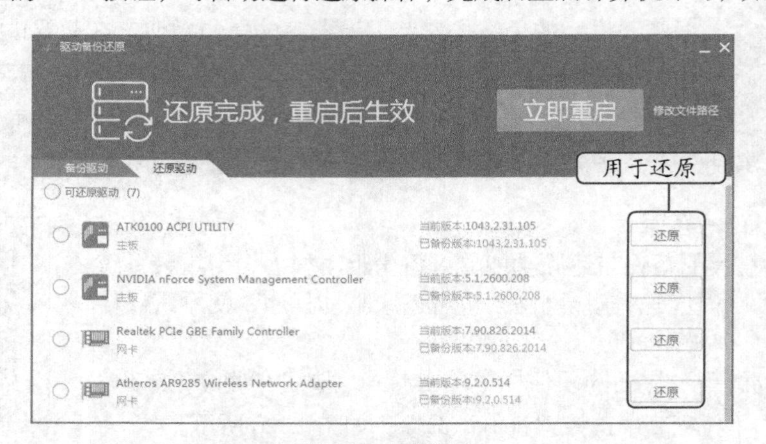

图2-30　还原驱动

（二）系统诊断

利用驱动精灵可进行系统诊断，然后对可能出现的问题进行修复，其具体操作如下。

（1）启动驱动精灵，在主界面中单击“系统诊断”按钮，进入“系统诊断”操作界面，其中显示了系统配置可修复的选项，单击选项下方的可修复按钮，根据提示进行操作即可，如这里单击漏洞修复选项下方的修复按钮，如图2-31所示。

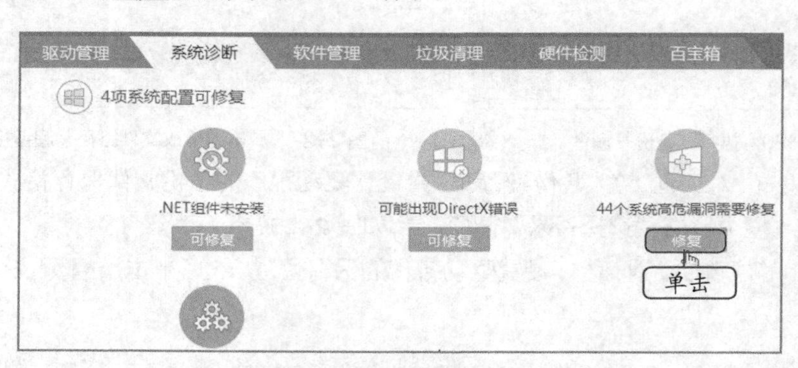

图2-31　系统诊断操作界面

.NET组件

.NET 组件是 .net framework 系统组件，在安装某些特殊软件时，需要在安装 .NET 组件的前提下进行，此时，会出现提示缺少 .NET 组件的信息。

（2）在打开的窗口中将自动选中高危漏洞选项，单击立即修复按钮即可自动下载漏洞补丁并进行修复安装，如图 2-32 所示，对其他可选补丁一般不进行修复。

图 2-32 修复漏洞

（三）软件净化

软件净化是驱动精灵新版本增加的一项功能，主要用于拦截软件的弹窗。其具体操作如下。

（1）启动驱动精灵，在主界面中单击“软件净化”按钮，进入“软件净化”操作界面，然后单击立即扫描按钮对系统安装的软件进行扫描，如图 2-33 所示。

（2）扫描完成后，在打开的界面将显示发现弹窗或推广行为的软件选项，将鼠标光标移到软件选项的下方，单击弹出的详情按钮，可查看具体弹窗内容，根据情况可设置信任，一般保持默认，然后单击一键净化按钮，如图 2-34 所示，进行一键净化处理。

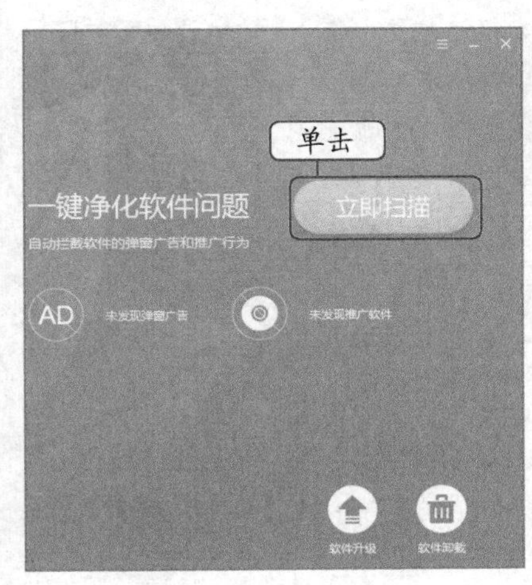

图 2-33 开始扫描文件

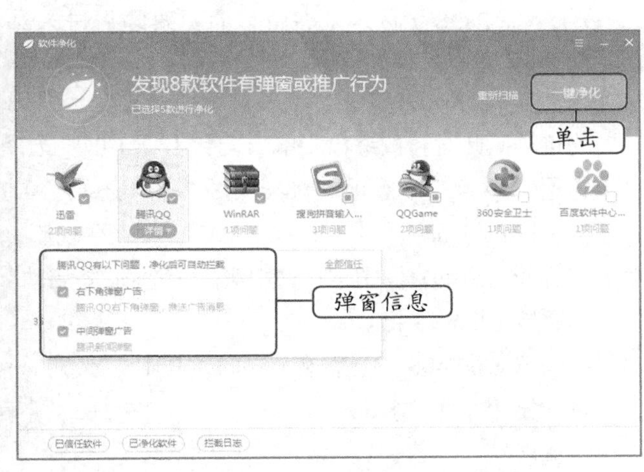

图 2-34 软件一键净化

垃圾清理与硬件检测

在驱动精灵 9.2 主界面单击“垃圾清理”按钮，可进行简单的垃圾清理，主要包括清理驱动安装后的残留文件、临时文件和回收站。单击“硬件检测”按钮，可查看计算机硬件型号和性能参数。

任务三 使用Ghost备份和还原系统

“Ghost”是 Symantec 公司旗下一款出色的硬盘备份还原工具，其全称为“Norton Ghost”（诺顿克隆精灵），主要功能是以硬盘的扇区为单位进行数据的备份与还原操作。

一、任务目标

本任务的目标是利用 Ghost 软件对系统进行备份和还原，其中主要涉及 MaxDOS 的安装、通过 MaxDOS 进入 Ghost、备份系统和还原系统等操作。通过本任务的学习，掌握使用 Ghost 备份和还原系统的基本操作，了解其基本原理。

二、相关知识

MaxDOS 工具软件有许多不同的版本，下面将要使用的是 MaxDOS 9 版本。该版本工具软件是一款国产的免费软件，集成了 Ghost 11.5.1，可在安装了 Windows 2000/2003/XP/7 等操作系统的计算机中，方便地进入纯 DOS 状态，然后对系统进行备份和维护等操作。

在网上搜索 MaxDOS 9 并下载后，按照一般软件的安装方法即可进行安装。

使用 Ghost 进行还原操作前，需在干净的系统（没病毒的系统），即系统未出现问题时对其进行备份。相当于把正常的系统复制一份存放起来，当系统出现问题后，即可使用 Ghost 将其恢复到正常状态。

三、任务实施

（一）通过 MaxDOS 进入 Ghost

通过 MaxDOS 进入 Ghost

安装 MaxDOS 9 后，无需做其他更改即可进入纯 DOS 状态，然后启动 Ghost 软件。其具体操作如下。

（1）成功安装 MaxDOS 9 后，重新启动计算机，将出现图 2-35 所示的选项。此时，按键盘中的方向键【↓】可以选择要启动的程序。这里选择第二个选项“MaxDOS 备份 . 还原 . 维护系统”，然后按【Enter】键。

（2）在打开的启动界面中默认选中第一个选项“0 启动”，这里保持默认设置，如图 2-36 所示，然后按【Enter】键。

（3）打开“MaxDOS 9 主菜单”界面，其中显示了 7 个可供选择的选项。这里利用键盘中的方向键【↓】选择最后一个选项，如图 2-37 所示，也可以直接按【G】键选择最后一个选项。

（4）按【Enter】键便可进入纯 DOS 状态，在其中显示相应的命令提示符，在命令提示符后面输入“ghost”命令，如图 2-38 所示，然后按【Enter】键。

图 2-35 选择要启动的程序

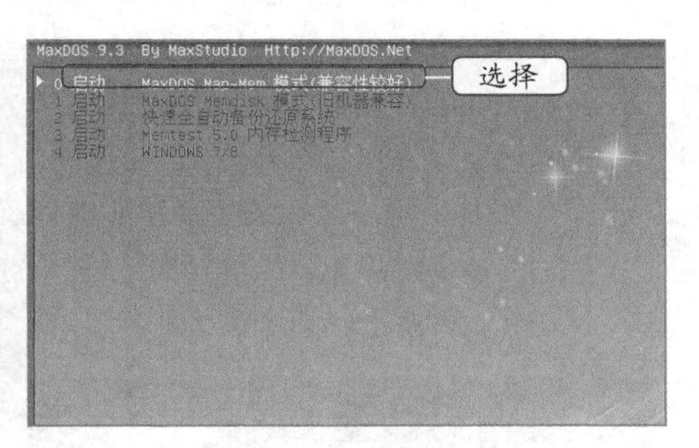

图 2-36 选择启动选项

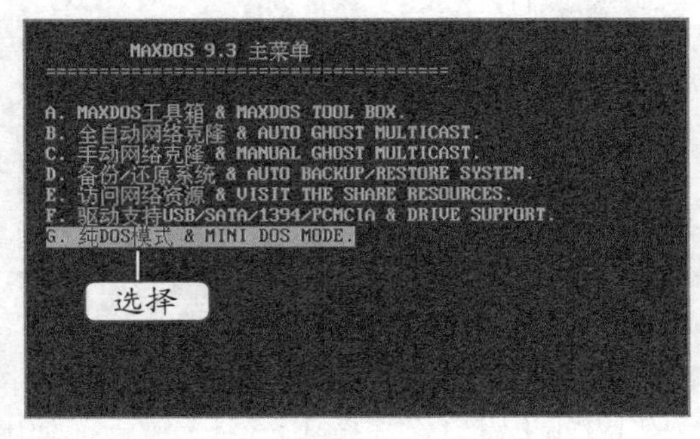

图 2-37 选择“纯 DOS 模式”选项

图 2-38 输入“ghost”命令

（5）此时将进入 Ghost 主界面，并打开如图 2-39 所示的对话框，按【Enter】键后即可使用 Ghost。

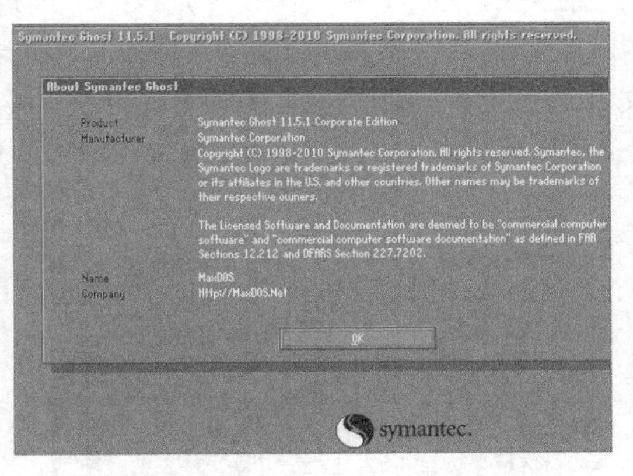

图 2-39 进入 Ghost 主程序

通过其他启动项进入

在 MaxDOS 9 启动界面中选择“2 启动”选项，按【Enter】键，进入“MaxDOS 一键备份/恢复菜单”界面，然后选择“Ghost 手动操作”选项，按【Enter】键，也可进入 Ghost 主程序界面。

（二）备份操作系统

在 Ghost 状态下备份数据实际上就是将整个磁盘中的数据复制到另外一个磁盘上，也可以将磁盘数据复制为一个磁盘的映像文件。本任务将备份操作系统，并将其以“beifen.gho”为文件名保存到 D 盘，通过练习掌握备份系统的具体操作方法。其具体操作如下。

（1）在 Ghost 主界面中通过按键盘中的方向键【↑】、【↓】、【←】

和【→】，选择【local】/【Partition】/【To Image】菜单命令，如图 2-40 所示，然后按【Enter】键。

（2）此时 Ghost 要求用户选择需备份的磁盘，这里默认只安装了一个硬盘，因此无需选择，直接按【Enter】键即可。

（3）进入如图 2-41 所示的选择备份磁盘分区的界面，利用键盘上的方向键选择系统盘分区选项，按【Enter】键，然后按【Tab】键选择界面中的 OK 按钮，当其呈高亮状态显示时按【Enter】键。

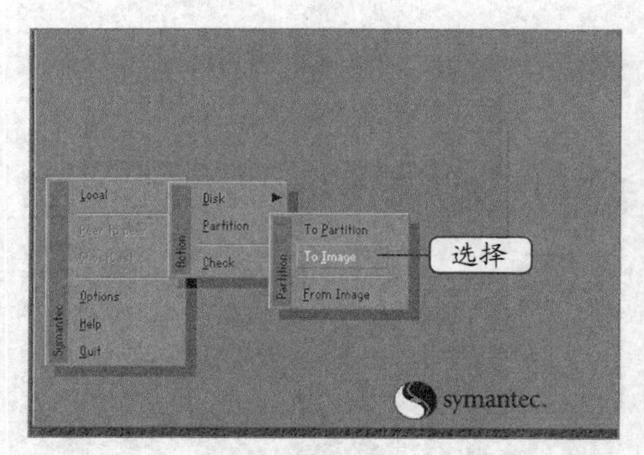

图 2-40　选择"To Image"命令

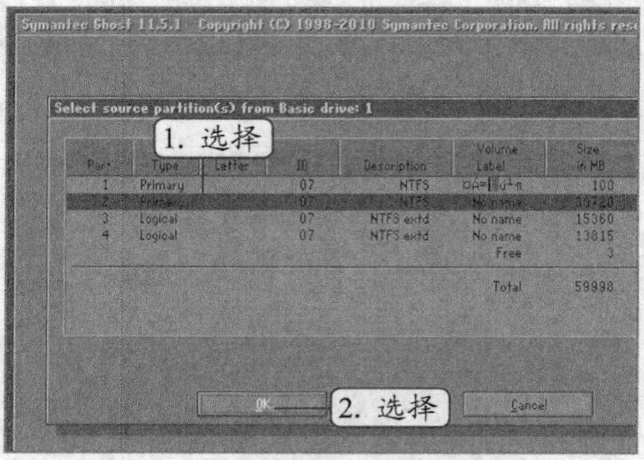

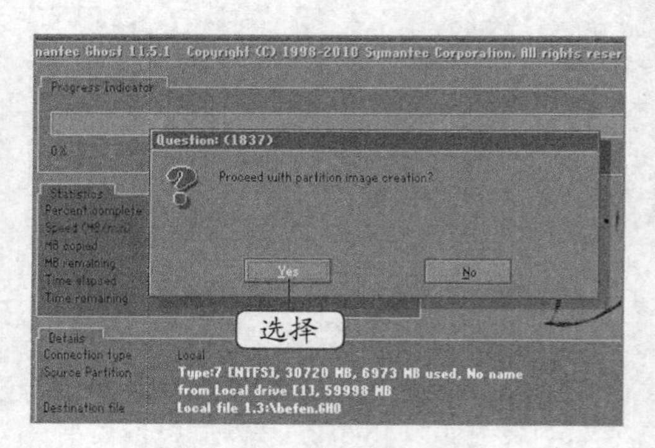

图 2-41　选择需备份的分区

（4）打开"File name to copy image to"对话框，按【Tab】键，然后按【Enter】键，在弹出的下拉列表框中选择"D"选项。

（5）按【Tab】键切换到文件名所在的文本框中，输入备份文件的名称"beifen"（使用英文字母命名），完成后按【Tab】键选择 Save 按钮，如图 2-42 所示，然后按【Enter】键执行保存操作。

（6）打开一个提示对话框，询问是否压缩镜像文件，默认为不压缩，此时直接按【Enter】键即可。

（7）打开图 2-43 所示的对话框，询问是否继续创建分区映像，默认为不创建。此时，按【Tab】键选择 Yes 按钮，然后再按【Enter】键。

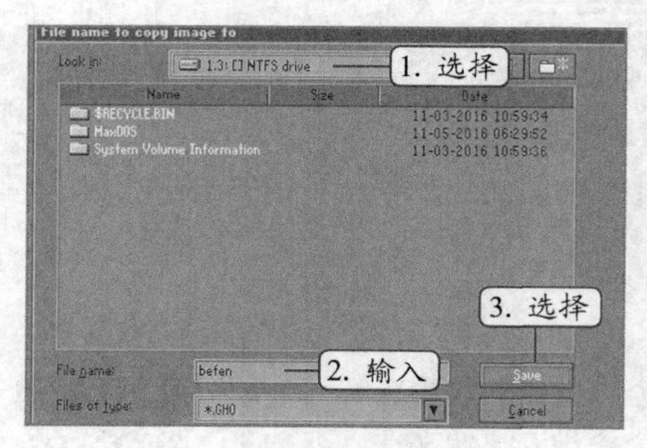

图 2-42　设置保存路径和名称

图 2-43　创建映像文件

（8）此时，Ghost 开始备份所选分区，并在打开的界面中显示备份进度，如图 2-44 所示。

（9）完成备份后将弹出图 2-45 所示的提示对话框，按【Enter】键即可返回 Ghost 主界面。

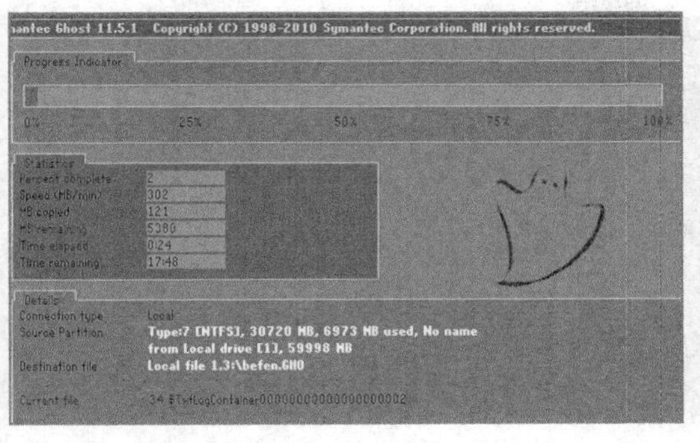

图 2-44 显示备份进度

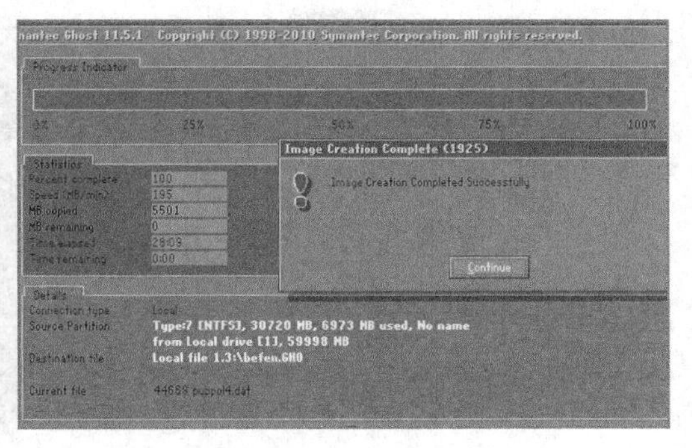

图 2-45 完成备份

（三）还原操作系统

如果出现磁盘数据丢失或操作系统崩溃的现象，不能进入计算机操作系统，可使用 Ghost 恢复备份的数据，前提是已经提前给系统做好了备份工作。本任务将通过练习还原前面备份的系统，来掌握还原系统的具体操作方法。其具体操作如下。

（1）通过 MaxDOS 9 进入 DOS 操作系统，进入 Ghost 主界面，并在其中选择【local】/【Partition】/【From Image】菜单命令，如图 2-46 所示，然后按【Enter】键。

（2）打开“Image file name to restore from”对话框，选择之前已经备份好的镜像文件所在的位置，并在中间列表框中选择要恢复的映像文件，如图 2-47 所示，然后按【Enter】键确认。

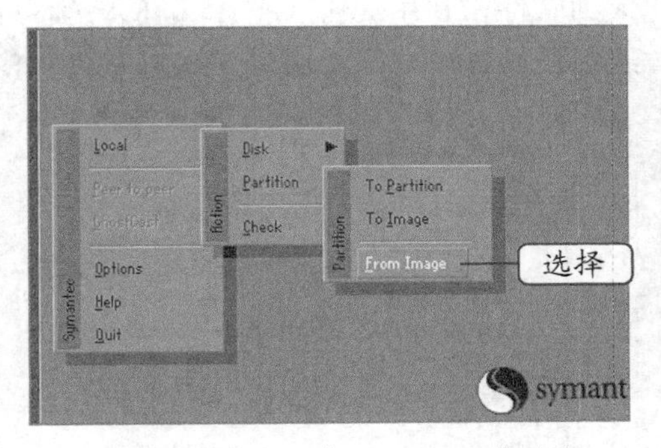

图 2-46 选择“From Image”命令

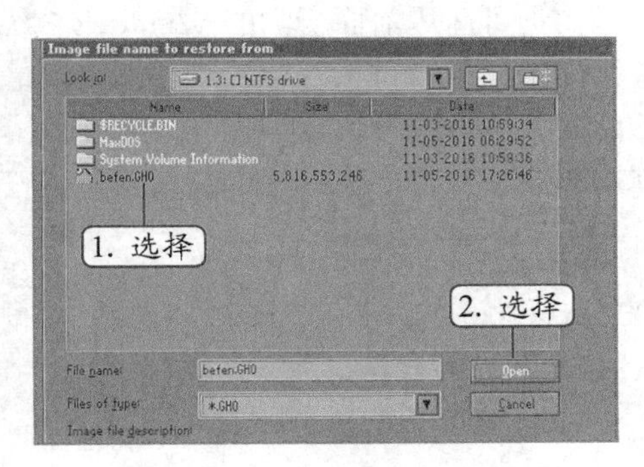

图 2-47 选择要还原的镜像文件

（3）在打开的对话框中将显示所选镜像文件的相关信息，按【Enter】键确认。

（4）在打开的对话框中提示选择要恢复的硬盘，这里只有一个硬盘。因此，直接按【Enter】键进入下一步操作。

（5）弹出图 2-48 所示的界面，提示选择要还原到的磁盘分区，这里需要还原的是系统盘，因此选择第一个选项即可。由于系统默认选择的便是第一个选项，因此，这里只需按【Enter】键。

（6）此时，将打开一个提示对话框，提示会覆盖所选分区，破坏现有数据。按【Tab】键选择对话框中的 Yes 按钮确认还原，如图 2-49 所示，然后按【Enter】键。

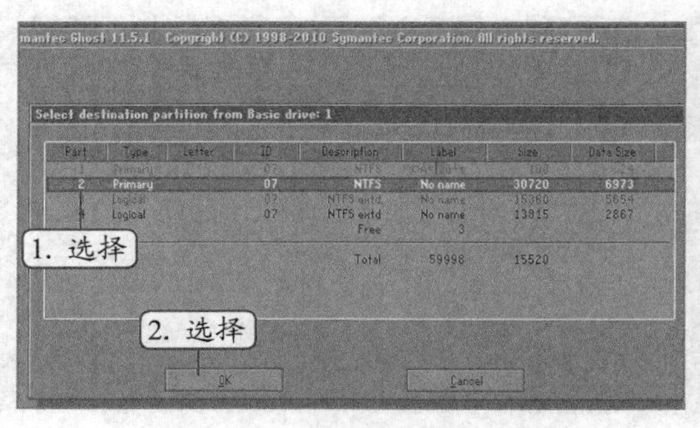

图 2-48　选择需还原的磁盘分区

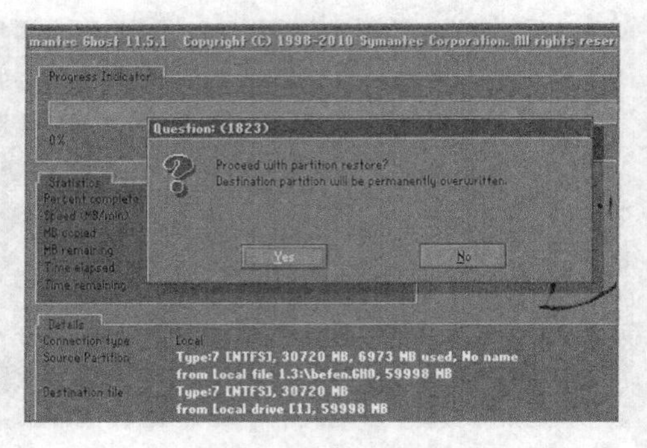

图 2-49　确认还原

（7）系统开始执行还原操作，并在打开的界面中显示还原进度。稍作等待，完成还原后，将保持默认设置，按【Enter】键重启计算机即可还原操作系统。

实训一　优化系统性能

【实训要求】

计算机使用过一段时间后，开机速度以及软件运行速度会变缓慢，因此需要定期对计算机系统进行优化清理，提高运行速度和计算机性能。通过本实训可以进一步巩固优化系统的相关操作。

微课视频

优化系统性能

【实训思路】

本实训可运用前面所学的 Windows 7 优化大师软件，利用优化向导进行优化，然后对系统垃圾进行清理，最后禁止自动运行程序。用户隐私清理界面如图 2-50 所示，系统安全设置界面如图 2-51 所示。

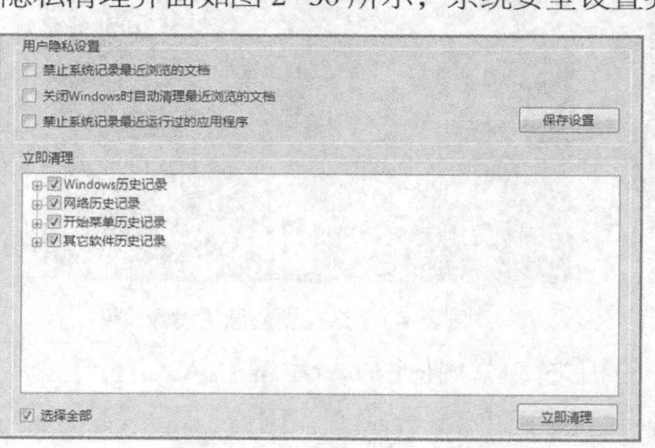

图 2-50　清理隐私

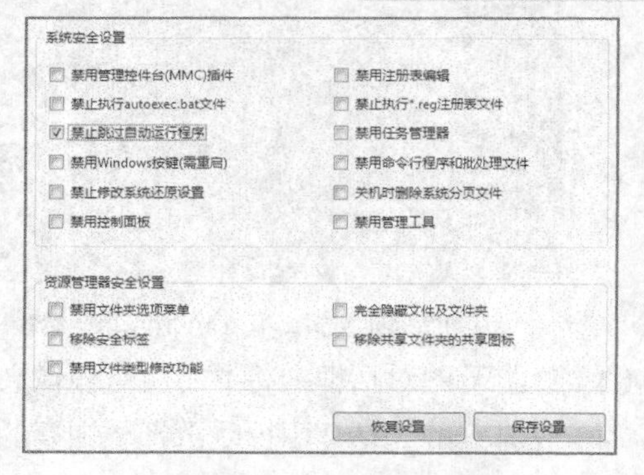

图 2-51　禁止自动运行程序

【步骤提示】

（1）启动 Windows 优化大师，打开优化向导，根据提示依次进行优化设置。

（2）打开“系统清理大师”窗口，单击“垃圾文件清理”超链接，选择除系统盘外的磁盘分区，然后单击 开始查找垃圾文件 按钮，扫描完成后，再单击 清理文件 按钮清理垃圾文件。

（3）单击“用户隐私清理”超链接，保持默认设置，单击 立即清理 按钮对用户隐私进行清理。

（4）单击“安全优化”功能选项卡，在导航栏中单击“系统安全”选项卡，在其中单击选中☑禁止跳过自动运行程序单选项，单击保存设置按钮。

实训二　管理驱动与垃圾清理

【实训要求】

微课视频

管理驱动与垃圾清理

为了使计算机稳定高效运行，在长时间使用计算机系统的过程中需要对其进行维护，如更新驱动，为防止意外情况，可对驱动进行备份。通过本实训进一步驱动管理的操作方法。

【实训思路】

本实训需运用前面所学的驱动精灵进行操作，使用驱动精灵更新计算机系统的网卡驱动，然后对驱动程序进行备份，最后使用垃圾清理功能对垃圾文件进行清理。驱动精灵垃圾清理操作界面如图 2-52 所示。

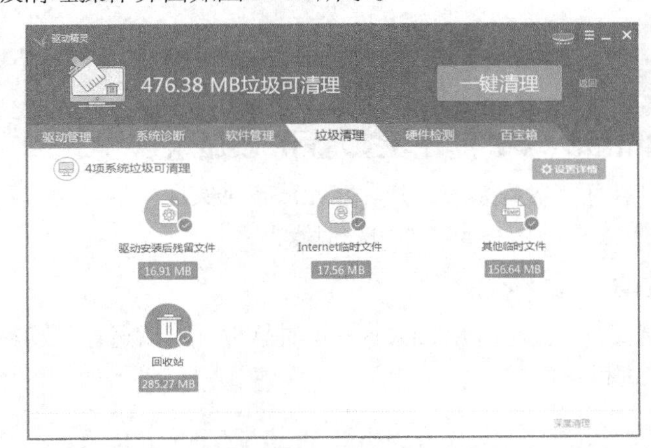

图 2-52　垃圾清理操作界面

【步骤提示】

（1）启动驱动精灵 9.3，在主界面单击立即检测按钮，对驱动程序进行检测，完成后，在“驱动管理”界面的网卡硬件栏中单击升级按钮更新网卡驱动。

（2）升级更新完成后，在任意硬件栏中单击升级按钮右侧的按钮，在弹出的下拉列表中选择“备份”选项。

（3）打开“设置”对话框，设置备份格式，单击“选择目录”超链接，在打开的“浏览文件夹”对话框中设置保存位置，然后单击一键备份按钮备份驱动。

（4）在打开的操作界面中单击“垃圾清理”选项卡，选中要清理的选项，单击一键清理按钮清理垃圾。

实训三　备份与还原计算机系统

【实训要求】

本实训要求使用 Ghost 练习备份与还原系统的操作方法。通过本实训的操作可以复习进入纯 DOS 模式下的操作过程，巩固备份并还原系统的使用方法。

【实训思路】

本实训需利用 Ghost 进行备份与还原系统，在实际操作过程中需谨慎操作，先安装 MaxDOS 9 工具箱，进入 Ghost，然后设置文件备份位置，在选择备份文件的保存位置时，最好选择除系统盘外的任意一个盘符，然后还原系统，在还原时，一定要选择正确的目标硬盘，以正确还原文件到目标位置。

【步骤提示】

（1）安装 MaxDOS 9 工具箱，并在纯 DOS 模式下进入 Ghost。

（2）选择【local】/【Partition】/【To Image】菜单命令。

（3）为镜像文件选择保存位置和命名，然后开始备份。

（4）选择【local】/【Partition】/【From Image】菜单命令进行还原操作。

课后练习

练习 1：使用 Windows 7 优化大师备份注册表

如果注册表遭到破坏将导致系统部分功能无法正常实现。练习在计算机中安装 Windows 7 优化大师，然后打开系统清理界面，备份注册表。

练习 2：备份驱动与系统

首先安装驱动精灵 9.3 和使用 MaxDOS 9 工具软件，然后通过驱动精灵备份硬件驱动，再利用 Ghost 对系统进行备份。

技巧提升

1．其他系统优化工具

除了正文中介绍的 Windows 7 优化大师，日常使用的类似工具还有 Windows 优化大师和魔方优化大师，Windows 优化大师专门针对 Windows XP 操作系统平台进行优化设置，魔方优化大师则是 Windows 7 优化大师的升级版本，属于同一个公司开发，其专门运行在 Windows 8 操作系统平台。

2．其他系统维护工具

驱动精灵主要用于系统硬件维护和驱动管理，与之相似的常用工具软件有驱动人生和鲁大师等。

3．其他系统备份与还原工具

Ghost 还原与备份是流行时间最长、应用最广泛的一款系统还原工具软件，目前，一些系统还原工具都具有一键备份与还原系统的功能，如一键系统还原精灵。在使用一键备份还原工具时，如果操作不当，很容易出现问题，因此需要使用者具备一定的计算机基础。

4．使用系统自带功能优化开机速度

Windows 开机加载程序的多少直接影响的 Windows 的开机速度。通过系统自带工具可禁止软件自启动，其具体操作如下。

（1）打开“控制面板”窗口并切换到“大图标”视图，在窗口中单击“管理工具”超链接，打开“管理工具”窗口，在“管理工具”窗口中双击“系统配置”选项。

（2）打开“系统配置”对话框，单击“启动”选项卡。此时将显示启动列表，若想将某启动项取消，只需取消选中相应的复选框，然后单击 确定 按钮，如图 2-53 所示。

5．使用系统自带功能优化视觉效果

Windows 7 默认的视觉效果如透明按钮、显示缩略图和显示阴影等，都会耗费掉大量系统资源。此时可使用系统自带功能优化视觉效果，其具体操作如下。

（1）右键单击桌面上的“计算机”图标，在弹出的快捷菜单中选择“属性”命令，打开“系统”窗口，在该窗口左侧的导航窗格中单击“高级系统设置”超链接。

（2）单击“系统属性”对话框的“高级”选项卡，单击“性能”栏下的 设置(S)... 按钮。

（3）打开“性能选项”对话框，单击“视觉效果”选项卡，单击选中 调整为最佳性能(P) 单选项，如图2-54 所示，单击 确定 按钮完成设置。如果单击选中 自定义(C): 单选项，则可自定义视觉效果。

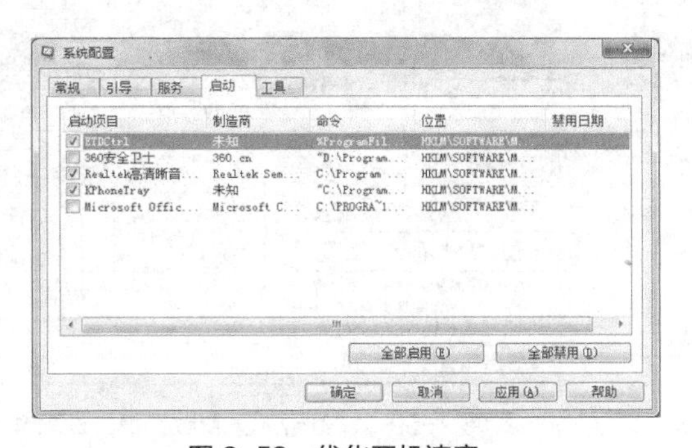

图 2-53 优化开机速度

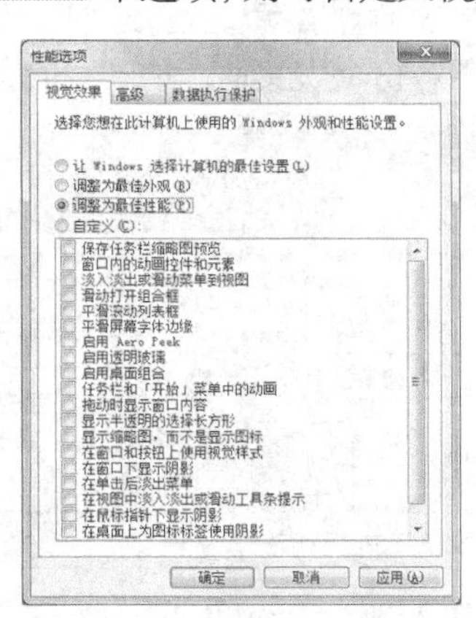

图 2-54 优化视觉效果

6．使用驱动精灵管理软件

在驱动精灵 9.3 的主界面单击“软件管理”按钮，打开“软件管理”操作界面，单击右下角的“进入软件管理”超链接，进入驱动精灵软件管理界面。通过右侧的导航栏，可进行系统软件的安装、升级和卸载。

7．MaxDOS 控制台

当对系统备份与还原的知识和操作有一定理解后，可以对 MaxDOS 控制台进行了解。安装 MaxDOS 工具后，选择【开始】/【所有程序】/【迈思工作室 -MaxDOS】/【MaxDOS 控制台】菜单命令，将启动 MaxDOS 控制台，可对系统备份与还原进行操作、控制和管理。

如图 2-55 所示为“全自动备份与还原系统”操作界面，单击 快速进入MAXDOS 按钮，打开“快速进入 MaxDOS”对话框，如图 2-56 所示，单击 重启进入MaxDOS(M) 按钮将重启计算机进入 MaxDOS 的 DOS 模式主界面，单击 执行自定义命令(X) 按钮，将重启计算机并进入如图 2-57 所示的“MaxDOS 一键备份 / 恢复菜单”自定义命令界面，在其中可进行全自动备份与还原，也可以通过 Ghost 备份与还原系统操作。利用 MaxDOS 控制台启动系统还原的前提是计算机虽然出现故障，但是还能够进入操作系统。

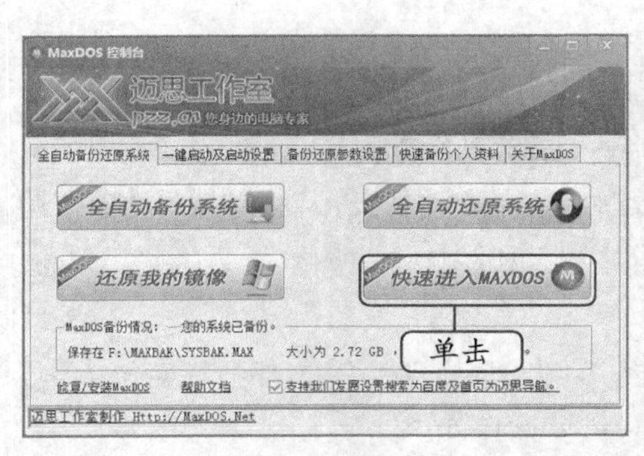

图 2-55 “全自动备份与还原系统”选项卡

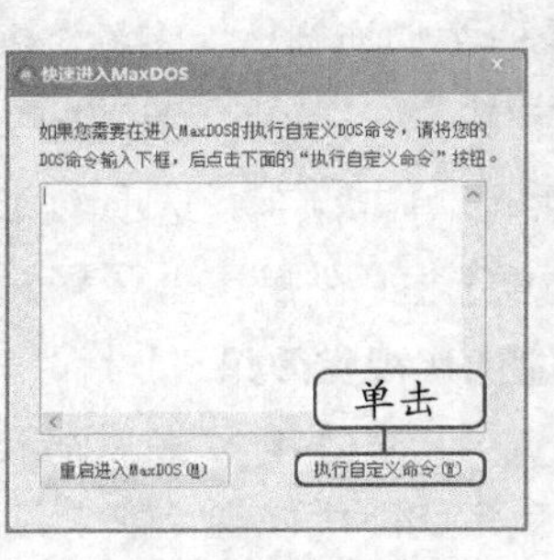

图 2-56 进入 MaxDOS

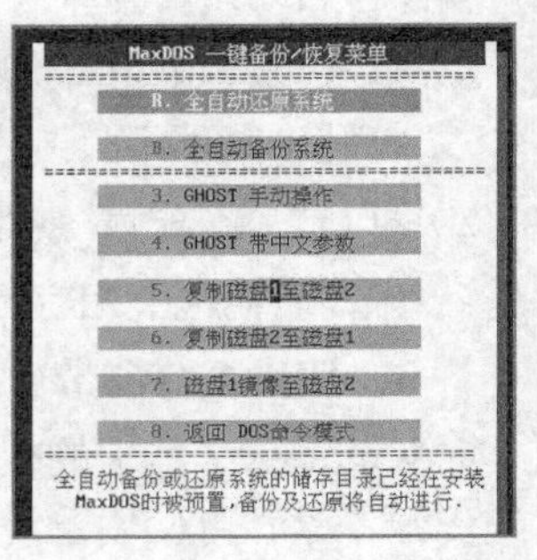

图 2-57 自定义命令界面

“一键启动及启动设置”选项卡如图 2-58 所示，主要用于设置 MaxDOS 的启动快捷键，启动计算机后，按【F7】快捷键即可快速进入 MaxDOS 主界面，以及设置 MaxDOS 默认启动项。“备份还原参数设置”选项卡如图 2-59 所示，主要用于设置全自动备份的系统盘分区和备份文件保存位置，默认备份文件保存在除系统盘外，空间容量较大的磁盘分区，而默认自动备份后的文件被隐藏，在该选项卡中可将备份文件显示或删除。“快速备份个人资料”选项卡则用于备份个人文件，如“我的文档”“收藏夹”和桌面文件等。

图 2-58 “一键启动及启动设置”选项卡

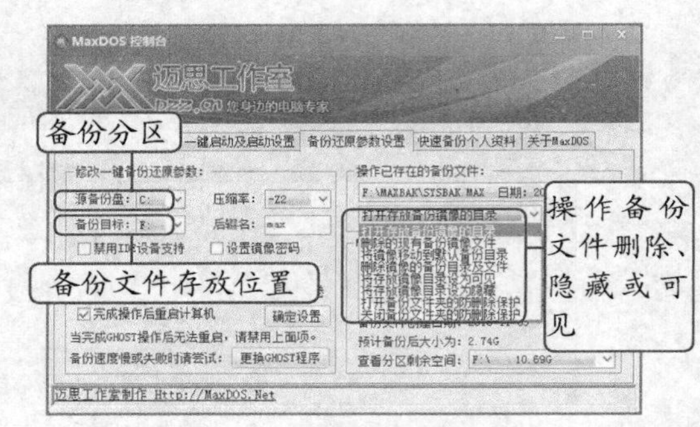

图 2-59 “备份还原参数设置”选项卡

PART 3

项目三 安全防护工具

情景导入

米拉：老洪，计算机感染了病毒，怎么办?

老洪：别着急，正所谓“魔高一尺，道高一丈”，可以使用杀毒工具对病毒进行检测和查杀，同时可以开启安全防护。其中，瑞星杀毒软件就是一款不错的病毒查杀防护软件。

米拉：那木马如何进行查杀清理呢?

老洪：如果要查杀木马，我为你推荐360安全卫士，它功能非常全面，是一款比较受欢迎的安全防护软件，不仅可以查杀木马，还具有其他辅助功能，如清理、优化、修复等。

米拉：这样我就找到新的学习目标了。

学习目标

- 掌握使用瑞星杀毒软件查杀病毒的操作方法
- 掌握使用360安全卫士查杀木马并进行安全防护的操作方法
- 掌握360安全卫士常用辅助功能的使用方法

技能目标

- 能使用瑞星杀毒软件查杀病毒并开启计算机防护功能
- 能使用360安全卫士查杀木马设置防护
- 能使用360安全卫士修复系统、清理垃圾、优化加速

任务一 使用瑞星杀毒软件查杀病毒

瑞星杀毒软件是一款基于瑞星“云安全”系统设计的新一代免费杀毒软件，主要用于计算机病毒查杀和防护，且查杀过程非常智能化，通过一键式操作即可快速实现查杀病毒。

一、任务目标

本任务的目标主要是利用瑞星杀毒软件查杀病毒，然后开启计算机防护功能，进行计算机优化。通过本任务的学习，掌握使用瑞星杀毒软件维护系统安全的基本操作。

二、相关知识

瑞星杀毒软件（Rising Antivirus，简称 RAV）深度应用“云安全”的全新木马引擎采用木马行为分析和启发式扫描等技术保证将病毒彻底拦截和查杀，是目前国内外同类产品中最具实用价值和安全保障的杀毒软件产品之一，其版本发展更新到现在，不仅可以查杀病毒，同时集合了系统优化功能，可进行简单优化且操作智能化。安装瑞星杀毒软件 V17 版本，启动软件后，主界面如图 3-1 所示，当首次使用瑞星杀毒软件，其主界面上方显示了计算机系统存在的潜在危险，单击一键修复按钮可进行自动修复，在下方单击对应的功能按钮即可进入相应操作界面执行对应的病毒查杀和系统防护操作。

图 3-1 瑞星杀毒软件 V17 操作界面

三、任务实施

（一）病毒查杀

微课视频

病毒查杀

网络应用是计算机系统的重要功能，而充斥于网络上的计算机病毒随时都可能给用户带来麻烦，此时可利用瑞星杀毒软件清除计算机中感染的计算机病毒，其具体操作如下。

（1）启动瑞星杀毒软件 V17，在主界面中单击“病毒查杀”按钮，进入“病毒查杀”操作界面，如图 3-2 所示提供了 3 种查杀方式，其中“全盘查杀”方式将进行全面查杀，“自定义查杀”方式用于用户自己设定查杀位置，这里单击“快速查杀”按钮，可进行快速查杀。

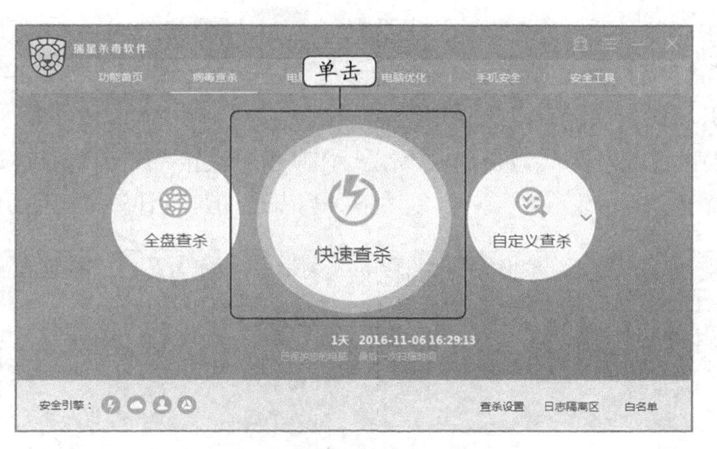

图 3-2　启用快速查杀功能

（2）软件开始对系统重要和敏感位置进行病毒查杀，单击选中“自动处理”复选框，扫描完成后将直接自动处理计算机病毒，如图 3-3 所示。

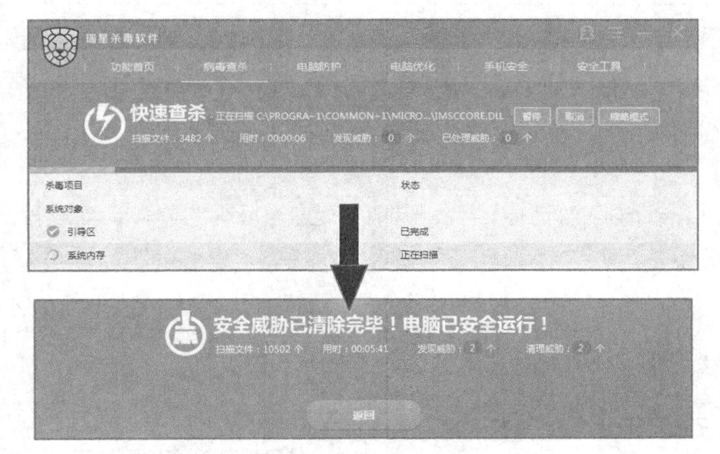

图 3-3　自动查杀病毒

操作提示

查杀控制

进行病毒查杀时，占用的系统内存较大，有可能导致系统运行减缓，如果要在计算机系统中进行其他操作，可单击查杀界面的“暂停”按钮，暂停查杀，待结束操作后，再重新查杀。单击“取消”按钮则可取消病毒查杀，单击“缩略模式”按钮，可使杀毒软件窗口进入最小化模式查杀病毒。

（二）查杀设置

对查杀病毒的内容进行设置可以减少一些查杀操作，使查杀过程更加方便，根据实际需要有针对性地对杀毒软件进行设置是非常有必要的，比如，使用上网频繁时，可以启用自动查杀等，其具体操作如下。

（1）在“病毒查杀”操作界面的右下角单击“查杀设置”超链接，打

开“设置中心”对话框，选择“常规设置”选项卡，如图 3-4 所示，在其中可设置“启动和登录”“免打扰设置”和“云安全设置”等，如选中单击☑ 在开机时自动运行瑞星杀毒软件 复选框，则开机时会自动启动瑞星杀毒。

（2）选择“扫描设置”选项卡，如图 3-5 所示，在其中可设置“扫描设置”和“病毒处理设置”等，这里单击选中☑ 发现病毒时提示警告声 复选框，当发现病毒时计算机会提示警告。

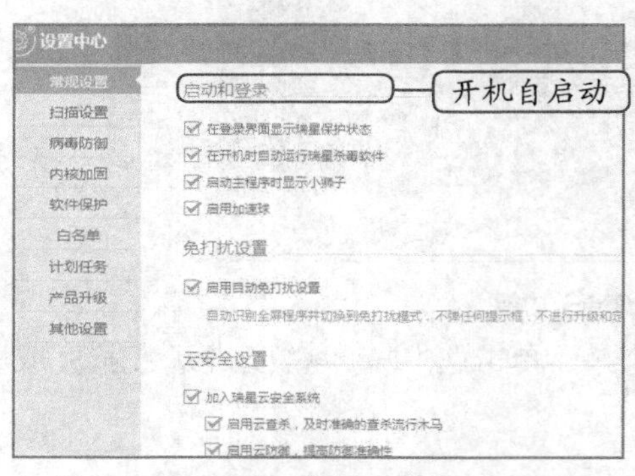

图 3-4 常规设置

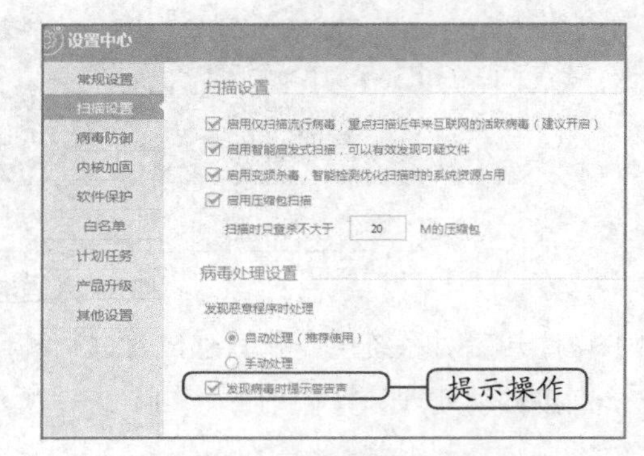

图 3-5 扫描设置

（3）使用相似方法可设置其他选项卡内容，然后单击“计划任务”选项卡，在“定时任务设置”栏中单击选中☑ 启用定时扫描任务 复选框，扫描方式设置为“快速扫描”，然后单击“修改周期”按钮，如图 3-6 所示。

（4）打开“定时扫描计划”对话框，将扫描时间设置为每周的周一自动进行，单击 确定 按钮，如图 3-7 所示，返回“计划任务”选项卡，单击 确定 按钮，即可启用定时查杀病毒功能。

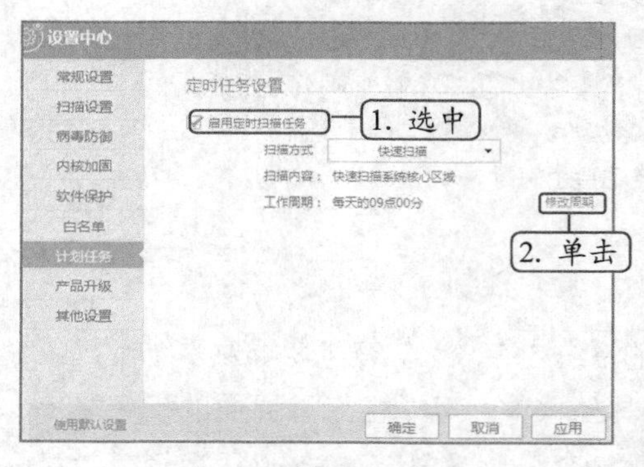

图 3-6 启用自动查杀

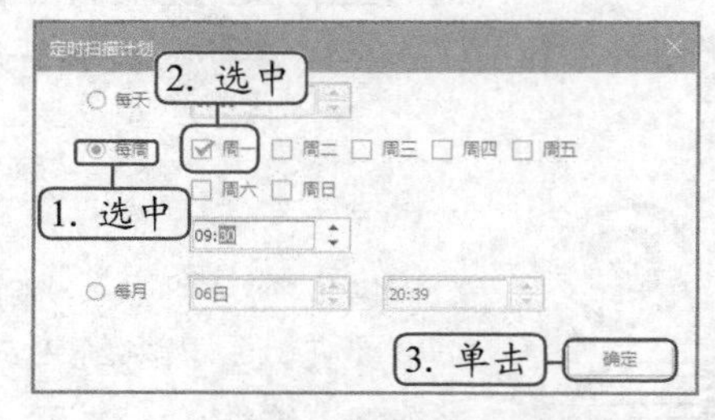

图 3-7 设置查杀周期

默认查杀设置

启用瑞星杀毒的定时查杀功能需要手动操作，而其他设置内容，如无特殊需要，一般保持默认即可。如果自定义了查杀设置，在“设置中心”对话框中单击左下角的“使用默认设置”按钮，可将查杀恢复为默认设置。

（三）开启计算机防护

利用瑞星杀毒软件的计算机防护功能，可以开启病毒防御、软件保护以及上网保护等，使用计算机系统运行在完全的环境中，开启计算机防护功能的方法为：启动瑞星杀毒软件，在主界面单击“电脑防护”按钮，进入“电脑防护”操作界面，其中显示了防护内容信息，单击右侧的滑动按钮，其按钮图标将呈蓝色显示，即可开启当前选项的防护功能，直接单击全部开启按钮则开启所有选项防护功能，如图 3–8 所示。

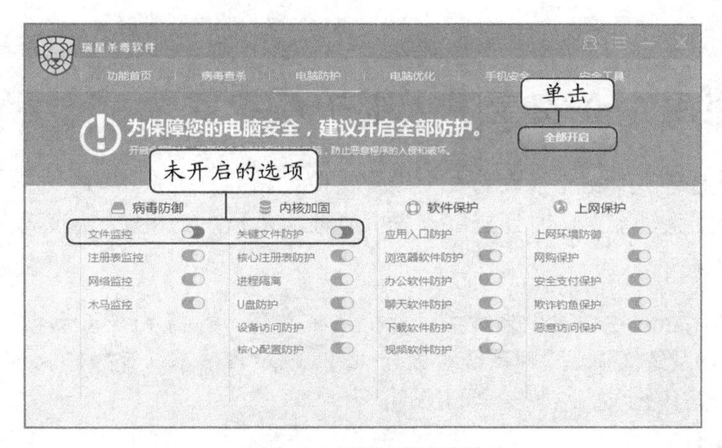

图 3–8　开启计算机防护

（四）系统优化

瑞星杀毒软件 V17 版本集合了计算机优化功能，可以对计算机进行简单优化，其具体操作如下。

（1）启动驱动精灵，在主界面单击“电脑优化”按钮，进入“电脑优化”操作界面，软件开始扫描可优化选项。

（2）扫描完成后，将自动选中需优化的选项，单击立即优化按钮进行优化，完成后将显示优化的总项目和用时，如图 3–9 所示。

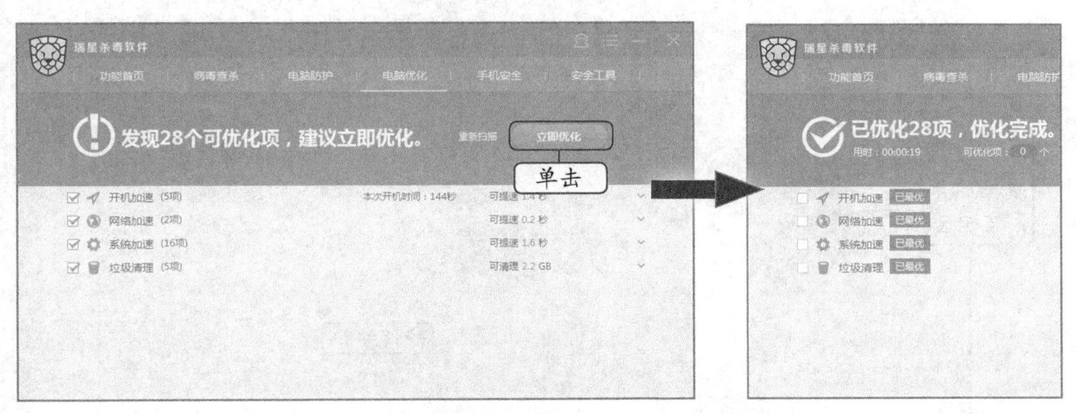

图 3–9　系统优化

手机病毒查杀

如今智能手机普遍使用，不但可以便捷地进行网上购物，还可以进行网上支付，在这个过程中手机难免会受到病毒的侵袭，仅仅通过手机中安装的清理程序不能查杀一些顽固病毒，此时可将数据线与手机连接，在瑞星杀毒软件 V17 主界面单击“手机安全”按钮，进入“手机安全”操作界面，单击 连接手机 按钮，根据提示将手机与计算机中的瑞星杀毒软件连接，然后进行一键智能病毒查杀。

任务二 使用 360 安全卫士维护系统安全

360 安全卫士是一款功能强大的安全维护软件。它拥有查杀木马、木马防火墙，以及计算机体检等多个强大功能，同时还提供计算机清理、系统修复和优化加速等特定辅助功能。

一、任务目标

本任务将利用 360 安全卫士来维护计算机系统安全，提高系统运行速度，主要练习对系统进行体检、修复系统漏洞、清理系统垃圾与痕迹，以及查杀木马等操作。通过本任务的学习，掌握使用 360 安全卫士维护系统安全的操作。

二、相关知识

360 安全卫士是一款由奇虎 360 公司推出的上网安全软件，其使用方便、应用全面、功能强大，在国内拥有良好的口碑，如图 3-10 所示为 360 安全卫士 11 版本主界面。上方的功能选项卡能够清晰地呈现 360 安全卫士可实现的功能，底部是 360 安全卫士特有的快捷按钮，单击对应的快捷按钮即可进入相应的操作界面，中间位置是进行具体操作的地方，同时显示功能信息。

图 3-10 360 安全卫士主界面

三、任务实施

（一）对计算机进行体检

微课视频

对计算机进行体检

利用 360 安全卫士对计算机进行体检，实际上是对其进行全面的扫描，让用户了解计算机的当前使用状况，并提供安全维护方面的建议，其具体操作如下。

（1）选择【开始】/【所有程序】/【360 安全中心】/【360 安全卫士】/【360 安全卫士】菜单命令，启动 360 安全卫士。

（2）打开 360 安全卫士的操作界面，此时窗口中间提示当前计算机的体检状态，单击立即体检按钮。

（3）系统自动对计算机进行扫描体检，同时在窗口中显示体检进度并动态显示检测结果，扫描完成后，单击一键修复按钮，如图 3-11 所示。

图 3-11　进行计算机体检

（4）360 安全卫士自动解决计算机中存在的问题，若有些问题需要用户决定是否解决，360 安全卫士会弹出相应的对话框进行提示，如图 3-12 所示，单击选中 全选 复选框可选择所有选项，单击“忽略”超链接可取消该选项，然后单击确认优化按钮继续优化。

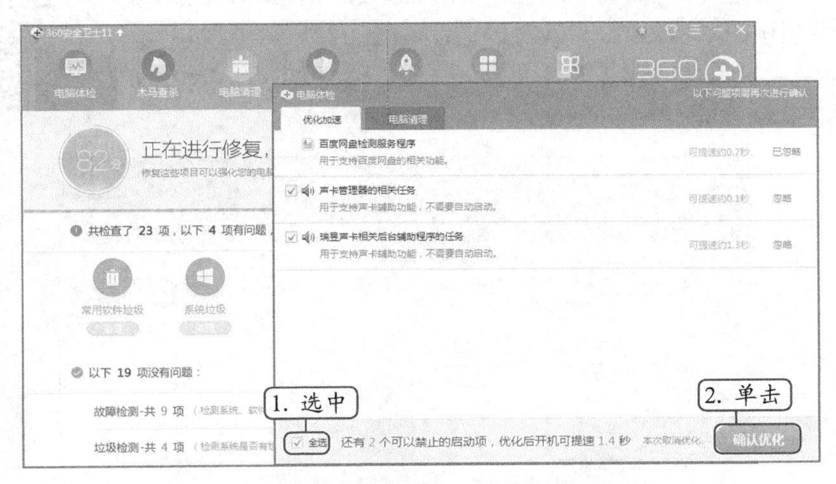

图 3-12　需用户决定是否解决的问题

（5）修复完成后打开图 3-13 所示的界面，显示修复信息，并根据计算机系统当前的安全程度打出分数。此时可单击右下角的“立即重启”按钮，重启计算机使所有的修复生效，也可进行完其他操作后手动重启。

图 3-13　完成修复

自动修复的内容

通常情况下，对计算机进行体检的目的在于检查计算机是否存在漏洞、是否需要安装补丁或是否存在系统垃圾。若体检分数没有 100 分，一键修复后分数仍不足 100，可浏览界面中罗列的“系统强化”和“安全项目”等内容，根据提示信息手动进行修复。当然，若只是提示软件更新和 IE 主页未锁定等信息，则不需要特别在意，其对计算机运行并无影响。

（二）木马查杀

360 安全卫士提供了木马查杀功能，使用该功能可对计算机进行扫描，查杀计算机中的木马文件，并实时保护计算机，其具体操作如下。

（1）启动 360 安全卫士，单击“木马查杀”选项卡，再单击“快速扫描”按钮，如图 3-14 所示。

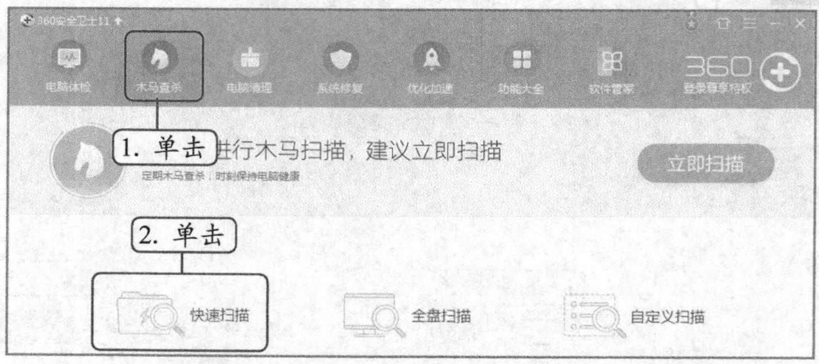

图 3-14　选择扫描方式

（2）以“快速扫描”方式扫描计算机，界面中显示了扫描进度条，并在进度条下方显示扫描项目，完成后在窗口中将显示扫描结果，并将可能存在风险的项目罗列出来，单击立即处理按钮，处理安全威胁，如图 3-15 所示。

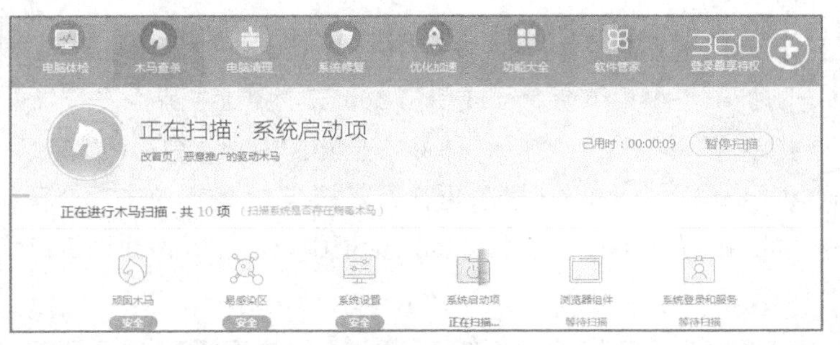

图 3-15 扫描并处理安全威胁

（3）在打开的提示对话框中单击确定按钮，重启桌面和 IE 浏览器，然后处理木马和危险项，成功处理后，将打开提示对话框，提示处理成功，并建议立刻重启计算机，单击好的，立刻重启按钮，重新启动计算机，并再次打开 360 安全卫士对计算机进行木马查杀，确保计算机安全，如图 3-16 所示。

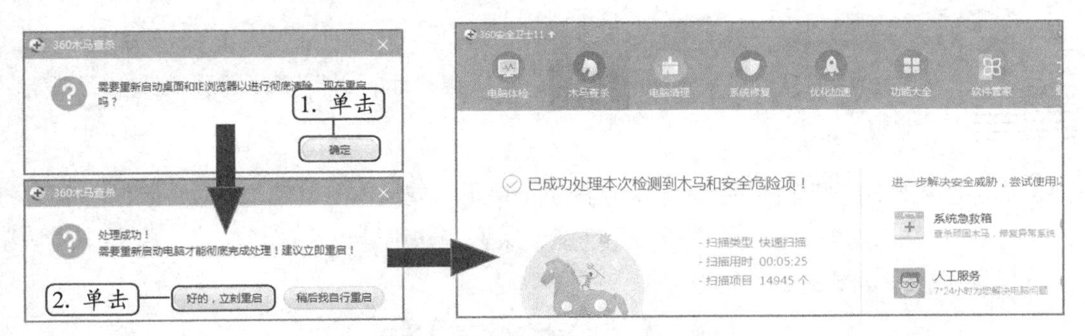

图 3-16 扫描完成重启计算机

自动处理木马

在扫描界面单击选中“扫描完成后自动关机（自动清除木马）”复选框，360 安全卫士将对木马和危险项进行自动处理，并在处理完成后自动关闭计算机。

（三）开启木马防火墙

360 安全卫士的木马防火墙功能，能够有效对网络安全等进行防御，营造一个安全的计算机使用环境。开启木马防火墙的具体操作如下。

（1）选择【开始】/【所有程序】/【360 安全中心】/【360 安全卫士】/【360 安全防护中心】菜单命令，或单击 360 安全卫士主界面左下角的“防护中心”按钮，打开“360 安全防护中心”窗口。

（2）在防护内容栏中单击查看状态按钮，可查看防护状态，这里单击“浏览器防护”栏中的“上网首页防护”的“设置”按钮，在打开的对话框中单击按钮锁定浏览器的首页即可，如图 3-17 所示。

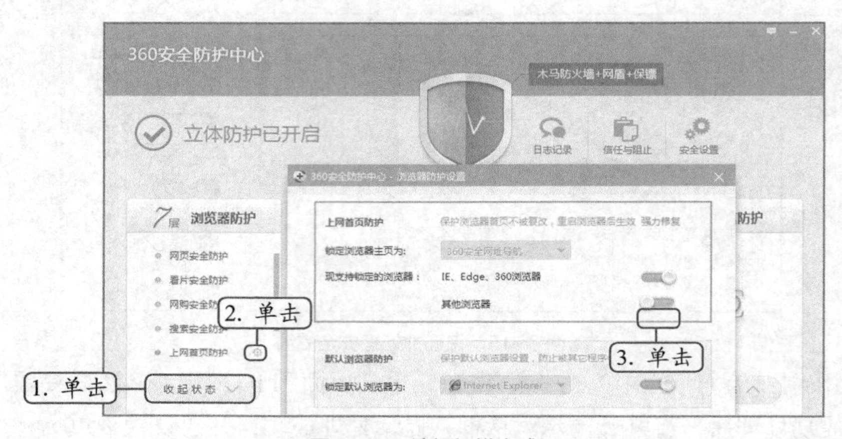

图 3-17　选择扫描方式

关于浏览器的锁定

如果计算机系统中使用的浏览器主页不是“360 安全网址导航”，那么在使用 360 安全卫士这类安全防护软件时，需要关闭浏览器主页锁定功能。

（3）单击“入口防护”栏中的查看状态按钮，单击“局域网防护”选项中的开启按钮，打开提示框，建议局域网用户开启此功能，家庭用户则建议关闭该防护，单击确定按钮确认开启，如图 3-18 所示。

关闭防护

如果要关闭防护，只需将鼠标光标移到选项右侧，然后单击“关闭”按钮，再在打开的提示对话框中单击确定按钮。在不清楚防护功能的具体作用时，建议保持默认设置。

图 3-18　开启立体防护

（四）常用辅助功能

360 安全卫士是一款功能较全面的防护工具软件，它集合了计算机清理、系统修复和优化加速等常用的辅助功能，帮助用户对计算机进行相应的系统管理维护。

1. 计算机清理

计算机中残留的无用文件、浏览网页时产生的垃圾文件，以及日常填写的网页搜索内容、注册表单等信息会给系统增加负担。360 安全卫士可清理系统垃圾与痕迹，其具体操作如下。

（1）启动 360 安全卫士，单击“电脑清理”选项卡，在窗口中单击选中所有需要清理项目前对应的复选框，然后单击 一键扫描 按钮，如图 3-19 所示。

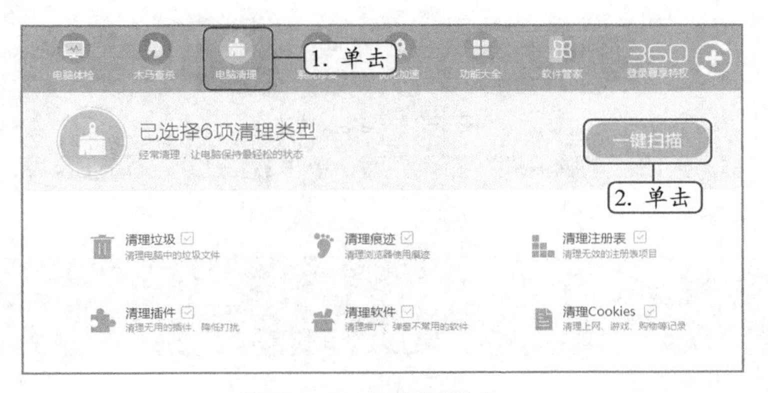

图 3-19　扫描清理内容

自动清理与经典版清理

在“电脑清理”操作界面的左下角单击“自动清理”按钮，可启用自动清理，并设置自动清理周期时间；单击“经典版清理”按钮则可切换到 360 安全卫士的经典版清理界面，其信息显示更直观。

（2）系统开始扫描计算机中存在的系统垃圾、不需要的插件、网络痕迹和注册表中多余项目，并将扫描结果显示在项目中，扫描完成后系统自动选择删除后对系统或文件没有影响的项目，如图 3-20 所示，此时，可单击未选中项目下方的 详情 按钮，自行清理，如这里单击“可选清理插件”项目下方的 详情 按钮。

图 3-20　查看详情

（3）在打开的对话框中单击选中第一个复选框，然后单击 清理 按钮，如图 3-21 所示，清理浏览器中抓图软件 Snagit 的插件。

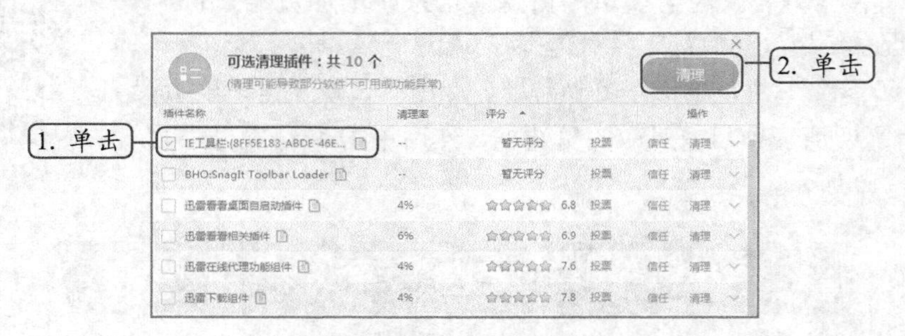

图 3-21　自定义清理

（4）关闭对话框，返回“电脑清理”操作界面，单击 一键清理 按钮清理垃圾，完成后显示清理完成信息，如图 3-22 所示的信息。

图 3-22　完成清理

2. 系统修复

360 安全卫士的系统修复功能主要用于修复漏洞，防止非法用户将病毒或木马植入漏洞，从而窃取计算机中的重要资料，有的甚至会破坏系统，使计算机无法正常运行。系统修复的具体操作如下。

（1）启动 360 安全卫士，单击“系统修复”选项卡，单击“漏洞修复”按钮，系统开始扫描当前计算机是否存在漏洞，并将扫描结果显示在窗口中，如图 3-23 所示。

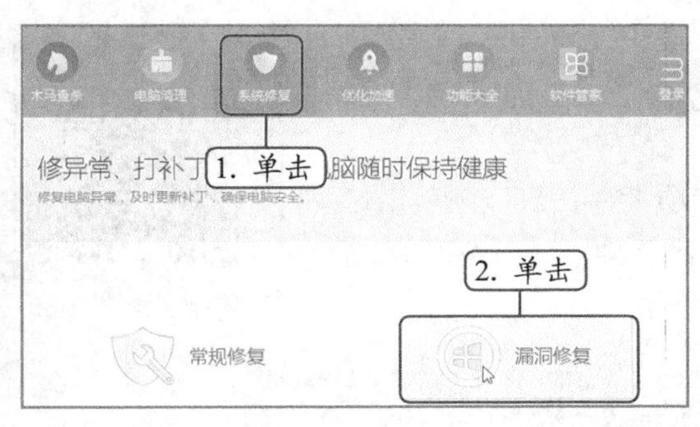

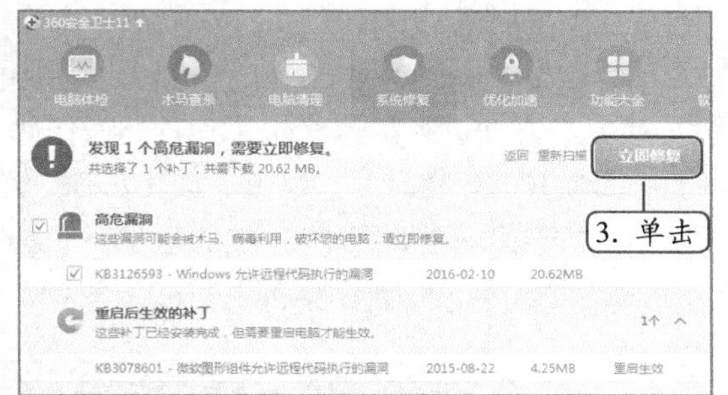

图 3-23 检查漏洞

（2）若系统存在漏洞，则单击立即修复按钮，程序将自动对漏洞进行修复。因为修复时间较长，可单击后台修复按钮，程序将转入后台修复，不占用桌面，如图 3-24 所示。

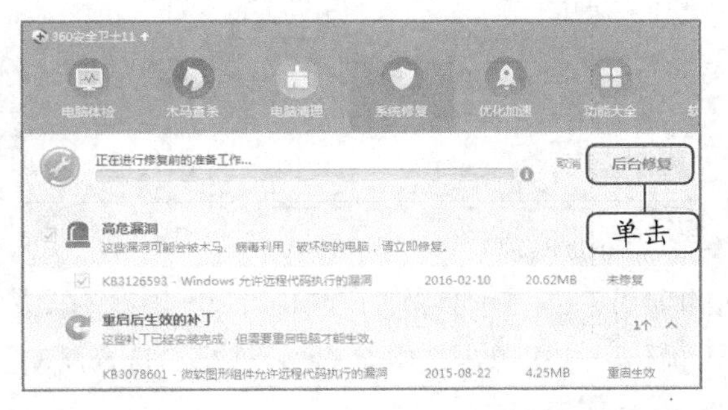

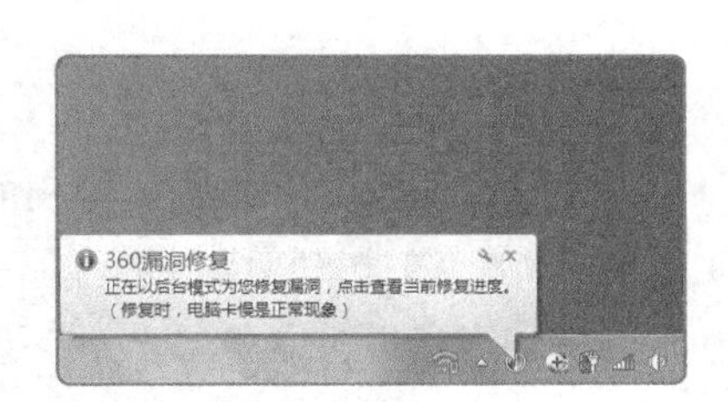

图 3-24 后台修复漏洞

（3）修复完成后将在通知区域中提示完成修复，并自动打开 360 安全卫士修复界面，再次进行扫描，以确定系统不存在漏洞，如图 3-25 所示，然后重启计算机使所有漏洞修复成功。

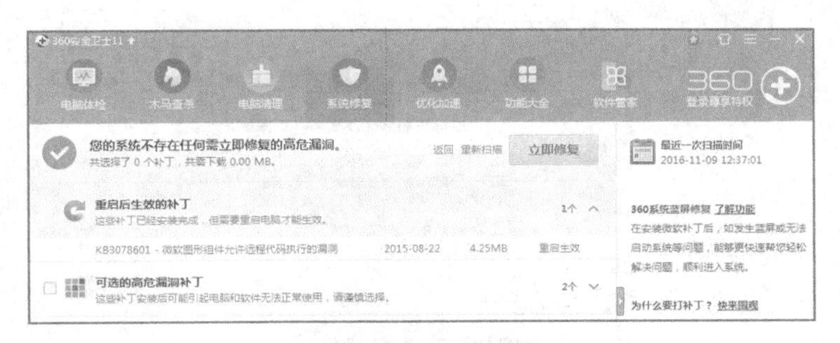

图 3-25 漏洞修复完成

选择漏洞修复选项

进入漏洞修复功能后，系统一般会自动对计算机存在的高危漏洞、软件更新、可选高危漏洞等项目进行扫描修复。若扫描结果为“无高危漏洞”，则不会自动进行修复，此时可对扫描结果中罗列的栏目进行自定义扫描，若存在漏洞则需单击选中要修复项目前的复选框，然后单击 立即修复 按钮即可。

3. 优化加速

360 安全卫士主要从“开机加速”“系统加速”“网络加速”和“硬盘加速”等方面进行加速优化，其具体操作如下。

（1）启动 360 安全卫士，单击“优化加速”选项卡，在窗口中单击选中需要优化的项目前对应的复选框，默认全部选中，然后单击 立即扫描 按钮，如图 3-26 所示。

图 3-26　扫描加速项

（2）系统开始扫描计算机中可进行加速的项目，并显示具体加速内容，单击 立即优化 按钮，打开提醒对话框，根据需要决定是否优化，这里单击选中 全选 复选框，选择所有选项，然后单击 确认优化 按钮全部优化，如图 3-27 所示。

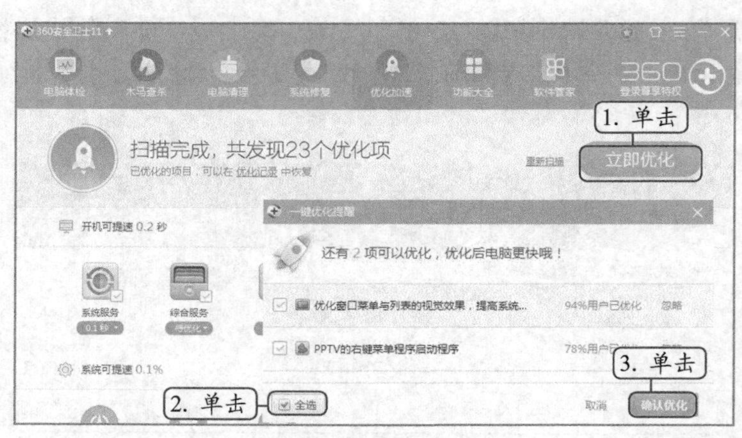

图 3-27　加速优化

实训一 全盘杀毒并启用定时查杀

微课视频

全盘杀毒并启用定时查杀

【实训要求】

对计算机病毒进行查杀是保障计算机系统安全使用的基本手段，也是计算机使用者需要养成的良好习惯。下面通过本实训将进一步巩固查杀病毒的相关操作知识。

【实训思路】

本实训将利用前面所学的瑞星杀毒软件对计算机系统进行全盘查杀，然后启用定时查杀功能。全盘查杀操作界面如图 3-28 所示，启用定时查杀操作界面如图 3-29 所示。

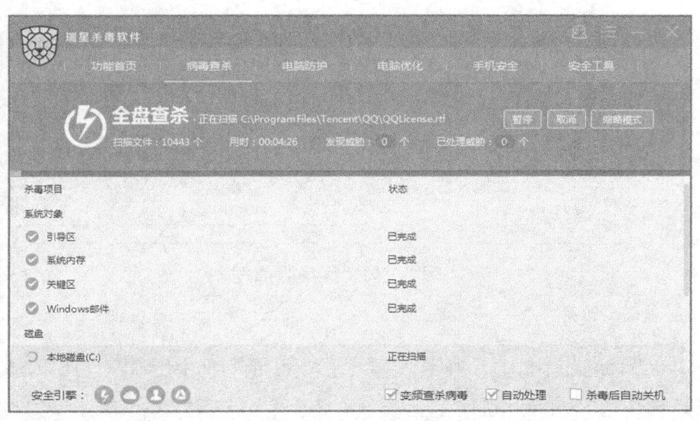

图 3-28 全盘查杀

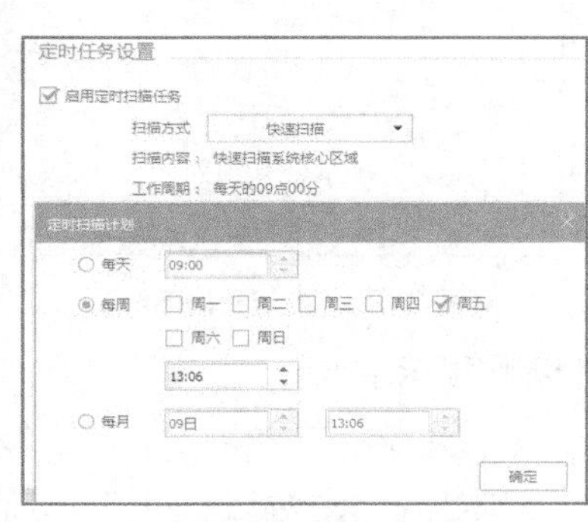

图 3-29 启用定时查杀操作界面

【步骤提示】

（1）启动瑞星杀毒软件 V17，单击“病毒查杀”按钮，进入“病毒查杀”操作界面，单击“快速查杀”按钮，进行全盘查杀。

（2）查杀完成后，返回“病毒查杀”操作界面，单击“查杀设置”超链接，然后在打开的“设置中心”对话框中单击“计划任务”选项卡，单击选中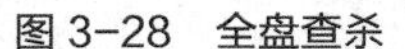复选框，并将扫描方式设置为“快速扫描”。

（3）单击“修改周期”超链接，打开“定时扫描计划”对话框，将扫描时间设置为每周的周五自动进行，单击确定按钮。返回“计划任务”选项卡，单击确定按钮，启用定时查杀病毒功能。

实训二 查杀木马并使用经典版清理垃圾

【实训要求】

由于经常使用计算机上网或下载一些文件和程序，为了避免计算机感染木马，需要定期对计算机进行木马查杀以及垃圾清理。通过本实训可进一步熟悉 360 安全卫士的使用方法。

【实训思路】

本实训使用360安全卫士软件来进行操作，启动360安全卫士，使用自定义扫描方式查杀木马，然后进入“电脑清理”操作界面，切换到经典版清理，依次清理垃圾、软件和插件。自定义木马查杀如图3-30所示，经典版清理如图3-31所示。

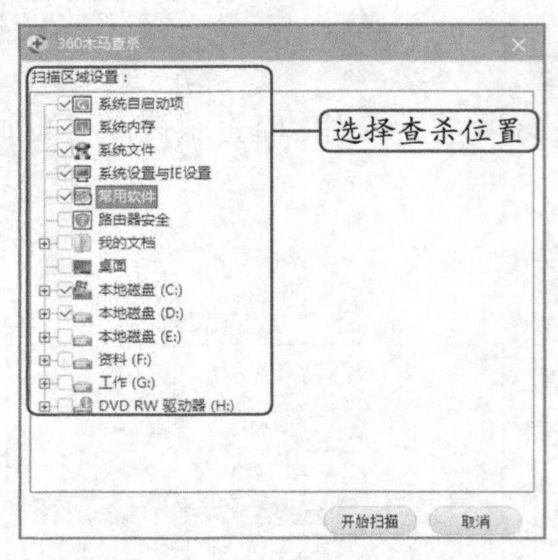

图3-30　自定义扫描位置

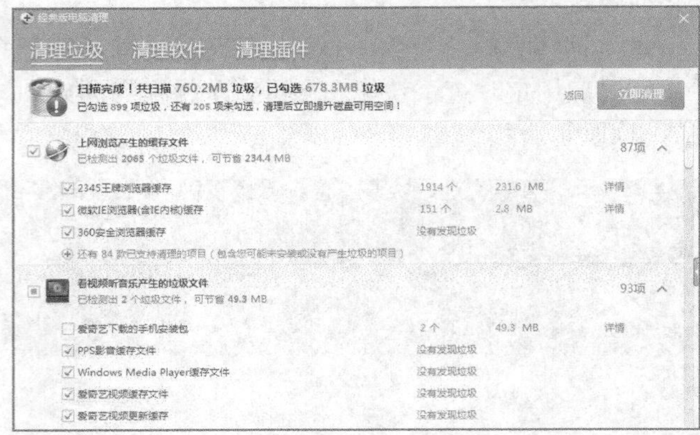

图3-31　经典版清理

【步骤提示】

（1）启动360安全卫士，单击“木马查杀”选项卡，单击“自定义扫描”按钮，打开“360木马查杀”对话框，在“扫描区域设置”列表框中选择查杀的区域，然后单击开始扫描按钮。

（2）如果扫描出木马，单击一键处理按钮进行处理。

（3）单击“电脑清理”选项卡，在“电脑清理”操作界面底部单击“经典版清理”按钮，打开“经典版电脑清理”对话框。

（4）在“垃圾清理”选项卡中自动扫描出垃圾文件，单击立即清理按钮清理垃圾文件。

（5）单击“软件清理”选项卡，在其中选中要清理的软件选项，单击一键清理按钮，在打开的对话框中单击确定按钮将软件卸载，并删除其包含的内容。

（6）单击“插件清理”选项卡，单击开始扫描按钮扫描插件，在扫描结果中选中要清理的插件，单击开始扫描按钮。

课后练习

练习1：使用瑞星杀毒软件自定义查杀病毒

练习在计算机系统中安装瑞星杀毒软件V17，然后启动瑞星杀毒软件进入“病毒查杀”操作界面，使用“自定义查杀”方式查杀病毒。

练习2：对计算机进行体检并查杀木马

练习启动360安全卫士，首先在“电脑体检”操作界面中对计算机进行体检，并根据提示对计算机系统进行修复，最后使用快速扫描方式查杀木马。

技巧提升

1．使用瑞星杀毒软件加速器

安装瑞星杀毒软件后，将默认启动加速球，当使用中的计算机出现卡顿时，可通过加速球停止无用的程序，清理出更多的内容，提升运行速度。如图 3-32 所示，加速球显示已用 92% 内存，单击图标，在打开的加速窗口中选中可关闭的程序，单击一键加速按钮，清理内存。

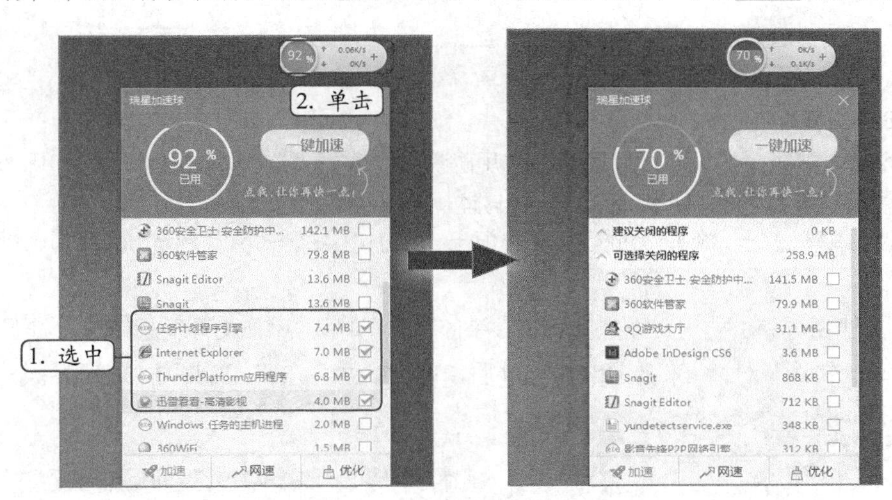

图 3-32　使用瑞星杀毒软件加速器清理内存加速

2．使用 360 安全卫士更新软件

使用 360 安全卫士能够有效对计算机中安装的软件进行管理，如升级更新软件。其方法为：启动 360 安全卫士，单击“软件管家”选项卡，即可打开“360 软件管家”窗口，单击“升级”选项卡，在窗口中可查看当前计算机安装的软件可进行升级的选项，单击软件右侧的升级按钮或一键升级按钮便可对软件进行升级更新，如图 3-33 所示。

图 3-33　软件升级更新

3．使用 360 安全卫士卸载软件

使用 360 安全卫士还可对软件进行卸载操作，在卸载软件时还能够将软件残留信息一起删除。启动 360 安全卫士，单击“软件管家”选项卡，即可打开“360 软件管家”窗口，单击“卸载”选项卡，在软件选项右侧单击卸载按钮即可进行软件卸载操作，如图 3-34 所示。

图 3-34　软件卸载

4．粉碎文件

当计算机中某些文件无法彻底删除，占用磁盘空间或留下安全隐患，此时可利用 360 安全卫士的文件粉碎机功能将文件彻底删除，其具体操作如下。

（1）启动360安全卫士，单击“功能大全”选项卡，在窗口中单击“文件粉碎机”选项，如图3-35所示。

（2）启用文件粉碎机并打开“文件粉碎机”对话框，单击“添加文件”超链接，打开“选择要粉碎的文件”对话框，选择目标文件后，单击 确定 按钮，如图 3-36 所示。

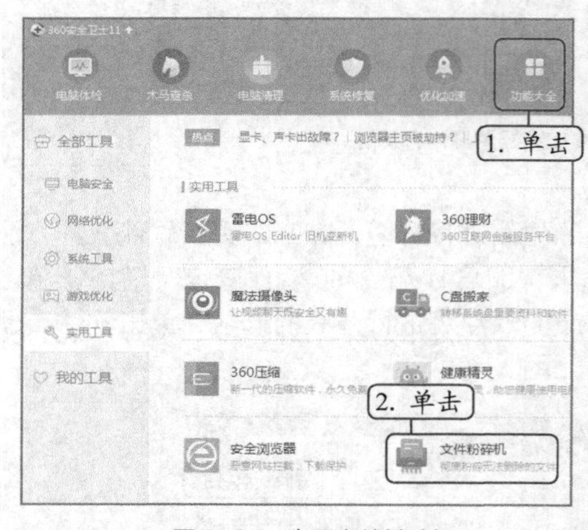

图 3-35　启用文件粉碎机

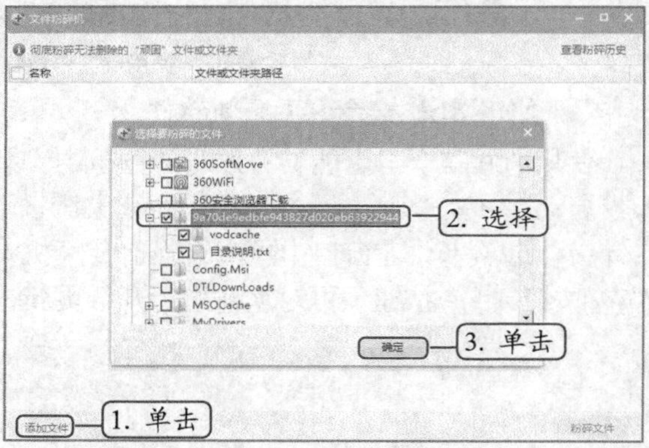

图 3-36　添加要粉碎的文件

（3）添加要粉碎的文件后，可在下方单击选中 防止恢复（针对隐私文件，粉碎时间较长）复选框防止文件恢复，然后单击 粉碎文件 按钮粉碎文件，如图 3-37 所示。

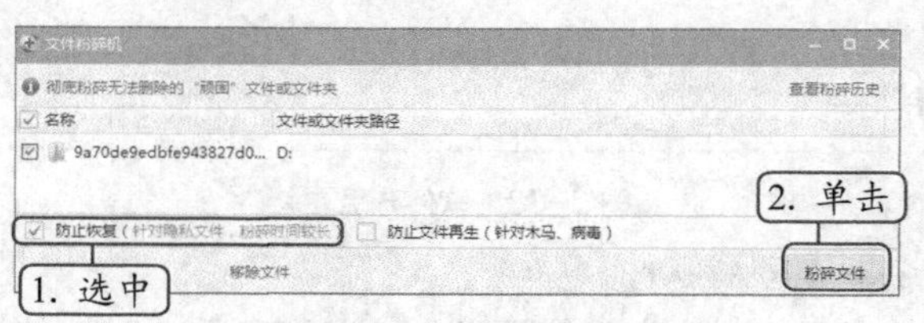

图 3-37　粉碎文件

PART 4

项目四 光盘工具

情景导入

米拉：老洪，我安装了刻录机，可是为什么不能刻录光盘呢？

老洪：安装好刻录机后，需要使用相应的软件来执行刻录操作，才能刻录。

米拉：那需要安装什么软件呢？

老洪：使用最多的就是 Nero 刻录软件了，它的功能很强大，除了可刻录数据光盘，还可刻录 CD、VCD、DVD 等光盘。

米拉：哇，你快给我讲讲吧。

老洪：恩，除了 Nero，还可以使用 UltraISO 制作光盘映像文件，并使用 DAEMON Tools 装载映像文件，下面就讲讲如何使用这些工具吧。

学习目标

- 掌握使用 Nero 刻录光盘的操作方法
- 掌握使用 UltraISO 制作光盘映像的操作方法
- 熟悉使用 DAEMON Tools 装载和卸载映像文件的操作方法

技能目标

- 能进行刻录数据光盘、CD 音乐光盘和 VCD 视频光盘等操作
- 能进行映像文件的创建、编辑和格式转换的相关操作
- 能进行装载和卸载映像文件的相关操作

任务一　使用 Nero 制作光盘

Nero 是一款功能强大的刻录软件，支持多种刻录格式，并具备完美的刻录功能。使用 Nero 可将超大文件一次性分割刻录到多张光盘上，除此之外，在使用 Nero 刻录老旧的光盘时，可以确保光盘的可读性，减少刮痕、老化和损坏的影响。

一、任务目标

本任务将利用 Nero 软件制作光盘，主要包括刻录数据光盘、刻录 CD 音乐到光盘，以及刻录 VCD 视频光盘等操作。通过本任务的学习，掌握使用 Nero 软件刻录光盘的基本操作。

二、相关知识

在安装好 Nero 软件和刻录机后，即可开始刻录文件。下面将以经典版 Nero 10 介绍制作光盘的相关知识，该版本具有高稳定性、高兼容性和易操作性等特点。

（一）刻录机与刻录光盘

光盘刻录机是一种数据写入设备，它利用激光将数据写到空光盘上从而实现数据的储存，其写入过程可以看做普通光驱读取光盘的逆过程。衡量一台刻录机性能的因素很多，包括读写速度、接口方式、放置方式、进盘方式、缓存容量，以及盘片兼容性等。

（二）认识 Nero

Nero 是一款专业的刻录软件，具有刻录、编辑、备份、翻录和转换等功能，使用该软件可以将文件备份到 CD、DVD 和蓝光等各种光盘上。Nero 支持刻录的视频格式很多，如 rm、rmvb、3gp、mp4、avi、flv 等，无需用另外的视频转换器转换格式，Nero 软件可自动制作符合刻录光盘的文件，并且支持视频的编辑、DVD 菜单的制作、添加电影字幕，以及制作 DVD 映像 ISO 文件等。

安装完成 Nero 软件后，将会在目录列表出现多个 Nero 相关程序，如图 4-1 所示，如选择其中的 Nero StartSmart 命令，可在打开的界面中进行光盘的刻录。

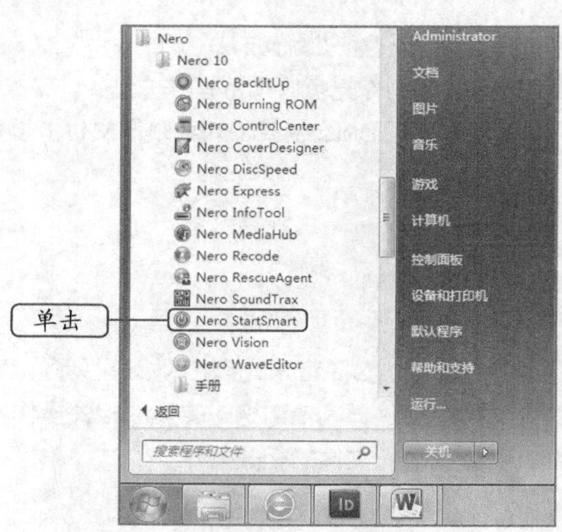

图 4-1　安装的 Nero 程序

三、任务实施

（一）刻录数据光盘

下面将计算机中的重要资料刻录到光盘中，通过练习快速掌握刻录数据光盘的方法，其具体操作如下。

（1）在计算机中成功安装 Nero 后，将一张空白光盘放入具备刻录功能的光驱中，然后选择【开始】/【所有程序】/【Nero】/【Nero 10】/【Nero StartSmart】菜单命令，启动 Nero 并进入软件的操作界面，如图 4-2 所示。

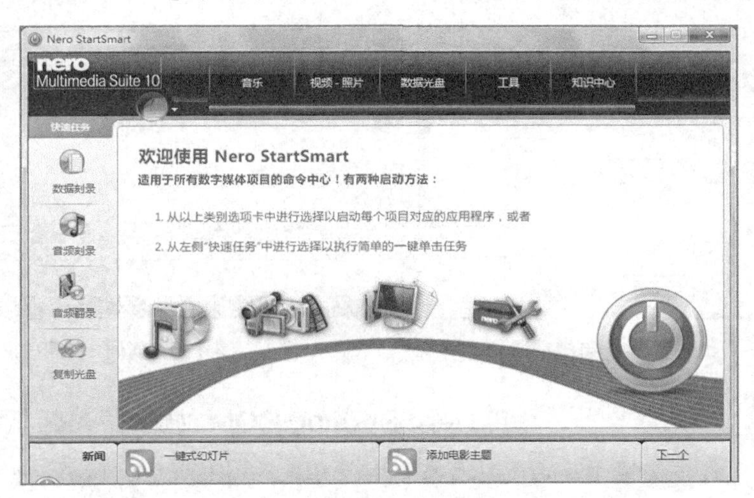

图 4-2　Nero 操作界面

（2）在操作界面上方的功能切换区中单击“数据刻录”按钮，打开“刻录数据光盘”选项卡，在“光盘名称”文本框中输入光盘名称，如“数据备份”，单击“添加”按钮，如图 4-3 所示。

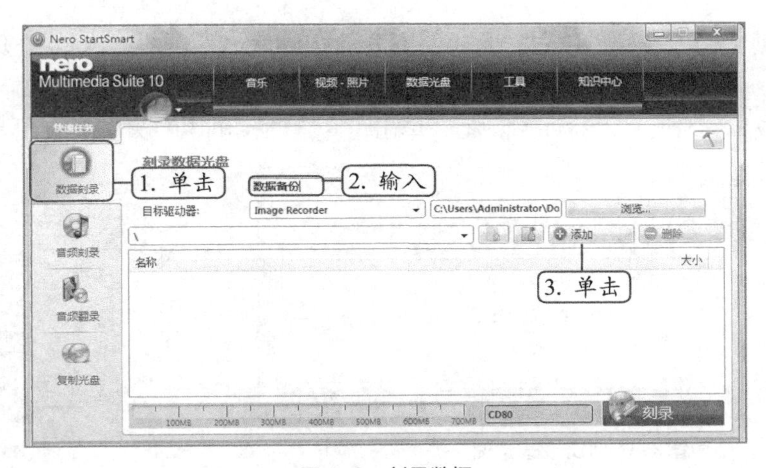

图 4-3　刻录数据

（3）打开“添加文件和文件夹”对话框，在左侧文件夹列表中选择文件保存位置，在中间列表框中选择需进行刻录的文件，然后单击“添加”按钮，如图 4-4 所示。

（4）使用相同方法继续添加需刻录的其他文件或文件夹，完成添加后，单击 关闭 按钮。在添加过程中可以同步观察“数据光盘”选项卡下方的容量刻度，即光盘的已用大小和未用大小，以此来判断添加的文件是否超出光盘的最大容量。

（5）返回“数据光盘”选项卡，在中间列表框中显示了所添加的文件和文件夹，如图 4-5 所示。若要删除已添加的文件，可先选择目标文件，然后单击窗口右侧的 删除 按钮即可。

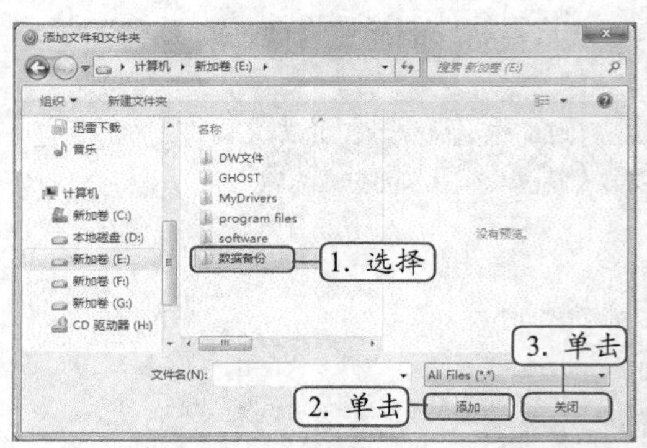

图 4-4　选择需要刻录的文件

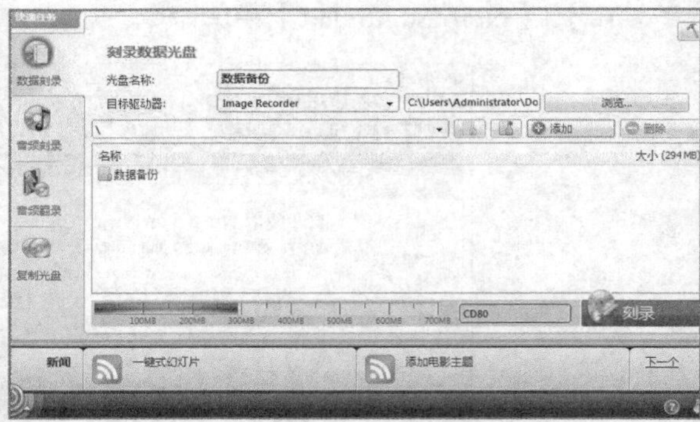

图 4-5　管理要刻录的文件

使用 Nero Burning ROM 刻录数据光盘

选择【开始】/【所有程序】/【Nero】/【Nero 10】/【Nero Burning ROM】菜单命令，在打开的“新编辑”对话框中选择“CD—ROM（ISO）”选项，然后在“刻录”选项卡中设置刻录参数，单击 新建(N) 按钮，在打开的操作界面中将要刻录的文件从本地资源管理器拖至光盘虚拟资源管理器中，最后单击工具栏中的 刻录 按钮，确认无误后单击 刻录(B) 按钮，也可以刻录数据光盘。

（6）确认要刻录的内容后单击窗口右下角的 刻录 按钮进入刻录状态，对话框将显示刻录进度，如图 4-6 所示。

（7）刻录完成后会打开一个提示对话框，单击 确定 按钮即可，如图 4-7 所示。

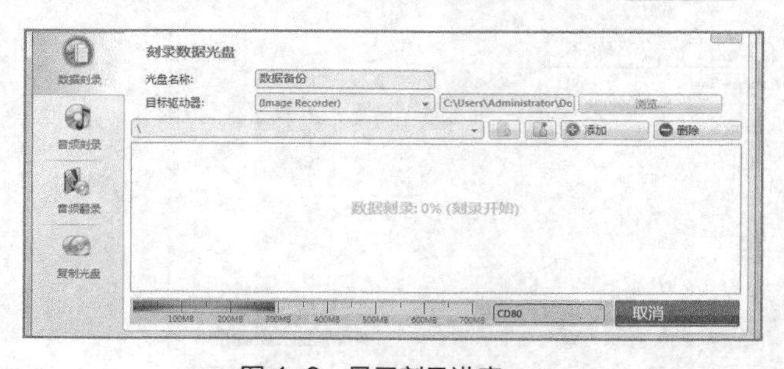

图 4-6　显示刻录进度

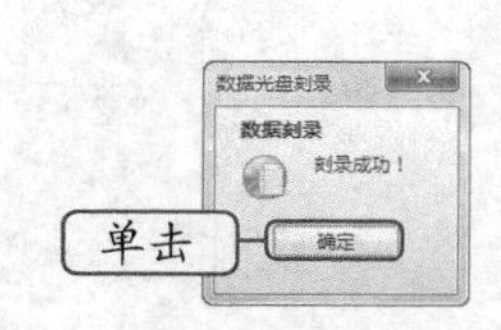

图 4-7　刻录成功

（二）刻录 CD 音乐光盘

使用 Nero 还可以将计算机硬盘中的 MP3、AVI 和 WAV 等音频文件刻录成 CD，用于音频 CD 光盘，其具体操作如下。

（1）将一张空白光盘放入具备刻录功能的光驱中，然后选择【开始】/【所有程序】/【Nero】/【Nero 10】/【Nero Express】菜单命令，打开“Nero Express”窗口。

（2）单击窗口左侧列表中的“音乐”按钮♪，在打开的右侧列表中选择“音乐光盘”选项，如图 4-8 所示。

（3）在打开的“我的音乐 CD”窗口中单击 添加 按钮。

（4）打开“添加文件和文件夹”对话框，在“位置”下拉列表中选择文件保存位置，在中间列表框中选择需进行刻录的文件，然后单击 添加(A) 按钮，如图 4-9 所示。

微课视频

刻录 CD 音乐光盘

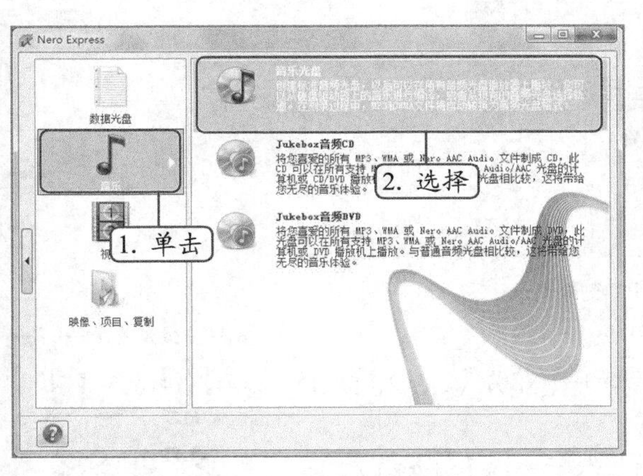

图 4-8 刻录音乐光盘

图 4-9 选择要刻录的音频文件

（5）此时系统将自动打开“新增文件”对话框，并显示添加文件的进度，完成文件的添加后，单击 关闭 按钮，返回“我的音乐 CD”窗口。

（6）此时添加的音频文件以音轨的方式显示在中间的文件列表框中，然后在其中选择需进行编辑的音频文件，并单击窗口右侧的 属性 按钮。

（7）打开“音频轨道属性”对话框，在“轨道属性”选项卡中可以设置该音频轨道的标题、演唱者和暂停等内容，如图 4-10 所示。

（8）单击“索引、限制、分割”选项卡，在打开的“索引、限制、分割”选项卡中可以对所选音乐进行分割、播放和编辑等相关操作，如图 4-11 所示。

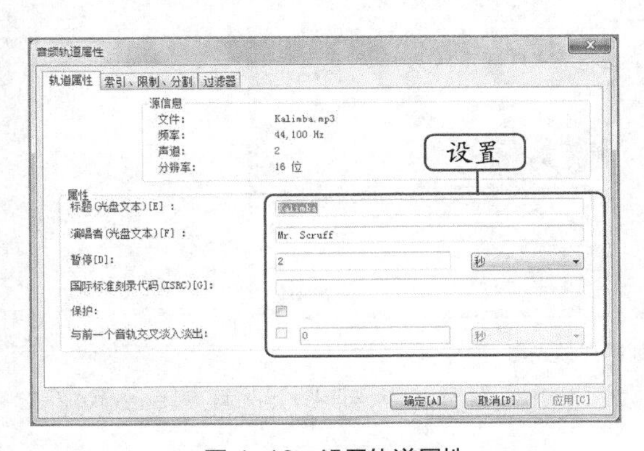

图 4-10 设置轨道属性

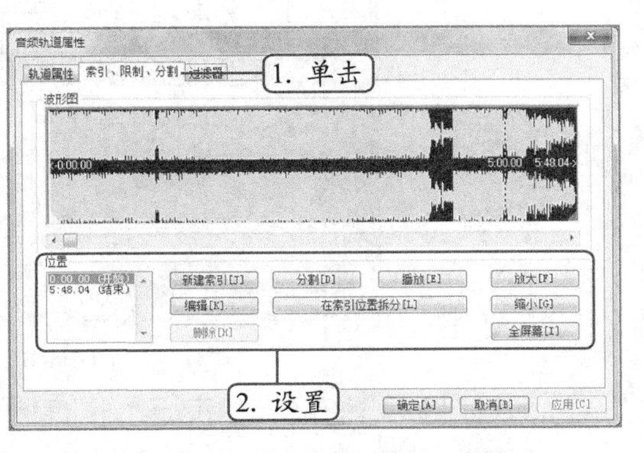

图 4-11 设置索引、限制、分割

（9）单击“过滤器”选项卡并对所选音轨添加淡入、淡出和消除噪音等特效，完成后单击 确定[A] 按钮应用设置。

（10）在“我的音乐 CD”窗口中单击 下一步[N] 按钮，打开“最终刻录设置”窗口，如图 4-12 所示。在其中可设置光盘的标题、演唱者和刻录份数，然后单击窗口底部的 刻录[A] 按钮进行刻录。

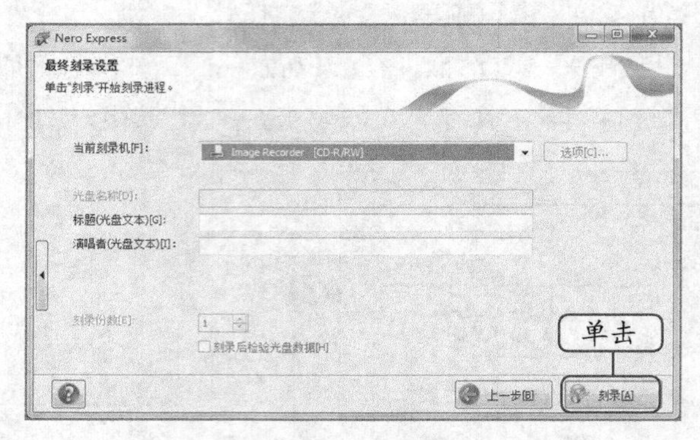

图 4-12　刻录音乐

（三）刻录 VCD 视频光盘

使用 Nero 还可以刻录 VCD 视频光盘，便于在部分 VCD 和 DVD 播放器中进行播放，其具体操作如下。

（1）将空白光盘放入具备刻录功能的光驱中，然后选择【开始】/【所有程序】/【Nero】/【Nero 10】/【Nero Vision】菜单命令，打开“Nero Vision xtra”窗口。

（2）选择左侧列表中的【制作光盘】/【视频光盘】菜单命令，如图 4-13 所示。

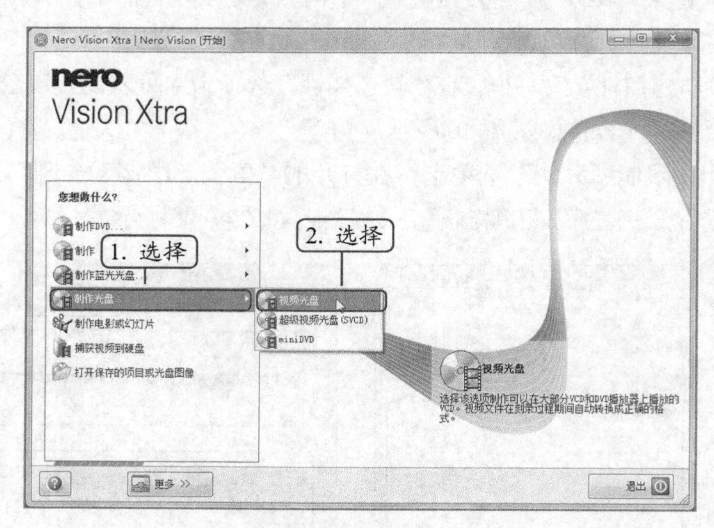

图 4-13　刻录视频光盘

（3）打开“目录”窗口，单击右上角的 导入 按钮，在弹出的列表中选择“导入文件”选项。

（4）打开“打开”对话框，选择需导入的视频文件，可以单个导入，也可以批量导入，这里导入图 4-14 所示的视频文件，然后单击按钮。

（5）此时将开始导入视频文件，并显示导入进度，完成视频文件的导入操作后，在“目录”窗口的中间列表中将显示导入的文件，如图 4-15 所示，在播放预览区中单击“播放”按钮可播放视频文件，然后单击按钮。

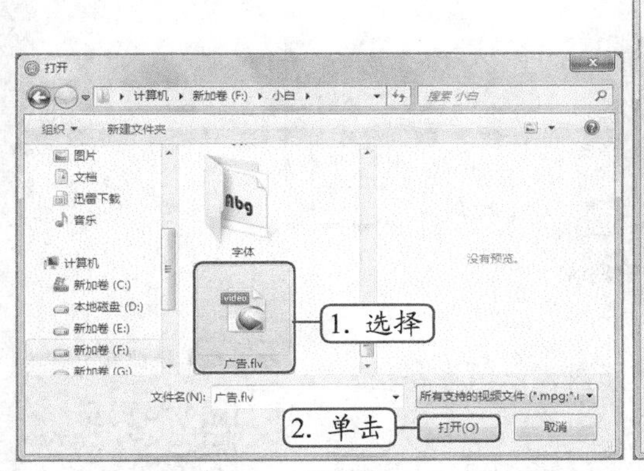

图 4-14　选择要刻录的文件

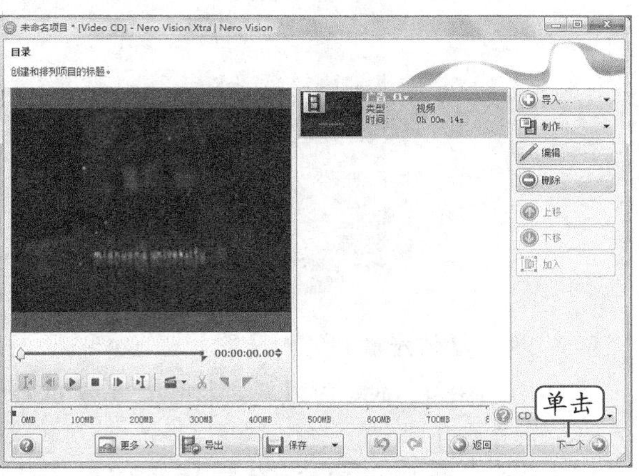

图 4-15　显示导入的视频文件

（6）打开“编辑菜单”窗口，在“模板”选项卡中可以选择使用菜单的类型、类别和模板样式，如图 4-16 所示，然后单击按钮。

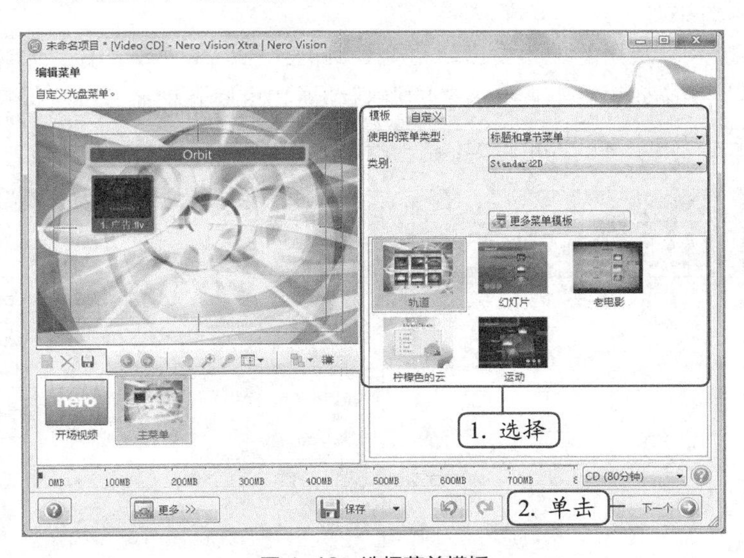

图 4-16　选择菜单模板

（7）在打开的“预览”窗口中可以检查项目设置后的效果，确认无误后，单击按钮。

（8）打开“刻录选项”窗口，在其中可以设置刻录的相关参数，如图 4-17 所示。单击按钮，系统开始执行刻录操作。

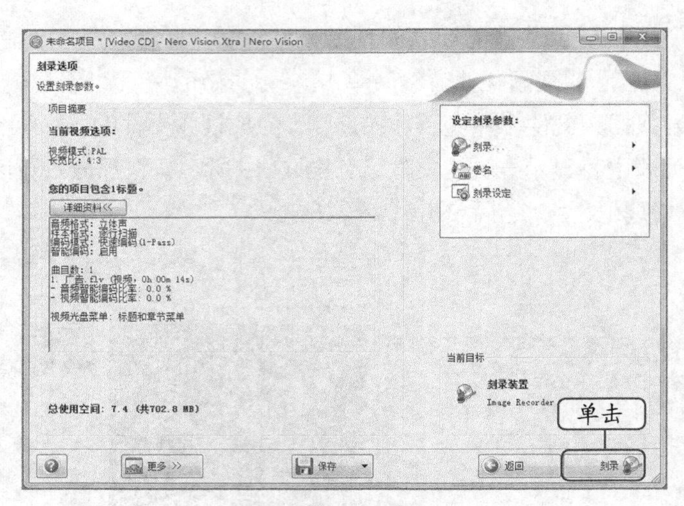

图 4-17　开始刻录

（四）复制光盘

利用 Nero Express 可以复制整张 CD 或 DVD 光盘，以留作备份，其具体操作如下。

（1）选择【开始】/【所有程序】/【Nero】/【Nero 10】/【Nero Express】菜单命令，打开“Nero Express”窗口，然后单击左侧的“映像、项目、复制”按钮，在右侧选择“复制整张 CD”选项，如图 4-18 所示。

（2）打开“选择来源及目的地”窗口，将要复制的光盘放入光驱，在“源驱动器”和“目标驱动器”下拉列表框中选择所需的源驱动器和目标驱动器。一般保持默认设置，如图 4-19 所示，单击右下角的 复制[A] 按钮。

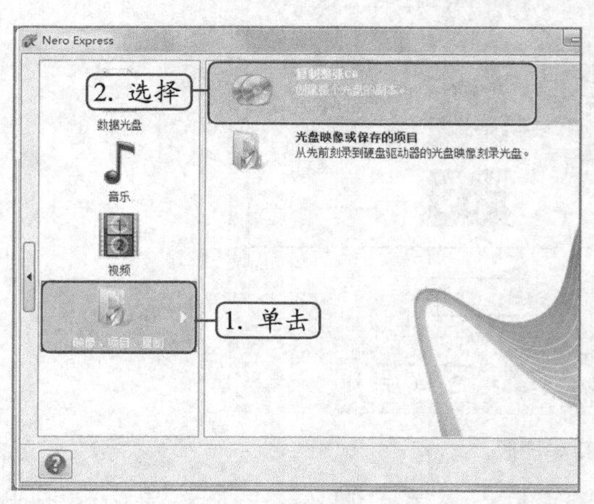

图 4-18　选择“复制整张 CD”选项

图 4-19　选择来源及目的地

（3）开始进行复制操作，对话框会显示光盘的刻录进度，如图 4-20 所示。

（4）完成复制操作后，光驱中的光盘会自动弹出，软件系统提示插入另一张空白光盘，按要求操作后，系统继续将前面复制的影像刻录到新光盘中。

图 4-20 开始复制文件

任务二 使用 UltraISO 制作光盘映像

UltraISO 是一款可制作、编辑和转换光盘映像文件的工具软件，其功能强大，且方便实用。使用它可以直接编辑 ISO 文件，也能从 ISO 中提取文件和目录，更可以从 CD-ROM 制作光盘映像或者将硬盘上的文件制作成 ISO 文件。

一、任务目标

本任务将利用 UltraISO 软件制作光盘映像文件，以方便文件的传输，主要操作内容包括创建映像文件、提供映像文件中的文件、编辑映像文件中的内容，以及转换映像文件的格式等。通过本任务的学习，掌握使用 UltraISO 制作光盘映像文件的基本操作。

二、相关知识

在使用 UltraISO 制作光盘映像文件之前，应了解什么是光盘映像文件，下面进行详细介绍。

（一）什么是光盘映像文件

映像文件是资料和程序相结合而成的文件，软件将资料进行格式转换，在硬盘上储存为与目的光盘内容完全一样的文件，并将这个文件以一比一对应的方式刻入光盘。在制作映像文件之前需先整理硬盘中的资料并扫描磁盘，并且需要在硬盘中预留足够的空间来存储映像文件。光盘映像文件的存储格式和光盘文件相同，在形式上只有一个文件，可真实反映光盘的内容。常见的镜像文件格式有 ISO、IMG、 BIN、 VCD、NRG、CDI、MCD 等，其中 ISO 是以 ISO-9660 格式保存的光盘镜像文件，也是最常用的光盘镜像格式，支持大多数刻录软件及虚拟光驱软件。

（二）认识 UltraISO 操作界面

安装完成 UltraISO 之后，即可通过 “开始” 菜单启动该软件，并进入其主界面，如图 4-21 所示。该界面由菜单栏、工具栏、状态栏、本地目录栏、光盘目录栏，以及光盘文件栏和本地文件栏等组成。

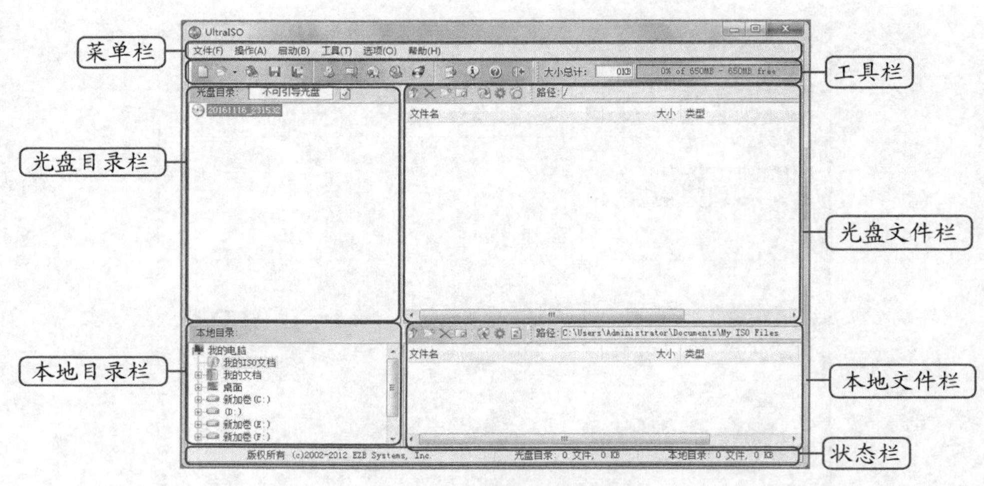

图 4-21 “UltraISO”操作界面

三、任务实施

（一）创建映像文件

下面利用 UltraISO 软件将一张 VCD 光盘制作成光盘映像文件，再练习将硬盘中的多个文件及文件夹制作成一个映像文件的方法。

1. 创建光盘映像文件

使用 UltraISO 能够快速便捷地创建光盘映像文件，其具体操作如下。

（1）选择【开始】/【所有程序】/【UltraISO】/【UltraISO】菜单命令，启动 UltraISO 软件，进入 UltraISO 窗口。

（2）把需要制作成映像文件的光盘放入光驱，然后在 UltraISO 窗口中选择【工具】/【制作光盘映像文件】菜单命令，如图 4-22 所示。

（3）在打开的“制作光盘映像文件”对话框中设置读取选项和指定输出映像文件的文件名、保存路径、输出格式等，单击 制作 按钮，如图 4-23 所示。

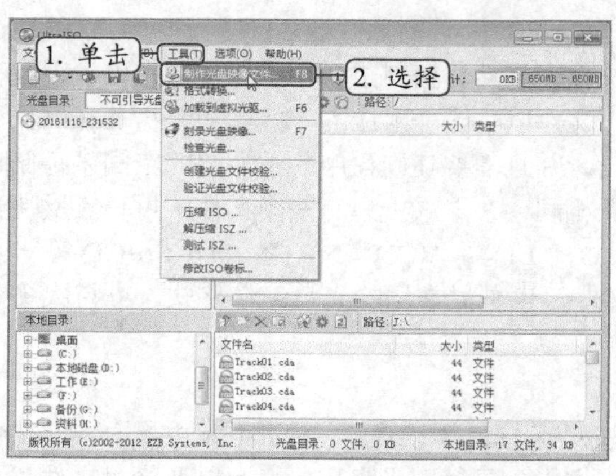

图 4-22 选择命令

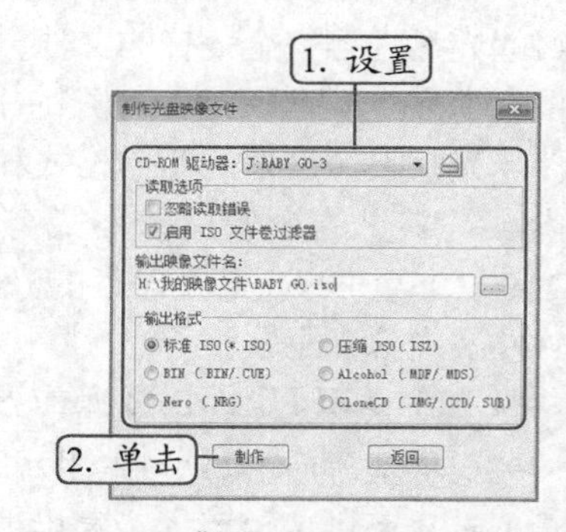

图 4-23 “制作光盘映像文件”对话框

（4）开始制作光盘映像文件，完成后在打开的提示对话框中单击 是(Y) 按钮。此时将打开“处理进度”提示对话框，用于显示制作的进度，如图 4-24 所示。

（5）制作完成后将打开图 4-25 所示的对话框，单击 是(Y) 按钮即可在 UltraISO 窗口中打开映像文件进行查看。用户也可在计算机中存放映像文件的位置进行查看。

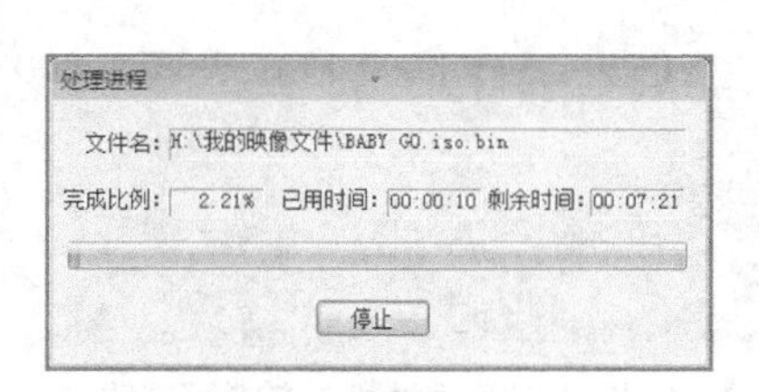

图 4-24　显示制作进度

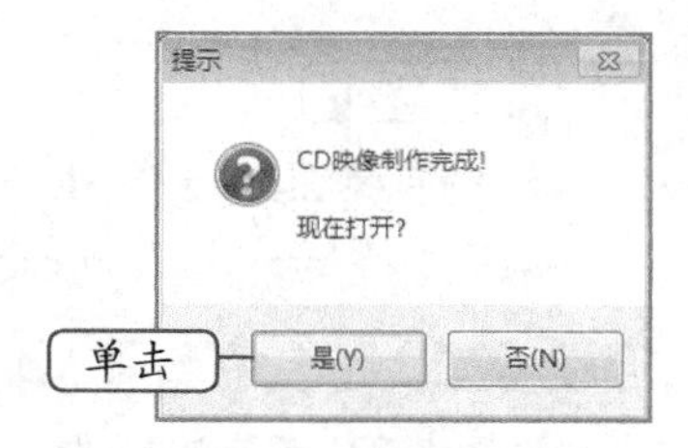

图 4-25　提示制作完成

2. 创建硬盘映像文件

创建硬盘映像文件是指将计算机本地磁盘中的多个文件或文件夹制作成映像文件，其具体操作如下。

（1）启动 UltraISO，在左侧下方“本地目录”栏中选择要制作成映像文件的文件或文件夹，选择后的文件将自动显示在右下角的“本地文件”栏中。

（2）在“本地文件”栏中选择需添加到“光盘文件”栏中的文件，然后单击上方的“添加”按钮，所选文件将显示在“光盘文件”栏中，如图 4-26 所示。

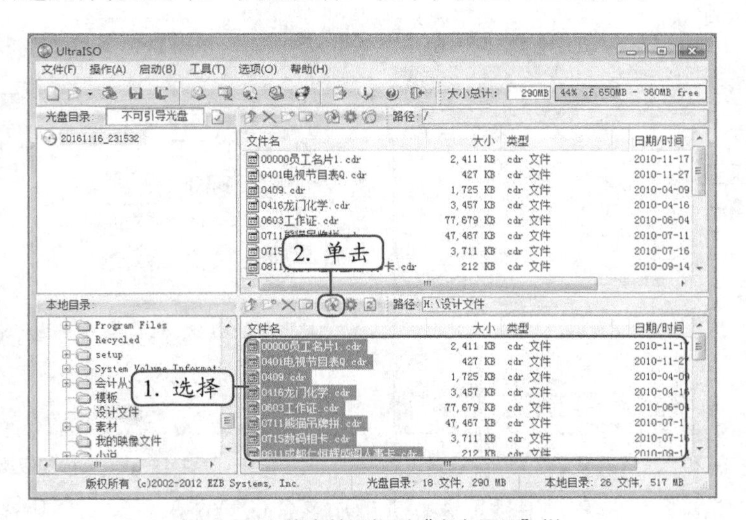

图 4-26　将文件添加到“光盘目录”栏

（3）完成添加文件后，选择【文件】/【另存为】菜单命令，打开“ISO 文件另存”对话框，在其中设置映像文件的保存位置、名称和文件类型，单击 保存(S) 按钮，如图 4-27 所示。

（4）系统开始创建映像文件，打开“处理进度”提示对话框，显示处理进程，完成后将自动关闭“处理进度”对话框。若需对文件进行查看，可打开计算机中存放映像文件的位置，即可看到创建的映像文件，如图 4-28 所示。

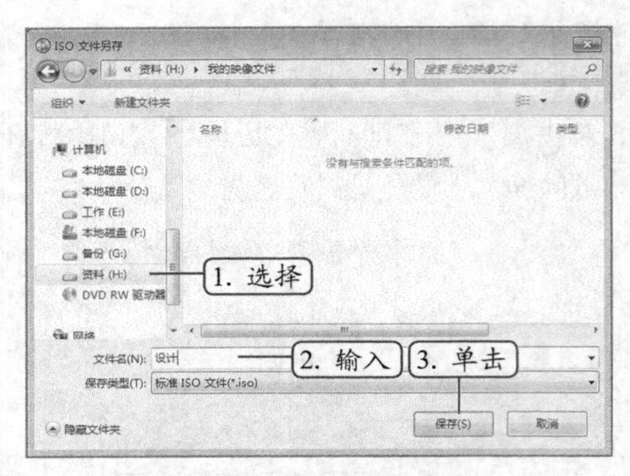

图 4-27 设置映像文件

图 4-28 查看创建的映像文件

（二）提取映像文件中的文件

对于计算机中已有的映像文件，可以使用 UltraISO 提取映像文件中的文件，然后将其保存到硬盘中的指定位置，其具体操作如下。

（1）启动 UltraISO 软件，然后选择【文件】/【打开】菜单命令，在打开的“打开 ISO 文件”对话框中选择需提取的映像文件，单击 打开(O) 按钮，如图 4-29 所示。

（2）所选择的映像文件将显示在“光盘文件”栏中，该映像文件中存放了多个文件，在其中选择需要提取的文件，然后选择【操作】/【提取】菜单命令，如图 4-30 所示。

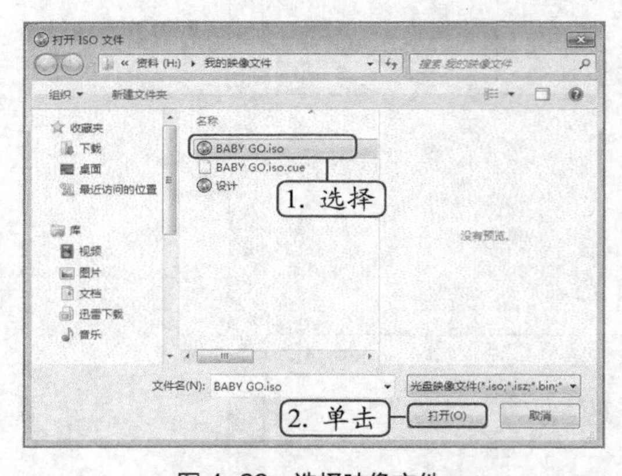

图 4-29 选择映像文件

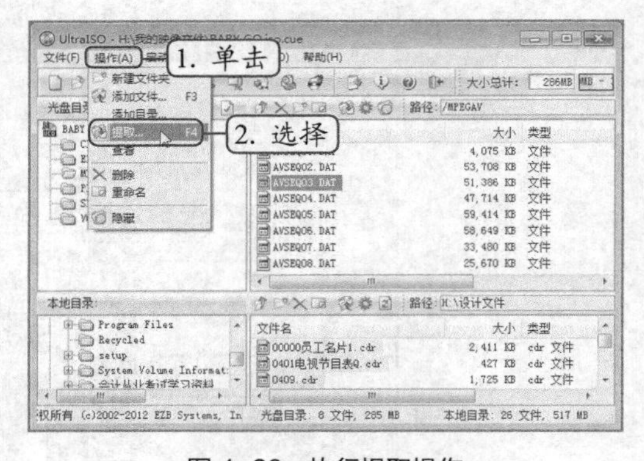

图 4-30 执行提取操作

（3）在打开的“浏览文件夹”中指定保存提取后文件的文件夹，然后单击 确定 按钮，系统开始提取映像文件。

（4）成功提取文件后，即可在保存路径处查看提取的文件内容。

（三）编辑映像文件中的内容

对于已经创建好的映像文件，可以根据需要对内容进行编辑，主要包括添加、删除、重命名文件或文件夹、添加引导文件等，其具体操作如下。

（1）启动 UltraISO 软件，选择【文件】/【打开】菜单命令，打开“打开”对话框，选择并打开要编辑的映像文件。

（2）在“光盘文件”栏中选择某个文件，然后单击上方的“重命名”按钮，此时该文件夹呈可编辑状态，在其中可输入更改后的文件名称，如图 4-31 所示。

（3）选择文件后单击“删除”按钮，即可将所选文件快速删除，然后单击“光盘文件”栏上方的“添加目录”按钮。

（4）此时，会自动在“光盘文件”栏中创建一个名为“新建文件夹”的文件夹，并呈可编辑状态，在其中输入“合同”，然后按【Enter】键，如图 4-32 所示。

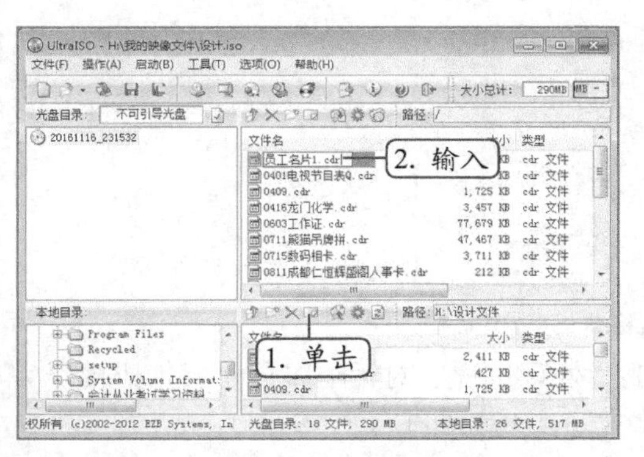

图 4-31　重命名映像文件中的文件夹

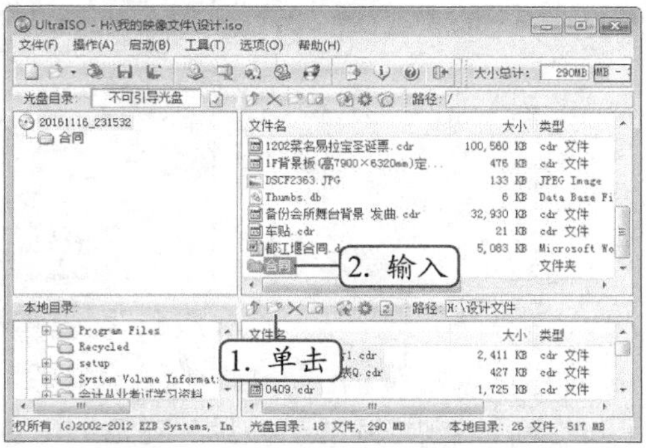

图 4-32　新建文件夹

（5）按【Shift】键选择需要添加到创建的文件夹中的文件，然后将其拖曳到新建的文件夹中即可。

（6）选择【启动】/【加载引导文件】菜单命令，在打开的“加载引导文件”对话框中选择要加载的引导文件，单击 打开(O) 按钮，如图 4-33 所示。

（7）此时“光盘目录”栏上方将显示“可引导光盘”文本，如图 4-34 所示，编辑映像文件后需要对其进行再次保存。

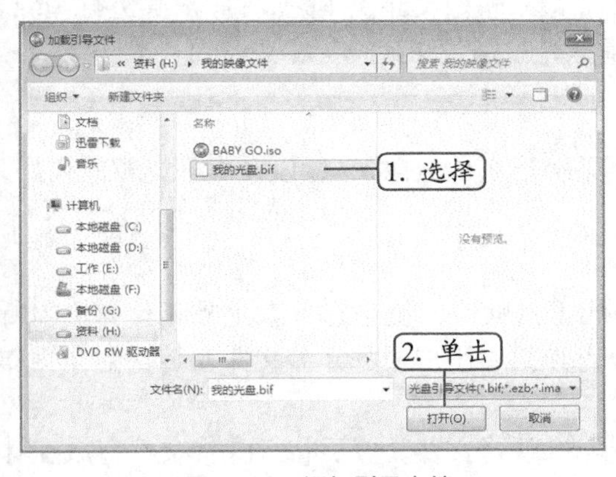

图 4-33　添加引导文件

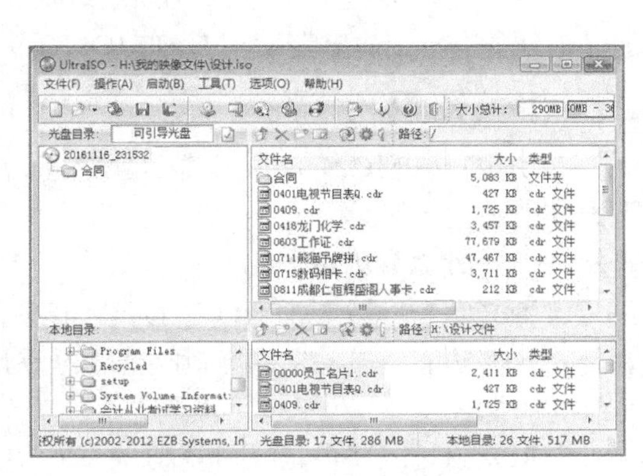

图 4-34　设置可引导光盘

（四）转换映像文件的格式

在使用刻录软件刻录创建好的映像文件时，有的刻录软件可能不支持要进行刻录的映像文件格式，此时便可以使用 UltraISO 的格式转换功能进行映像文件格式的转换操作，其具体操作如下。

（1）启动UltraISO软件，选择【工具】/【格式转换】菜单命令，打开“转换成标准ISO”对话框。

（2）单击“输入映像文件”栏右侧的按钮，在其中设置输入路径，单击“输出ISO文件目录”栏右侧的按钮设置输出路径和输出格式，然后单击转换按钮，如图4-35所示。

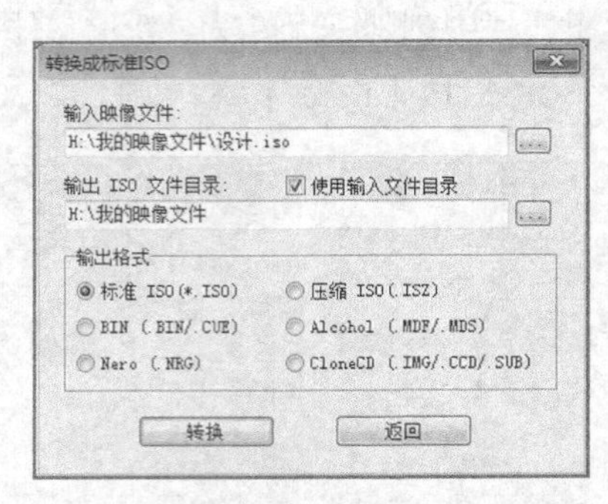

图4-35 “转换成标准ISO”对话框

（3）此时系统开始执行转换操作，并在打开的“处理进程”对话框中显示转换进度。完成转换后，在打开的“提示”对话框中单击确定按钮即可。

任务三 使用DAEMON Tools虚拟光驱

DAEMON Tools（虚拟光驱）是一款功能强大的虚拟光驱软件，它支持ISO、CCD、CUE和MDS等各种标准映像文件，并且支持物理光驱的特性，如光盘的自动运行等。除此之外，它还可模拟备份、合并保护盘的软件、备份SafeDisc保护的软件等。

一、任务目标

本任务需要创建虚拟光驱，然后装载映像文件，最后映像文件使用完成后，对其进行卸载。通过本任务的学习，掌握使用DAEMON Tools虚拟光驱装载和卸载映像文件的基本操作。

二、相关知识

在使用DAEMON Tools虚拟光驱之前，需要了解什么是虚拟光驱，以及虚拟光驱的作用，下面分别进行介绍。

（一）什么是虚拟光驱

虚拟光驱是一种模拟CD和DVD光驱工作的工具软件，使用它可以生成和计算机中所安装的光驱功能一模一样的光盘映像，以满足没有光驱的用户通过光盘文件安装软件和操作系统的需要。

虚拟光驱可以将整张光盘复制为一个虚拟光驱的映像文件，然后将该映像文件存放在计算机中，当需要使用时可直接将此映像文件放入虚拟光驱中运行。因此虚拟光驱不但方便快捷，还可以减少光驱磨损。

（二）认识DAEMON Tools Lite操作界面

下载安装完成DAEMON Tools Lite后，即可运行该软件，其操作界面如图4-36所示。主要包括工具栏、编辑区以及“快速装载”按钮。

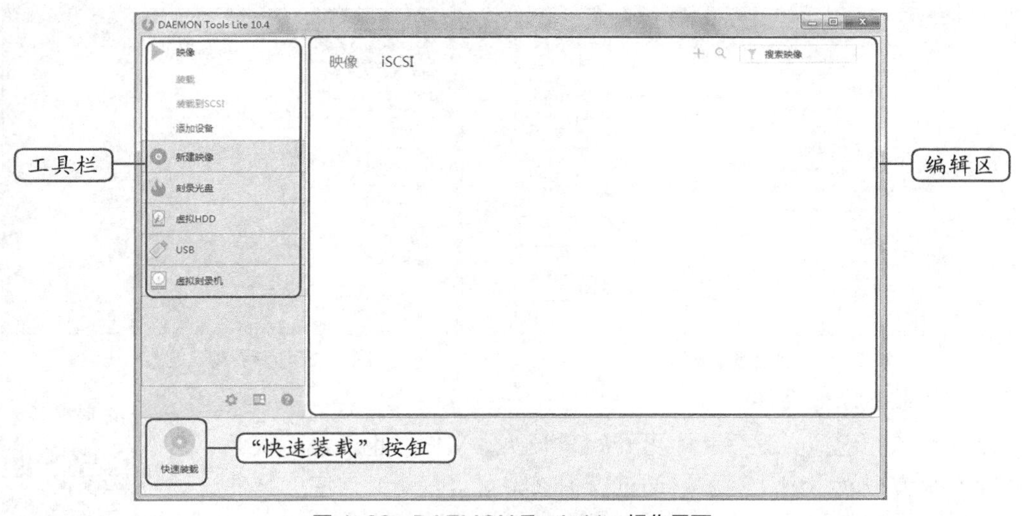

图 4-36 DAEMON Tools Lite 操作界面

随着软件更新，DAEMON Tools Lite 10.4 版本增加了创建映像文件、刻录光盘、新建虚拟磁盘以及制作 U 盘启动工具等辅助功能，要使用这些功能需要付费解锁。其中创建映像文件与刻录光盘的操作与 UltraISO 和 Nero 的操作方法相似。这里主要介绍虚拟光驱相关知识与操作。

创建映像文件和刻录光盘

Daemon Tools Lite 是一款智能化工具软件，在利用它创建映像文件和刻录光盘时，首先可查看其中的选项描述信息，然后根据操作提示逐步完成制作即可。

三、任务实施

（一）创建 DT 虚拟光驱

创建 DT 虚拟光驱

DAEMON Tools Lite 支持多个虚拟光驱，一般情况下只需设置一个虚拟光驱即可，如果软件的安装程序为映像文件，安装时就需要创建虚拟光驱，然后像使用光盘安装系统或软件一样进行安装操作即可。下面讲解如何创建虚拟光驱，其具体操作如下。

（1）安装 DAEMON Tools 后，选择【开始】/【所有程序】/【DAEMON Tools Lite】/【DAEMON Tools Lite】菜单命令，启动 DAEMON Tools Lite。

（2）在工具栏的“映像”选项卡中选择“添加设备”选项，在“虚拟光驱”下拉列表中选择“DT”选项，其他保持默认即可，然后单击 添加设备 按钮，如图 4-37 所示。

（3）此时将快速创建一个空白的虚拟光驱，并在“计算机”窗口中可查看到新建的“BD-ROM 驱动器（I）”虚拟光驱，如图 4-38 所示。

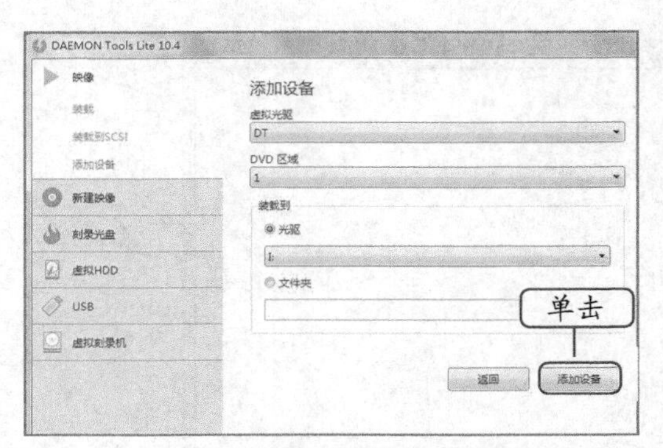

图 4-37　创建虚拟光驱

图 4-38　查看创建的虚拟光驱

（二）装载映像文件

创建所需的虚拟光驱后，即可开始装载映像文件，也就是将映像文件导入到虚拟光驱中，然后再通过虚拟光驱对该映像文件中的文件或文件夹进行浏览和运行，达到无需光驱直接浏览映像文件的目的。下面在新建的虚拟光驱中装载 Windows 7 操作系统的映像文件，其具体操作如下。

（1）启动 DAEMON Tools Lite 后，单击左下角新建的虚拟光驱图标，弹出“打开”对话框，在其中选择需导入的映像文件后，单击 打开(O) 按钮，如图 4-39 所示。

（2）软件对所选文件自动进行装载，装载完成后，虚拟光驱图标将发生变化，显示光盘名称，同时弹出“自动播放”对话框，如图 4-40 所示。单击其中的 setup 安装程序文件即可开始安装系统了，与物理光驱的使用方法相同。

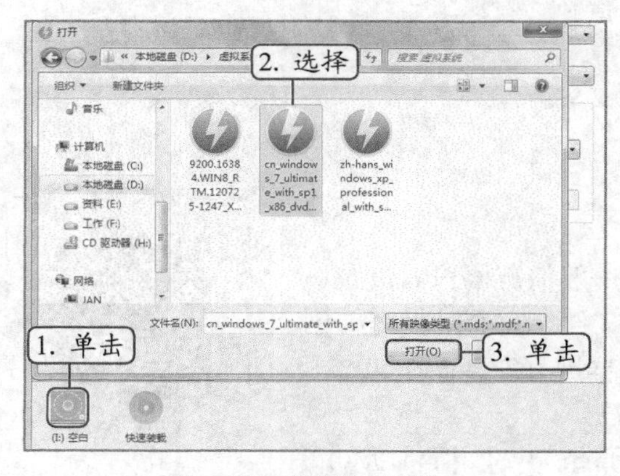

图 4-39　打开映像文件

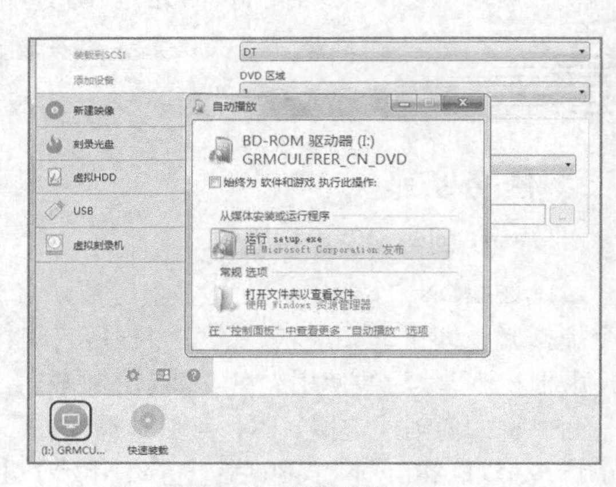

图 4-40　载入文件

快速装载新建虚拟光驱

在 DAEMON Tools Lite 底部单击“快速装载”按钮，打开“打开”对话框，在其中选择需导入的映像文件后，单击 打开(O) 按钮，将快速装载映像文件并新建一个虚拟光驱。

（三）卸载映像文件

如果要在已经装载映像文件的虚拟光驱中装载其他的映像文件，首先需要将原来的映像文件从虚拟光驱中卸载，其操作非常简单，在 DAEMON Tools Lite 界面的虚拟光驱上单击鼠标右键，在弹出的快捷菜单中选择“卸载”命令即可，如图 4-41 所示。

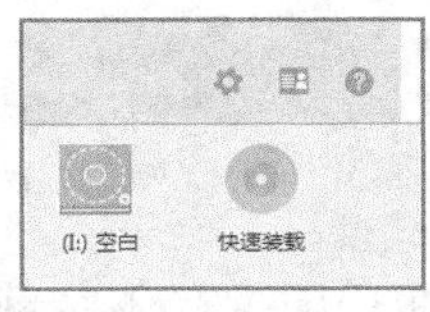

图 4-41　卸载映像文件

知识补充

移除虚拟光驱

在弹出的快捷菜单中选择“移除”命令可同时将虚拟光驱和映像文件删除。

实训一　刻录 DVD 数据光盘

【实训要求】

DVD（Digital Versatile Disc）的中文名称为数字多功能光盘，是一种光盘存储器，其容量比 VCD 大。本实训要求使用 Nero 中的 Nero StartSmart 程序刻录数据光盘，即将计算机中所需的文件或文件夹刻录到当前光盘中。通过本实训的操作可以进一步巩固使用 Nero 刻录数据光盘的操作。

【实训思路】

本实训要求刻录 DVD 数据光盘，其操作思路如图 4-42 所示。在刻录过程中需要注意，所添加文件的大小不能超过刻录光盘的大小（DVD 光盘不超过 4GB）。在刻录时，首先在光驱中放入空白光盘，然后启动 Nero StatrSmart 程序，添加需要刻录的数据进行刻录。利用本实训的操作思路，还可以将计算机中所有重要的数据进行光盘刻录备份。

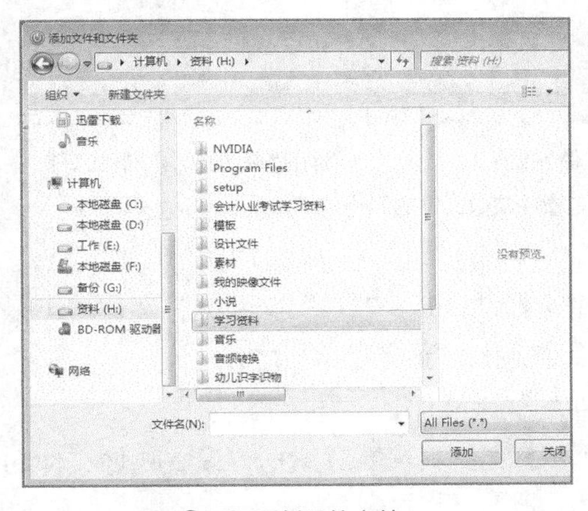

①添加要刻录的文件

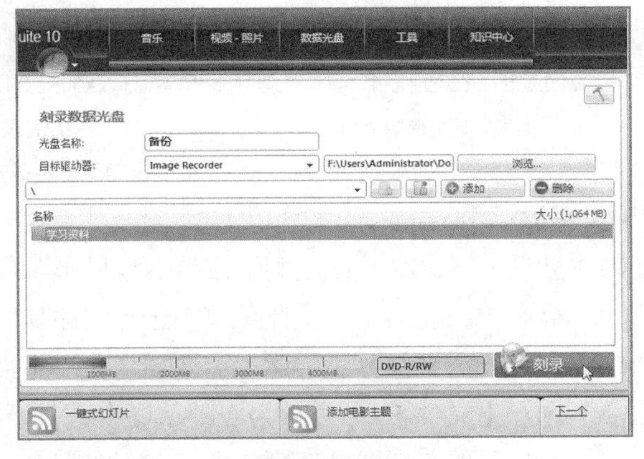

②准备开始刻录

图 4-42　刻录 DVD 数据光盘的思路

【步骤提示】

（1）将空白光盘放入具有 DVD 刻录功能的光驱中，然后启动 Nero StatrSmart 程序。

（2）单击切换功能区中的“数据刻录”按钮，在打开的“刻录数据光盘”窗口中单击 添加 按钮，添加计算机中要刻录的文件数据。

（3）确认要刻录的内容后单击 刻录 按钮开始刻录，刻录完成后在“计算机”窗口中双击光驱，查看刻录是否成功。

实训二　制作软件光盘映像

【实训要求】

本实训要求制作安装软件的光盘映像，然后使用虚拟光驱装载制作的映像文件。通过本实训的操作可以进一步巩固 UltraISO 和 DAEMON Tools Lite 两个软件的使用方法。

【实训思路】

本实训涉及 UltraISO 和 DAEMON Tools Lite 两个软件的操作，主要包括创建映像文件、刻录映像光盘和使用虚拟光驱装载映像文件等 3 个部分。在制作过程中，需要用到 UltraISO 工具软件的创建和刻录两个功能，也可创建映像文件后运用 Nero 软件刻录映像文件，最后用虚拟光驱读取映像文件。本实训操作思路如图 4-43 所示。

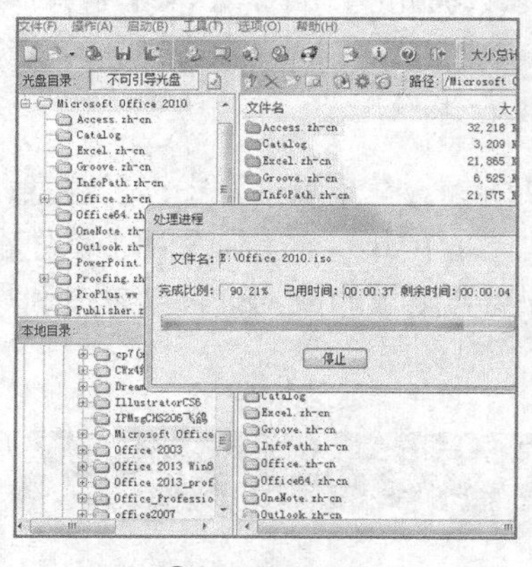

①创建映像文件

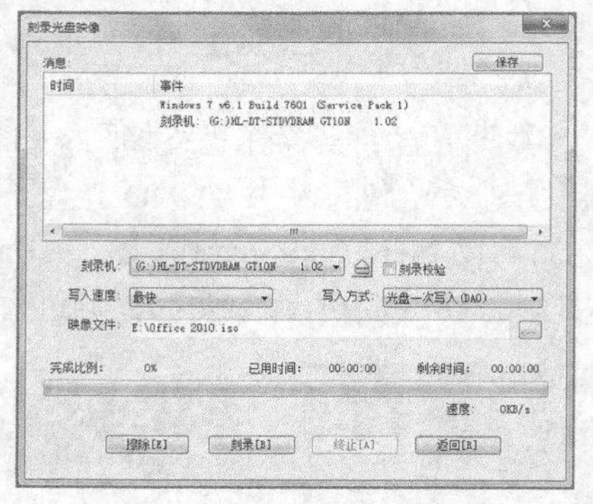

②刻录映像光盘

③用虚拟光驱载入映像文件

图 4-43　创建、刻录、装载安装软件映像文件的思路

【步骤提示】

（1）启动 UltraISO，在左侧下方“本地目录”栏中选择“Office 2010”文件夹，然后单击鼠标右键，在弹出的快捷菜单中选择“添加”命令，添加到光盘目录中。

（2）在“光盘文件”栏中添加需要创建为映像文件的程序文件。

（3）选择【文件】/【另存为】菜单命令，打开“ISO 文件另存”对话框，设置映像文件的名称和保存位置，然后单击 保存(S) 按钮。

（4）成功创建映像文件后，选择【工具】/【刻录光盘映像】菜单命令。

（5）打开“刻录光盘映像”对话框，自动载入要刻录的“Office 2010.ISO”映像文件，将光盘放入光驱，然后设置相应的刻录选项，单击 刻录[B] 按钮。

（6）启动 DAEMON Tools Lite 10.4，在主界面底部单击“快速装载”按钮，打开“打开”对话框，在其中选择前面用 UltraISO 制作的映像文件，单击 打开(O) 按钮，新建虚拟光驱并载入映像文件。

课后练习

练习 1：使用 Nero 制作与备份光盘数据

练习使用 Nero 中的 Nero Express 将喜欢的音乐制作成一张音乐光盘，并创建数据备份。然后在光驱中放入一张有数据的光盘，使用 Nero 将其复制并保存到计算机的某个文件夹中。

练习 2：利用 UltraISO 和 DAEMON Tools Lite 装载映像文件

练习使用 UltraISO 将计算机中的 Word 文档创建为映像文件，并利用 DAEMON Tools Lite 虚拟光驱打开查看。然后从网上下载一个大型的游戏安装映像文件或软件安装程序映像文件，分别利用 UltraISO 提取映像文件中的文件、使用 DAEMON Tools Lite 虚拟光驱装载映像文件，对比两种操作的区别。

技巧提升

1. 使用 UltraISO 提取引导光盘中的文件

使用 UltraISO 映像工具软件还可以提取可引导光盘映像文件中的引导文件。其具体操作为启动 UltraISO 软件，在光驱中插入一张具有系统引导功能的光盘，然后选择【启动】/【从 CD/DVD 提取引导文件】菜单命令，在打开的“提取引导文件”对话框中选择需提取的引导文件，单击 制作 按钮，如图 4-44 所示。系统开始读取光盘中的引导信息，并在指定的位置处保存引导文件，完成后单击 确定 按钮即可。

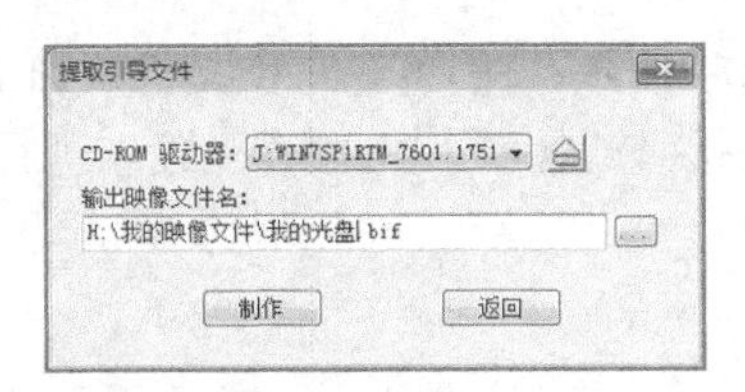

图 4-44　提取引导光盘中的文件

2. 使用 UltraISO 刻录光盘映像

使用 UltraISO 映像工具软件还可以刻录光盘映像，其具体操作为：将空白光盘放入刻录机中，在 UltraISO 软件界面中选择【工具】/【刻录光盘映像】菜单命令，打开“刻录光盘映像”对话框，单击“映像文件”右侧的 ... 按钮，在打开的对话框中选择要刻录的映像文件，然后设置相应的刻录选项，如图 4-45 所示。确认所有刻录选项后，单击 刻录[B] 按钮，即可开始刻录光盘映像。

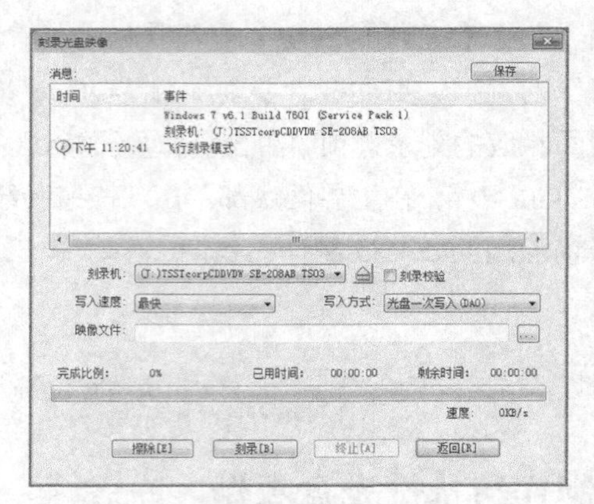

图 4-45　刻录光盘映像

3．复制光盘工具——CloneCD

CloneCD 是一款专门用于复制光盘的软件，不管光盘是否加密，它都能够以一比一的方式复制 CD 光盘。其方法为：启动 CloneCD 后，进入其主界面，如图 4-46 所示，单击按钮，根据提示选择源光驱、复制的类型和存放映像文件的位置，然后开始创建映像文件。当提示插入目标光盘时，插入光盘，设置刻录速度和光盘类型，即可刻录光盘。

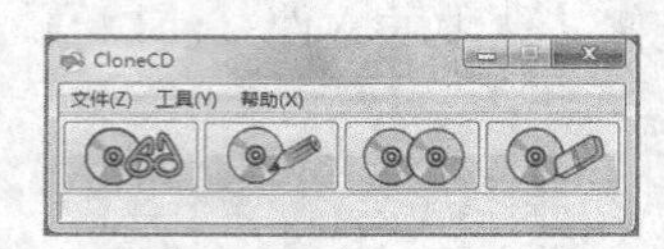

图 4-46　“CloneCD”主界面

4．光盘加密技术

通过设置密码或隐藏文件可对光盘进行加密，下面介绍 3 种常见的加密技术。

- **光盘密码识别技术**：使用光盘口令识别技术加密的光盘，在运行时需要输入密码，没有正确的密码，就无法运行光盘或查看光盘中的目录和文件。
- **光盘可执行文件加密技术**：光盘可执行文件加密技术的基本原理是加密后的 EXE 文件运行时需要读取光盘中特定位置的特定信息，加密后的 EXE 文件只能在光盘上运行，复制到硬盘上将无法运行。
- **隐藏文件和文件夹加密技术**：隐藏文件和文件夹加密技术并非是在 Windows 下修改其属性为隐藏，而是对光盘目录区的属性标志进行修改，以达到隐藏文件或文件夹的目的。

PART 5

项目五 文档文件工具

情景导入

米拉：老洪，计算机中的“.pdf”文件怎样打开查看？

老洪：推荐你使用 Adobe Acrobat 软件，不仅可以打开 .pdf 文档，还可对文档进行编辑和转换。

米拉：有没有软件可以进行语言翻译？

老洪：有呀！使用有道词典即可进行语言的翻译。

米拉：文件传输时，文件太大，花费很多时间，有办法解决吗？

老洪：你可以使用 WinRAR 软件先对文件进行压缩，再传送。

米拉：我想更改图片的格式，可以实现吗？

老洪：当然可以，使用格式工厂几乎可以转换所有常见格式的图片、音频和视频文件。

学习目标

- 掌握使用 Adobe Acrobat 打开、查看、编辑和转换 PDF 文档的操作方法
- 掌握有道词典进行语言互译的使用方法
- 掌握使用 WinRAR 压缩和解压文件的操作方法
- 掌握使用格式工厂转换文件格式的操作方法

技能目标

- 能使用 Adobe Acrobat 查看和转换 PDF 文档
- 能使用有道词典进行英汉互译
- 能熟练使用 WinRAR 快速压缩和解压文件
- 能使用格式工厂转换图片、音频和视频文件的格式

任务一 使用 Adobe Acrobat 阅读编辑 PDF 文档

PDF 格式是一种全新的电子文档格式，该格式能如实保留文档原来的面貌和内容，以及字体和图像。Adobe Acrobat 便是专门用于打开并编辑这种文件的工具软件。

一、任务目标

本任务将利用 Adobe Acrobat 阅读与编辑 PDF 文档，主要练习查看 PDF 文档、编辑 PDF 文档、转换 PDF 文档、打印 PDF 文档等操作。通过本任务的学习，掌握使用 Adobe Acrobat 的操作方法。

二、相关知识

Adobe Acrobat 的操作界面主要由菜单栏、工具栏、工具面板以及文档阅读区等部分组成，如图 5-1 所示。

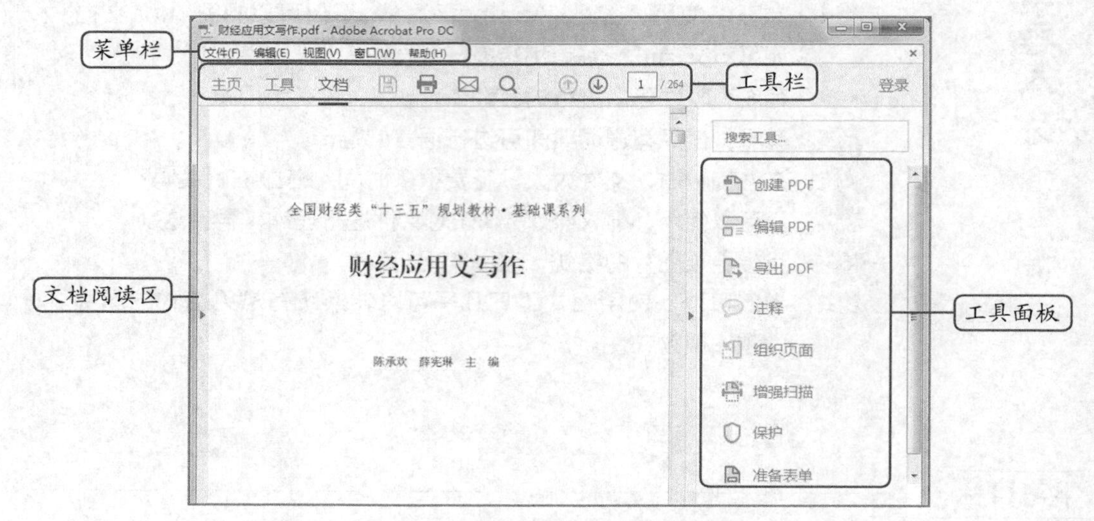

图 5-1 Adobe Acrobat 的操作界面

下面对各个组成部分分别进行介绍。

- **工具栏：**提供常用阅读 PDF 文档命令的快捷方式按钮，可快速跳转页码或对 PDF 文档进行打印等。
- **工具面板：**工具面板集合了 Adobe Acrobat 的常用工具按钮，用于执行创建、编辑和导出 PDF 文档等操作。
- **文档阅读区：**文档阅读区主要用于查看 PDF 文档内容。

PDF（Portable Document Format）文件格式是 Adobe 公司开发的电子文件格式。这种文件格式与操作系统平台无关，即可在任何操作系统中使用。这一特点使互联网上越来越多的电子图书、产品说明、公司广告、网络资料以及电子邮件等都开始使用这种格式。

设计 PDF 文件格式的目的是为了支持跨平台、多媒体集成的信息出版和发布，尤其是提供对网络信息发布的支持。因此，PDF 文件格式可以将文字、字型、格式、颜色及独立于设备和分辨率的图形图像等封装在一个文件中。该格式文件还可以包含超文本链接、声音和动态影像等电子信息，且文件集成度和安全可靠性都较高。

三、任务实施

（一）查看 PDF 文档

利用 Adobe Acrobat 查看 PDF 文档非常便利，在查看文档的过程中，可以调整页面比例大小或跳转页码，快速地查看或获取所需内容。下面通过 Adobe Acrobat 打开 PDF 文档并使用不同方式查看，其具体操作如下。

（1）选择【开始】/【所有程序】/【Adobe Acrobat】命令，或双击桌面的 Adobe Acrobat 快捷图标，启动 Adobe Acrobat 软件，选择【文件】/【打开】菜单命令，如图 5-2 所示。

（2）在“打开”对话框的地址栏中选择打开文件的保存位置，然后在列表框中单击“支付腕带营销推广 .pdf”文件，单击打开(O)按钮，如图 5-3 所示。

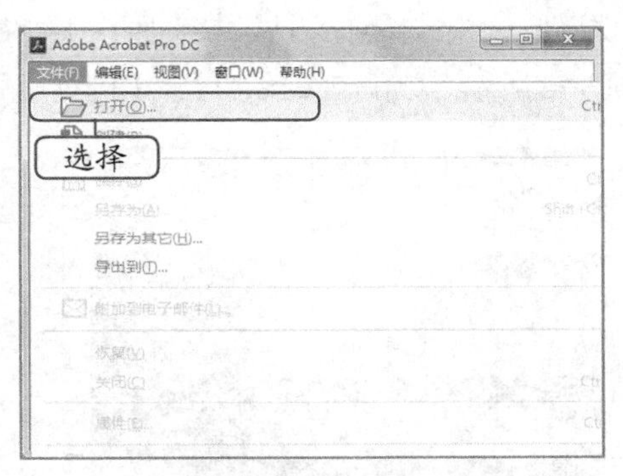

图 5-2 执行“打开”命令

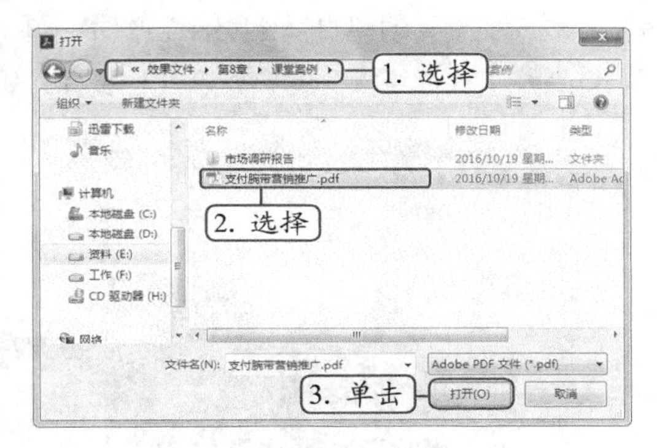

图 5-3 打开文件

双击打开 PDF 文档

安装 Adobe Acrobat 软件后，计算机中保存的 PDF 文档自动关联 Adobe Acrobat 软件，双击 PDF 文档选项，可直接打开该 PDF 文档。

（3）打开文件后在软件窗口中默认显示第 1 页，滚动鼠标滚轮可以按页数进行查看，在工具栏的“页数”文本框中输入页码，如输入“15”，可直接跳转到第 15 页，如图 5-4 所示。

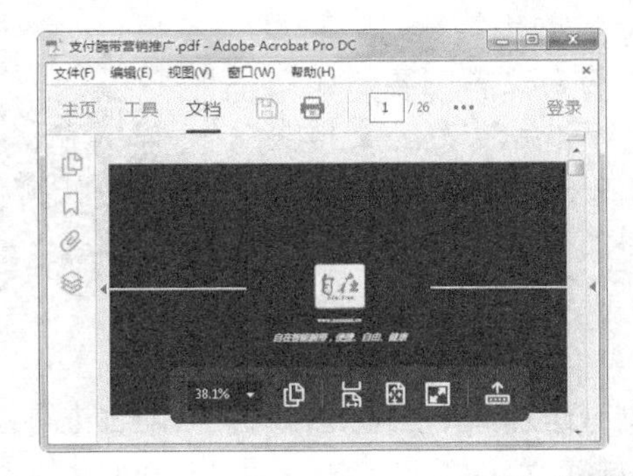

图 5-4 浏览 PDF 文档页面

（4）单击浮动工具栏中的“显示 / 隐藏页面缩略图”按钮，对显示文档的缩略图进行查看，如图 5-5 所示。

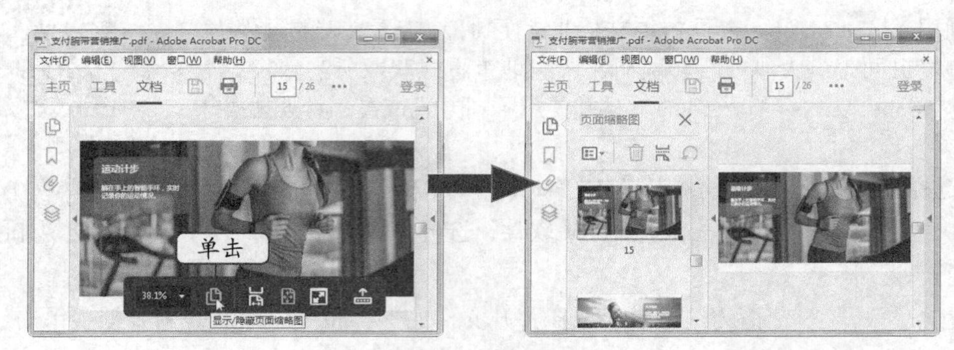

图 5-5　浏览缩略图

（5）单击×按钮关闭“页面缩略图”窗格。单击“以阅读模式查看文件”按钮，工作界面将隐藏工具栏等部分，只显示文档页面，如图 5-6 所示。单击按钮，可退出阅读模式。

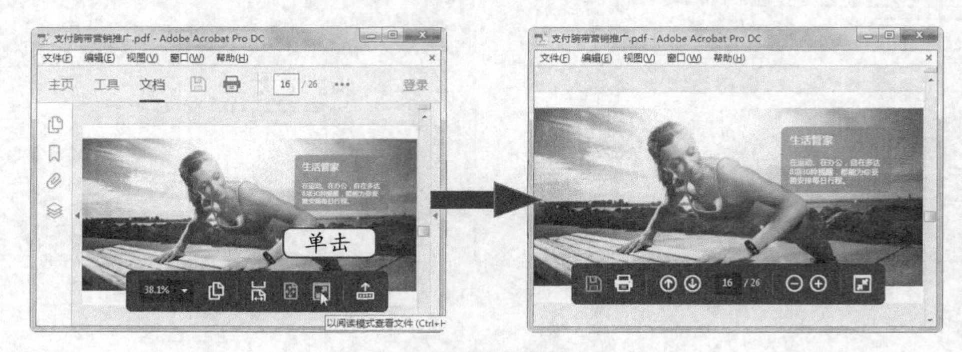

图 5-6　以阅读模式查看

操作提示

缩放页面比例

在 Adobe Acrobat 中按住【Ctrl】键，滚动鼠标滚轮可以对 PDF 文档页面进行缩放显示。在阅读模式的浮动工具栏中单击按钮放大页面显示，单击按钮则缩小页面显示。

（二）编辑 PDF 文档

打开 PDF 文档后，使用 Adobe Acrobat 软件可对文档内容，如文字和图像等进行编辑操作，其方法与在 Word、WPS 这类办公文档软件中编辑文本和图片相关。下面将在打开的 PDF 文档中编辑文档内容，介绍在 Adobe Acrobat 编辑文档的方法，其具体操作如下。

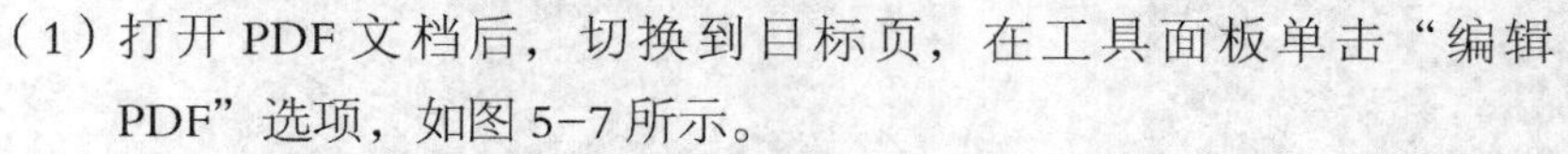

（1）打开 PDF 文档后，切换到目标页，在工具面板单击“编辑 PDF”选项，如图 5-7 所示。

（2）进入编辑状态，将光标插入点定位到文本处或选择文本内容，可对文本内容进行修改、删除以及设置字体、颜色等操作，如选择标题文字“抬手刷校园”，单击“格式”栏下方右侧的下拉按钮 ▾，在打开的下拉列表框中可选择需要的字体，这里选择“方正粗宋简体”选项，如图 5-8 所示。

图 5-7　执行编辑命令

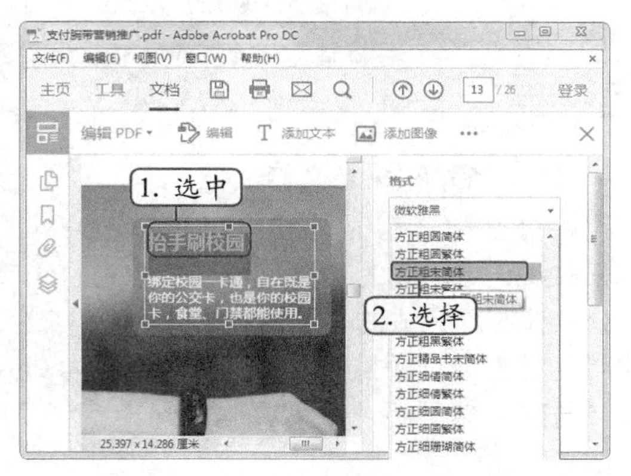

图 5-8　设置字体格式

（3）保持文字选中状态，单击“居中对齐”按钮 ≡，设置文字居中对齐，如图 5-9 所示。

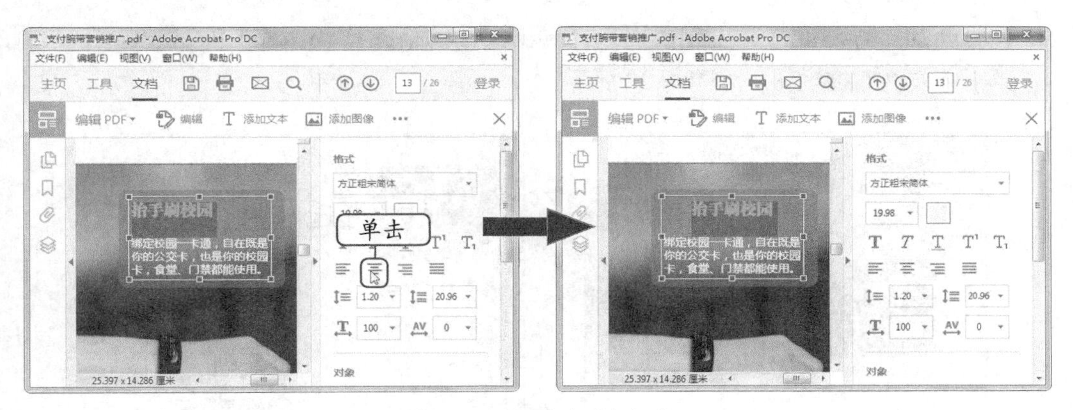

图 5-9　设置文本对齐方式

（4）单击选择图片，在“对象”栏中单击相应按钮可执行旋转、裁剪图像等操作，如单击“裁剪图像”按钮 ⊐，然后将鼠标光标移到图片的控制点上，拖动鼠标即可裁剪图片，如图 5-10 所示。完成编辑后单击 × 按钮可退出编辑状态。

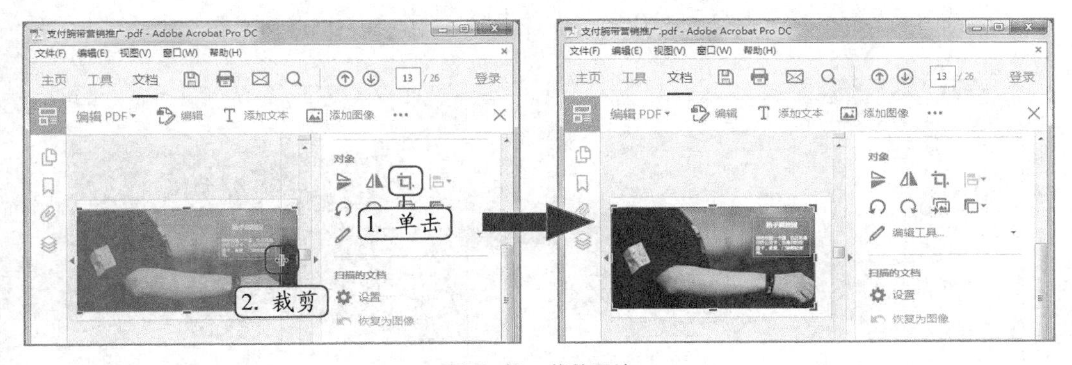

图 5-10　裁剪图片

将 PDF 文档中的文本及图像复制到文字处理软件中

使用 Adobe Acrobat 可以选择和复制 PDF 文档中的文本及图像，然后将其粘贴到 Word 和记事本等文字处理软件中。

（三）转换 PDF 文档

在办公中，有时需要将已有的 PDF 文档转换为 Word、Excel、PowerPoint 等格式的文件，再在其中进行编辑操作，而有时则需要将办公软件制作完成的文件转换为 PDF 文档进行统一查看。下面将打开的“支付腕带营销推广 .pdf”文件转换为 PowerPoint 演示文稿进行编辑与放映，然后将“劳动合同 .docx”转换为 PDF 文档进行查看，其具体操作如下。

（1）在“支付腕带营销推广 .pdf”文档（素材参见：素材文件 \ 项目五 \ 任务一 \ 支付腕带营销推广 .pdf）工具面板中选择“导出 PDF”选项，如图 5-11 所示。

（2）在打开的“导出 PDF”工作界面选择导出文件的格式“Microsoft PowerPoint”选项，单击下方的导出按钮，如图 5-12 所示。

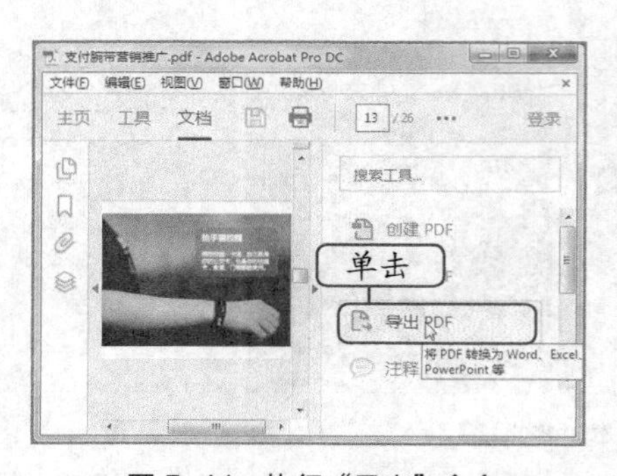

图 5-11　执行“导出”命令

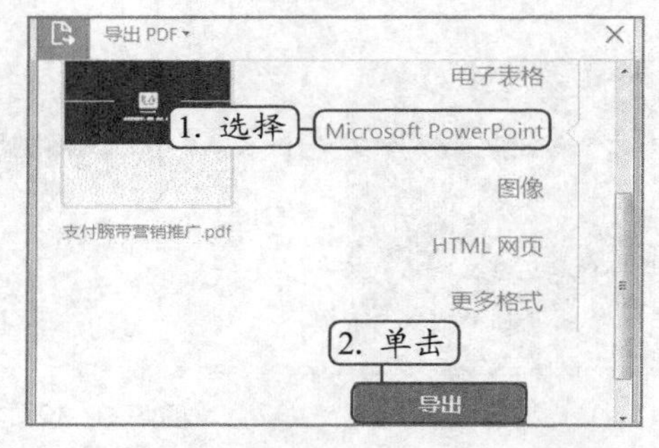

图 5-12　导出为 PowerPoint 演示文稿

（3）打开“导出”对话框，设置导出文件的保存位置和名称，单击保存(S)按钮，开始导出文件，导出完成后，将自动打开“支付腕带营销推广 .pptx”演示文稿（最终效果参见：效果文件 \ 项目五 \ 任务一 \ 支付腕带营销推广 .pptx），如图 5-13 所示。

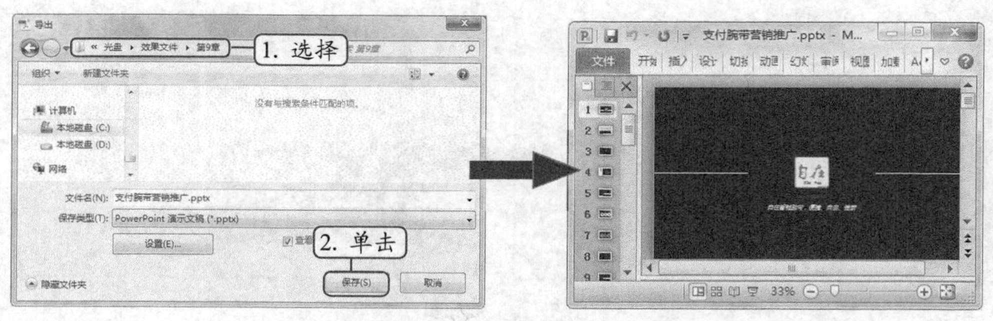

图 5-13　将 PDF 文档导出为演示文稿

（4）返回 PDF 文档界面，在工具面板中单击“创建 PDF”选项，在打开的“创建 PDF”界面单击“选择文件”超链接。

（5）在打开的“打开”对话框中选择需要转换的文件（素材参见：素材文件 \ 项目五 \ 任务三 \ 劳动合同 .docx），单击打开(O)按钮，如图 5-14 所示。

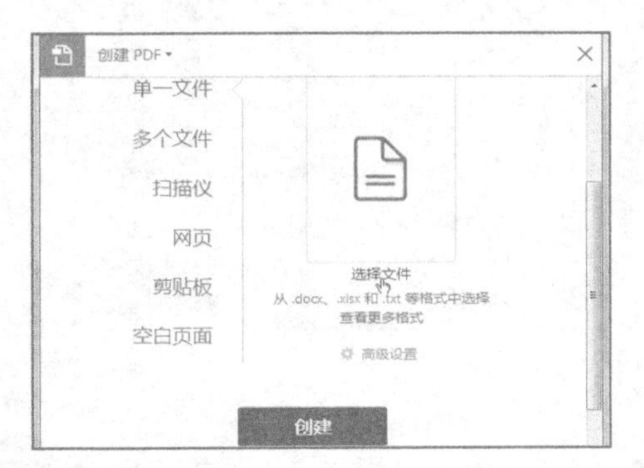

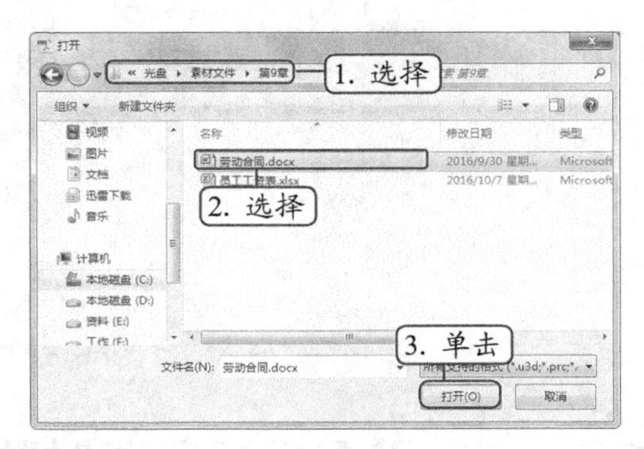

图 5-14　添加文件

（6）返回“创建 PDF”界面，单击创建按钮，开始转换，转换完成后可查看转换后的 PDF 文档效果，如图 5-15 所示。然后执行【文件】/【保存】菜单命令，将文档进行保存操作（最终效果参见：效果文件 \ 项目五 \ 任务一 \ 劳动合同 .pdf）。

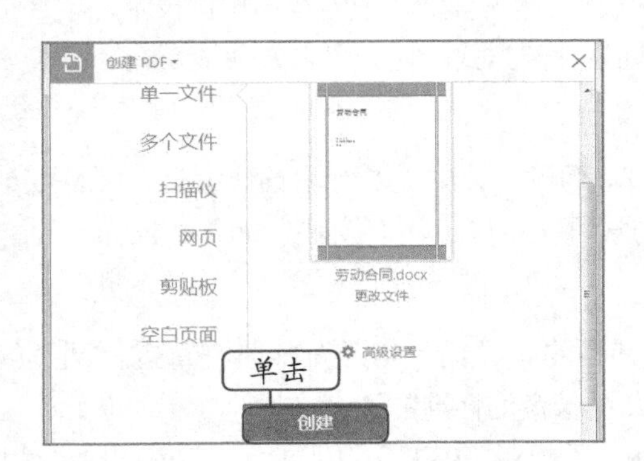

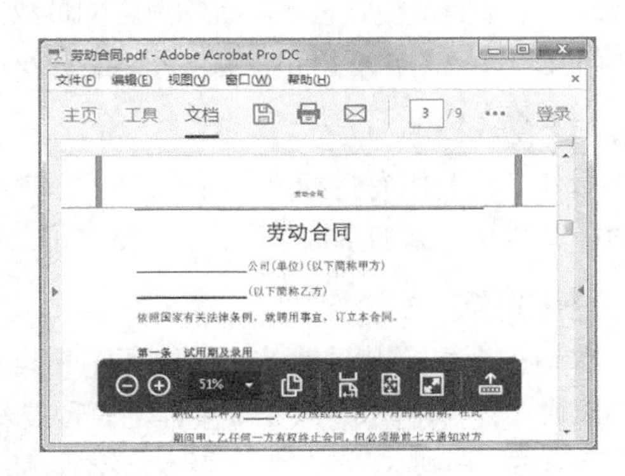

图 5-15　创建 PDF 文档

转换多个文件

在“创建 PDF”编辑界面中选择“多个文件”选项，可将多个文件逐一合并转换为 PDF 文档。

（四）打印 PDF 文档

PDF 文档也可进行打印输入操作，其操作与打印 Word 文档相似，其具体操作如下。

（1）选择【文件】/【打印】菜单命令，或按【Ctrl+P】组合键，打开“打印”对话框，在“份数”数值框中可设置打印份数；“要打印的页面”栏中可设置打印范围。

（2）单击[页面设置(S)...]按钮打开“页面设置”对话框，可设置纸张大小和打印方向等，设置后在“打印”对话框中单击[打印]按钮即可，如图 5-16 所示。

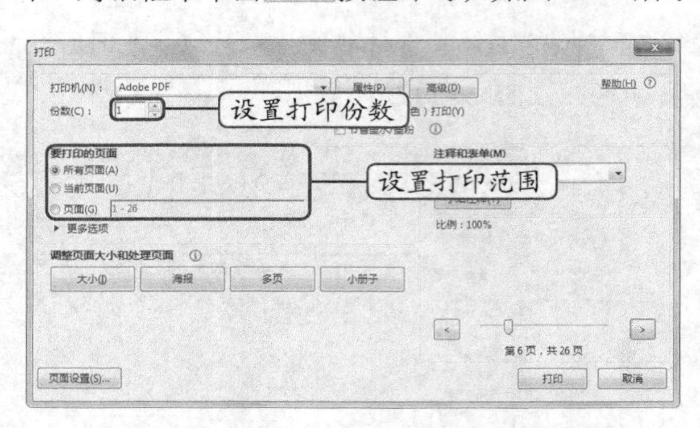

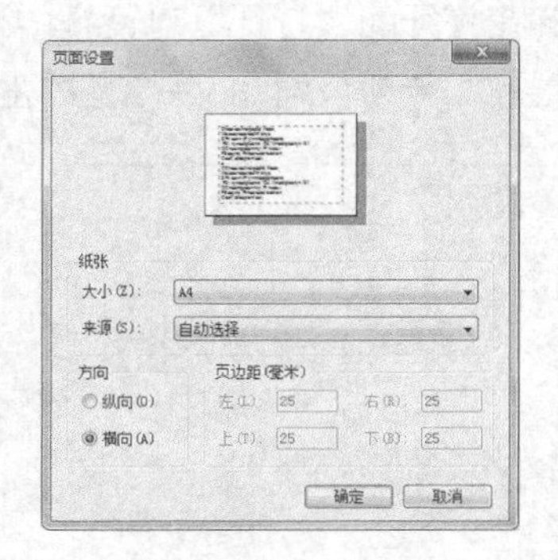

图 5-16　打印 PDF 文档

任务二　使用有道词典即时翻译

对于经常需要阅读英文文件或是正在学习英语的用户来说，英汉词典是日常工作和生活中的必备品。有道词典则是计算机中即时翻译的必备工具，它是网易有道推出的与词典相关的服务与软件，基于有道搜索引擎后台的海量网页数据以及自然语言处理中的数据挖掘技术，集合了大量的中文与外语的并行语句，通过网络服务及桌面软件的方式让用户可以方便地查询。

一、任务目标

本任务将利用有道词典进行单词的查询与即时翻译，其中主要练习词典查询、屏幕取词与划词释义翻译、添加生词等操作，通过本任务的学习，掌握使用有道词典的基本操作。

二、相关知识

有道词典是一款针对英语、法语、日语、韩语的字、词、句乃至整段文章进行翻译的文字互译软件，其中集成了 TTS 全程化语音技术，可以查询标准的读音。

目前有道词典已经有多个版本，包括桌面版、手机版、Pad 版、网页版、有道词典离线版、mac 版及各个浏览器插件的版本。

下面将启动有道词典软件 6.3，打开其操作界面，如图 5-17 所示。该操作界面主要由功能选项卡、搜索栏、信息显示区和工具栏组成。

- **功能选项卡**：包括“词典”“例句”“百科”和“翻译”选项卡，在对应的界面中分别实现相应功能。
- **搜索栏**：用于搜索和查询词句的翻译内容。
- **信息显示区**：用于显示功能选项卡的操作界面和有道词典的信息内容。
- **工具栏**：工具栏集合了有道词典的常用工具按钮，用于执行设置、翻译和取词等操作。

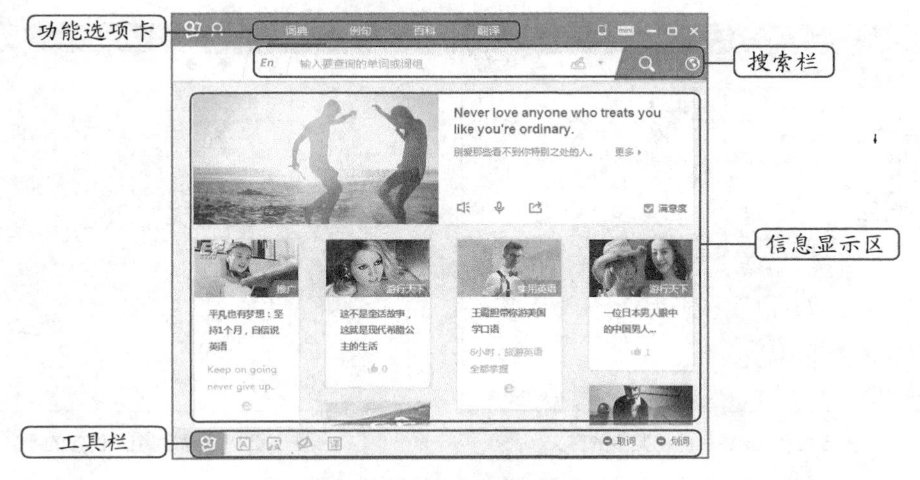

图 5-17　有道词典操作界面

三、任务实施

（一）词典查询

词典查询作为有道词典的核心功能，具有智能索引、查词条、查词组、模糊查词和相关词扩展等功能。此外，词典查询还可以通过软件默认设置的通用词典进行查找。下面通过词典查询“compose”的含义，其具体操作如下。

（1）选择【开始】/【所有程序】/【有道】/【启动有道词典】菜单命令，打开有道词典操作界面。

（2）在“词典”选项卡中的搜索框中输入要查询的单词，这里输入“compose”，如图 5-18 所示，单击🔍按钮或按【Enter】键。

（3）此时将在打开的界面中显示“compose”的详细解释，如图 5-19 所示。

图 5-18　输入要查询的单词

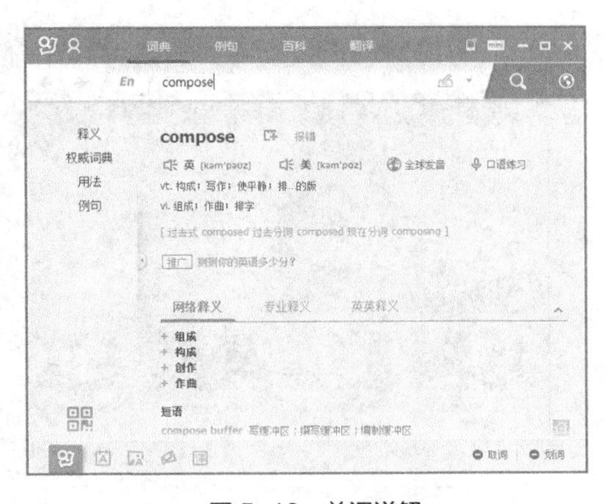

图 5-19　单词详解

（4）在左侧单击 “权威词典”选项卡，可查看权威词典中的单词释义，如图 5-20 所示。

（5）单击“用法”选项卡或“例句”选项卡，可查看相关的详细释义，如图 5-21 所示。

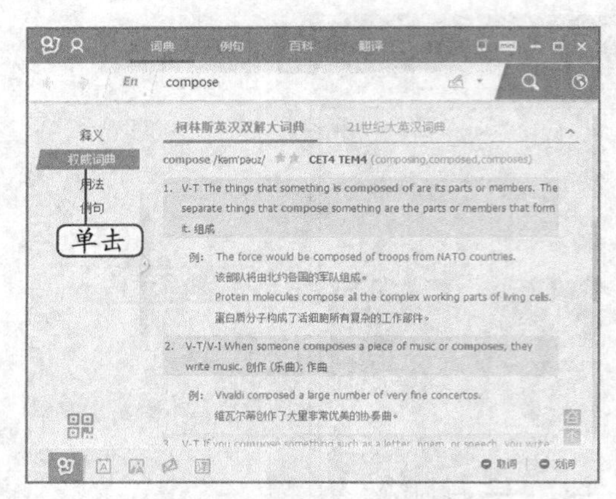

图 5-20　查看权威词典中的释义

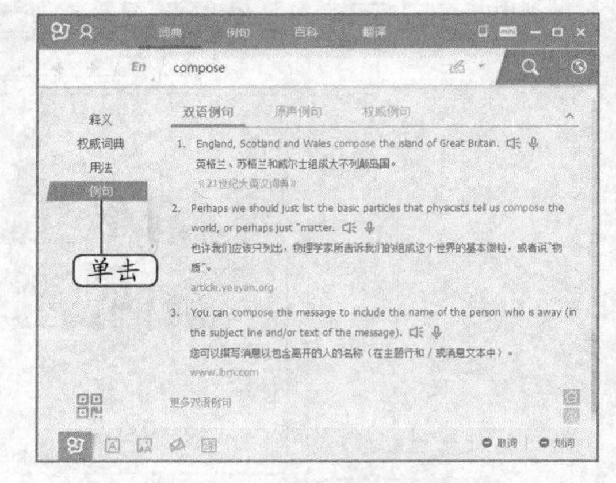

图 5-21　查看词组及例句的释义

查询法语、日语和韩语单词

当需要查询法语、日语和韩语的单词时，需先单击 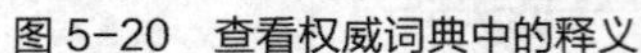 按钮，在打开的下拉列表中选择对应的选项，然后在搜索框中输入要查询的单词即可。

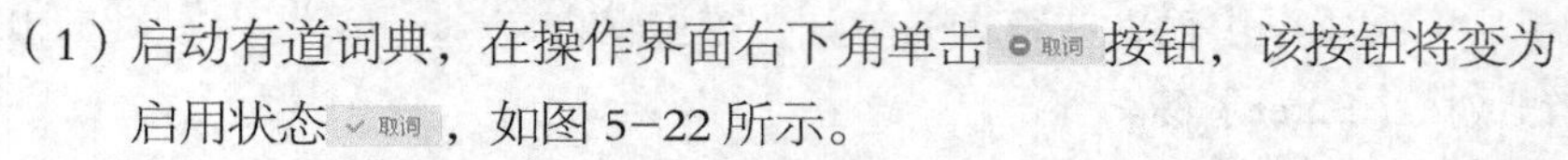

（二）屏幕取词与划词释义

屏幕取词指使用有道词典对屏幕中的单词进行即时翻译；划词释义指使用有道词典翻译鼠标选中的词组或句子。下面将开启这两项功能并进行使用，其具体操作如下。

（1）启动有道词典，在操作界面右下角单击 取词 按钮，该按钮将变为启用状态 取词，如图 5-22 所示。

（2）打开一篇英文文档，将光标移动在需要解释的单词上，如“ideal”，此时在打开的窗格中将显示该单词的释义，将鼠标指针移到该窗格中将显示其工具栏，如图 5-23 所示。

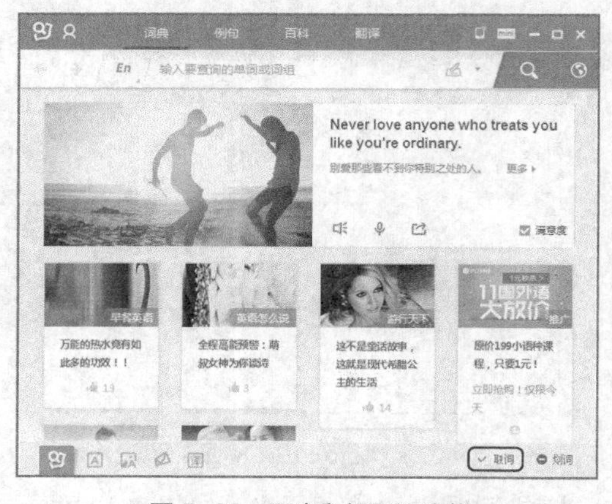

图 5-22　开启鼠标取词功能

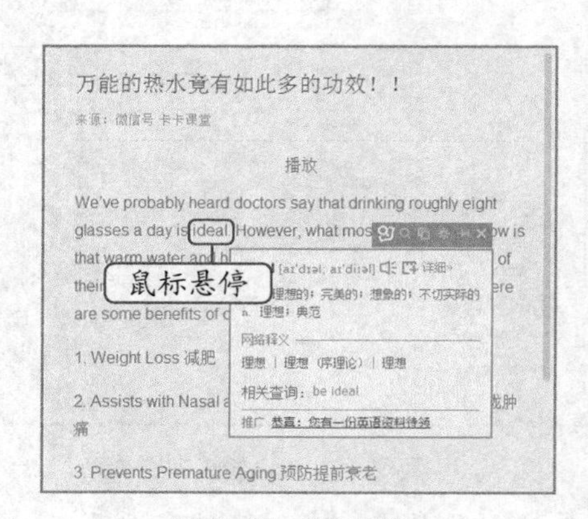

图 5-23　屏幕取词

（3）在有道词典主界面右下角单击 划词 按钮，使其变为启用状态 划词，如图 5-24 所示。

（4）在文档中，拖动鼠标选择需要翻译的句子，当鼠标停止选取时有道词典将自动显示该句的释义，如图 5-25 所示。

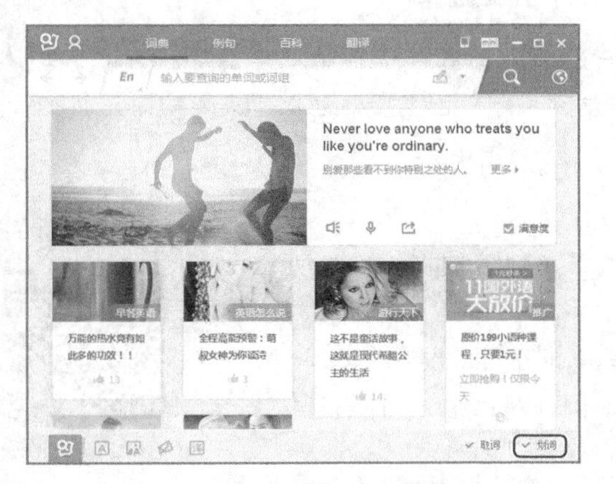

图 5-24 开启展示划词图标功能

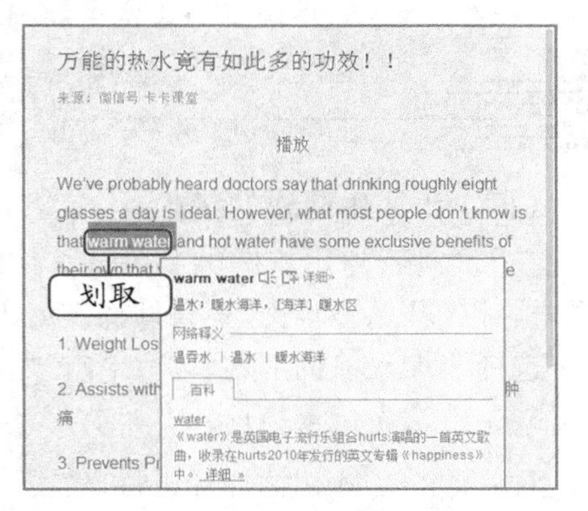

图 5-25 划词释义

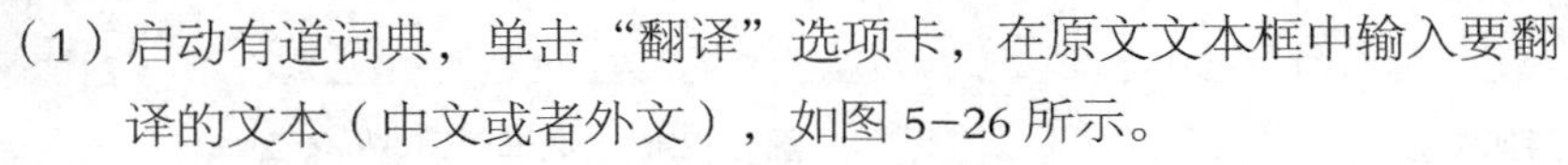

辅助取词

用户在取词窗口阅读时，若发现有陌生的字词，可移动鼠标进行二次辅助取词，同样可以得到准确的翻译。另外，在其他窗口中选词，在有道词典中也可进行翻译。

（三）翻译功能

有道词典为用户提供了强大的翻译功能，不仅可以自动翻译文字、句子，还可以进行人工翻译。下面将使用翻译功能翻译中文句子，其具体操作如下。

（1）启动有道词典，单击“翻译”选项卡，在原文文本框中输入要翻译的文本（中文或者外文），如图 5-26 所示。

（2）在“自动检测”下拉列表框中选择对应的翻译选项，这里选择“汉→英”选项，再单击自动翻译按钮，即可在译文本框中查看翻译的内容，如图 5-27 所示。

图 5-26 输入翻译文字

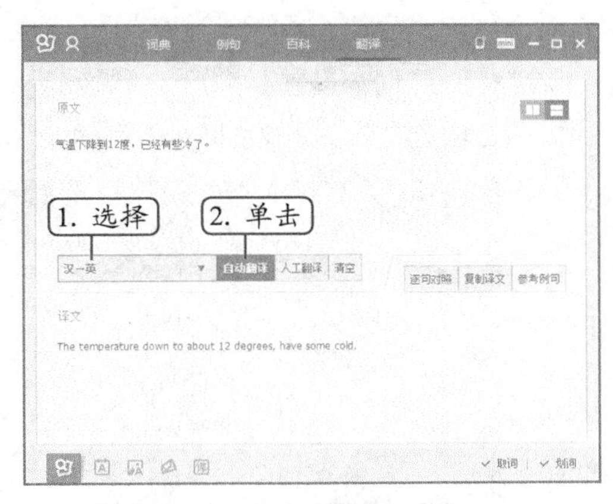

图 5-27 查看翻译结果

人工翻译

有道词典也可以进行专业的人工翻译，单击人工翻译按钮，打开有道人工翻译网页，在其中单击“立刻下单”超链接，进入“快速翻译”选项卡，在其中进行相关设置即可。

（四）添加生词到单词本

有道词典还为用户提供了单词本功能，当遇到生词时，将其放入单词本，以便以后复习。其具体操作如下。

（1）选择要加入单词本的单词，单击“添加到单词本”按钮，如图5-28所示，再次单击该按钮，打开“修改单词”对话框，可以在其中对单词的音标和解释等进行设置。

（2）在有道词典主界面左下角单击“单词本”按钮，即可打开“有道单词本”窗口，如图5-29所示。

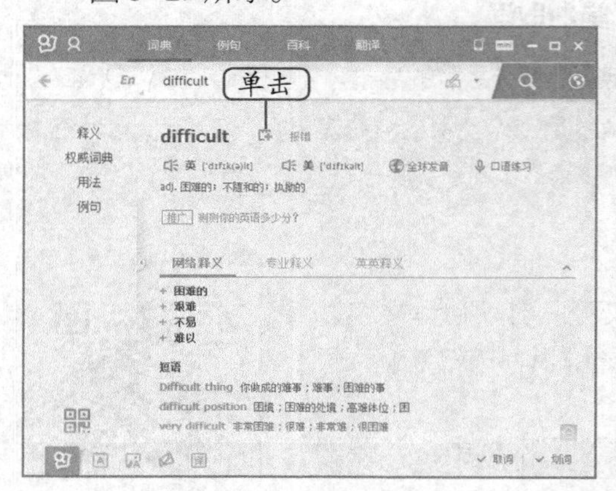

图5-28　添加单词

图5-29　“有道单词本”窗口

（3）在其中可以对单词进行添加、编辑、删除和管理等设置，单击“卡片浏览模式”按钮，可进入卡片浏览模式，单击上一词可阅读上一个单词，单击下一词按钮可阅读下一个单词，如图5-30所示。

（4）单击“单词本设置”按钮，将打开“单词本设置”对话框，在其中可对“复习”的相关选项进行设置，如图5-31所示。

图5-30　卡片浏览模式

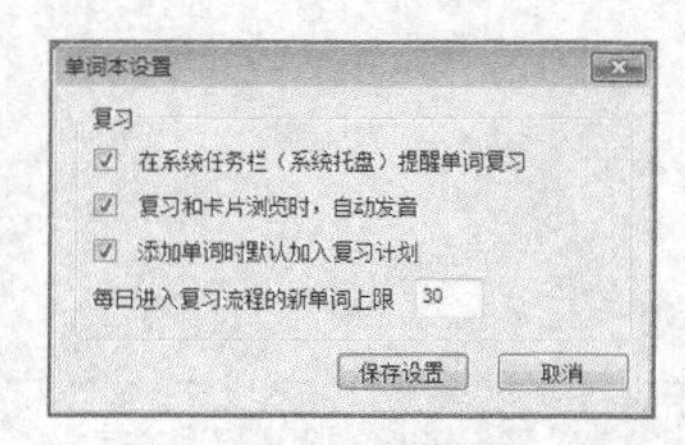

图5-31　设置单词本

单词复习模式

有道单词本还提供了单词复习模式，以帮助用户巩固所学的单词。单击 复习 按钮，进入复习模式的导向界面，根据提示进行复习。

（五）选项设置

微课视频

选项设置

使用有道词典时，可对词典和热键等选项进行设置，以满足不同使用者的需求。下面介绍常用选项的设置方法，其具体操作如下。

（1）启动有道词典，在窗口左下角单击“开始菜单”按钮，在打开的菜单中选择【设置】/【软件设置】菜单命令，如图5-32所示。

（2）在打开的“软件设置”对话框中单击“基本设置”选项卡，在“启动”栏中撤销选中 开机时自动启动 复选框，在“主窗口”栏中单击选中 主窗口总在最上面 复选框，如图5-33所示。

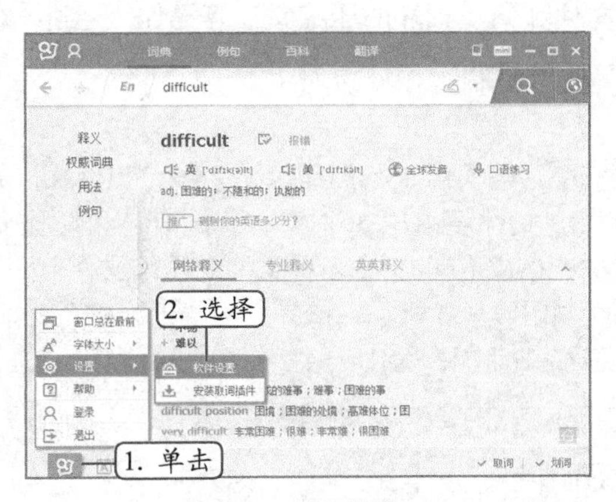

图5-32 选择操作

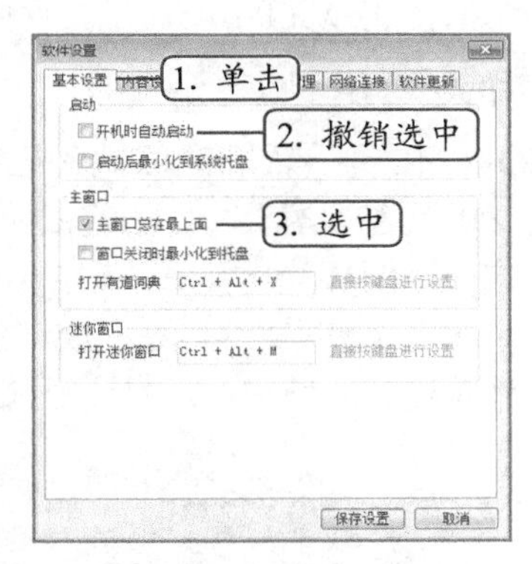

图5-33 进行基本设置

（3）单击“词典管理”选项卡，可在其中可添加本地词典，并进行管理，如图5-34所示。

（4）单击“内容设置”选项卡，可在其中对“互译环境”“其他”和“历史记录”进行相关设置，如图5-35所示。

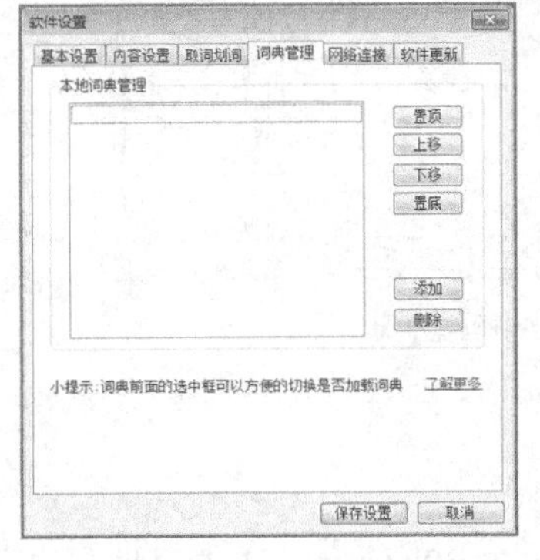

图5-34 词典管理

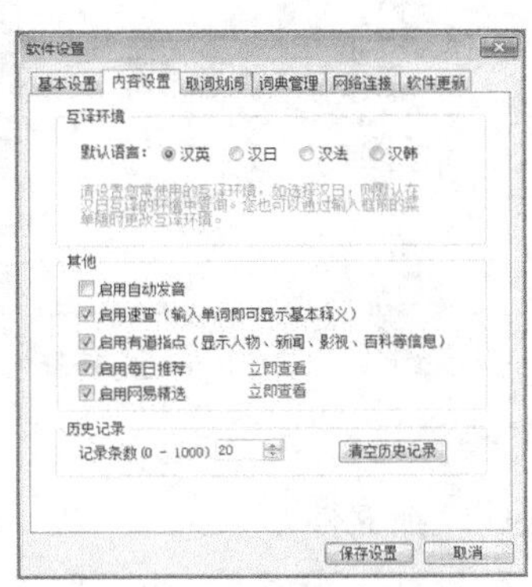

图5-35 内容设置

设置取词划译

单击“取词”“划词”选项卡，单击选中相应的复选框，即可开启或关闭取词、划词功能，同时还可设置取词范围和划词的相关选项。

任务三 使用 WinRAR 压缩文件

文件压缩是指将大容量的文件压缩成小容量的文件，以节约计算机的磁盘空间，提高文件传输速率。WinRAR 是目前最流行的压缩工具软件，它不但能压缩文件，还能保护文件，便于文件在网络上传输，避免文件被病毒感染。

一、任务目标

本任务的目标是利用 WinRAR 工具软件对文件进行压缩管理，其中将主要练习快速压缩文件、加密压缩、分卷压缩文件、解压文件和修复损坏的压缩文件等操作。通过本任务的学习，掌握使用 WinRAR 压缩文件的基本操作。

二、相关知识

WinRAR 是一款功能强大的压缩包管理工具软件，其压缩文件格式为 RAR，并且完全兼容 ZIP 压缩文件格式，压缩比例要比 ZIP 文件要高出 30% 左右，同时还可解压 CAB、ARJ、LZH、TAR、GZ、ACE、UUE、BZ2、JAR 和 ISO 等多种类型的压缩文件。

启动 WinRAR 软件，进入操作主界面，如图 5-36 所示，该界面与“计算机”窗口类似，主要由标题栏、菜单栏、工具栏、文件浏览区和状态栏等组成。

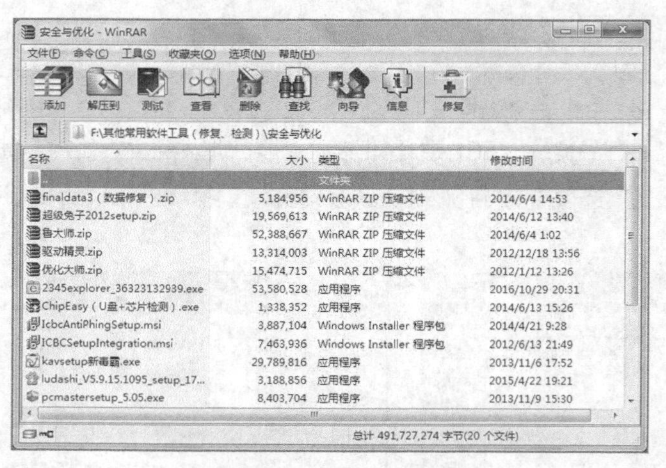

图 5-36 WinRAR 的操作界面

三、任务实施

（一）快速压缩文件

快速压缩方式是使用 WinRAR 压缩文件中最常用的方式。通常可通过操作界面和右键菜单进行实现，下面分别对两种方法进行介绍。

1. 使用操作界面快速压缩文件

在压缩文件时，可以先启动 WinRAR 软件，在软件操作界面中添加需要压缩的文件实现压缩，其具体操作如下。

（1）选择【开始】/【所有程序】/【WinRAR】/【WinRAR】命令，启动 WinRAR 软件，在主界面的地址栏中选择文件的保存位置，然后在下方列表框中选择要进行压缩的文件，这里选择“效果文件”文件夹，如图 5-37 所示。

（2）单击“添加”按钮，打开“压缩文件名和参数”对话框，在“压缩文件名”文本框中输入压缩后的文件名，其他保持默认设置，单击确定按钮，如图 5-38 所示。

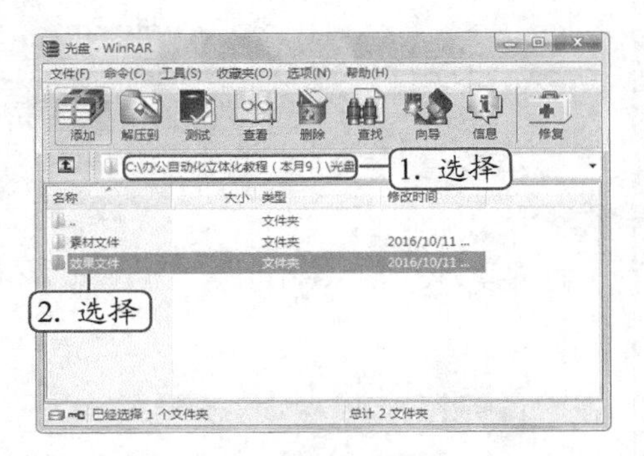

图 5-37　添加压缩文件

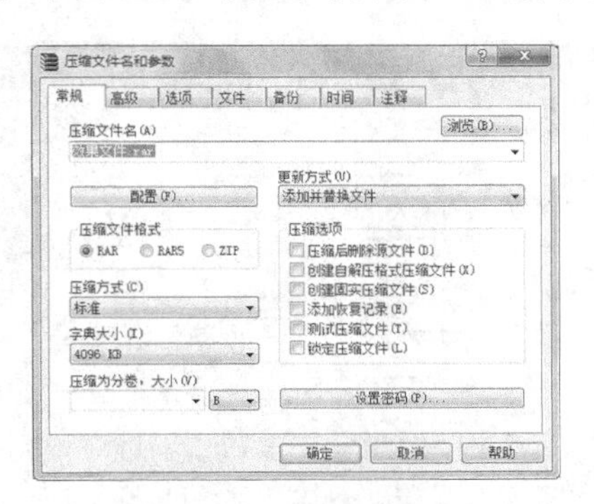

图 5-38　设置压缩参数

压缩后删除源文件

在“压缩文件名和参数”对话框中单击选中☑压缩后删除源文件(D)复选框，压缩文件后将删除源文件。

（3）系统开始对选择的文件进行压缩，并显示压缩进度，如图 5-39 所示。此时压缩的文件将被保存到源文件的保存位置。

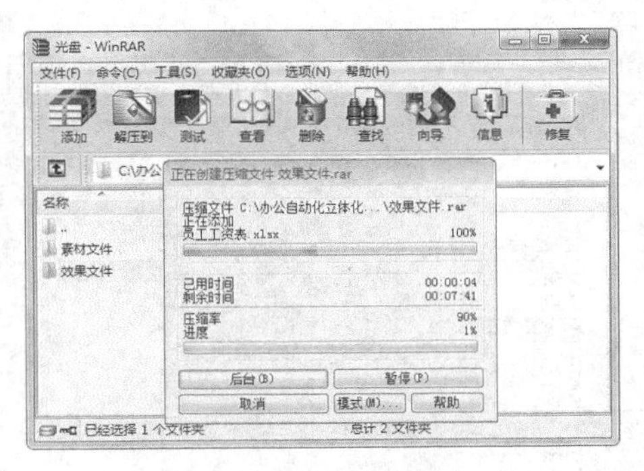

图 5-39 压缩文件

压缩时间与效率

通常文件越大，压缩与解压缩的时间就越长，对于文字文档和exe文件，其压缩率较高，而对于图形等文件的压缩率相对低一些。压缩时可同时选择多个文件进行压缩。

2. 使用右键菜单快速压缩文件

在计算机中安装 WinRAR 压缩软件后，相关操作菜单将被自动添加到右键快捷菜单中，通过快捷菜单可快速进行文件的压缩操作，其具体操作如下。

（1）选择要压缩的目标文件，单击鼠标右键，在弹出的快捷菜单中选择对应的压缩命令，这里选择“添加到 '第 5 章 .rar '(T)” 命令，如图 5-40 所示。

（2）WinRAR 开始压缩文件，并显示压缩进度。完成压缩后将在当前目录下创建名为“第 5 章”的压缩文件，如图 5-41 所示。

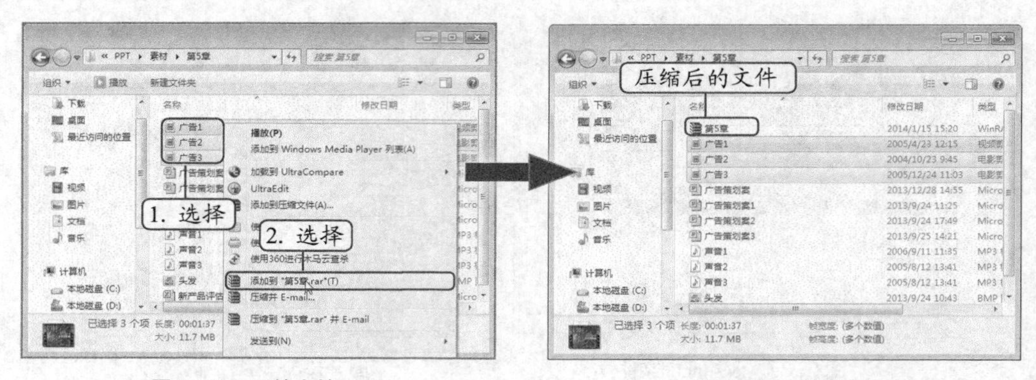

图 5-40　压缩文件　　　　图 5-41　完成压缩

（二）加密压缩文件

加密压缩文件即为在压缩文件时添加密码，当解压该文件时需要输入密码才能进行解压操作，是一种保护文件的方法，用于防止他人任意解压并打开该文件，其具体操作如下。

（1）启动 WinRAR 软件，选择要进行压缩的文件，单击鼠标右键，在弹出的快捷菜单中选择“添加到压缩文件”命令。

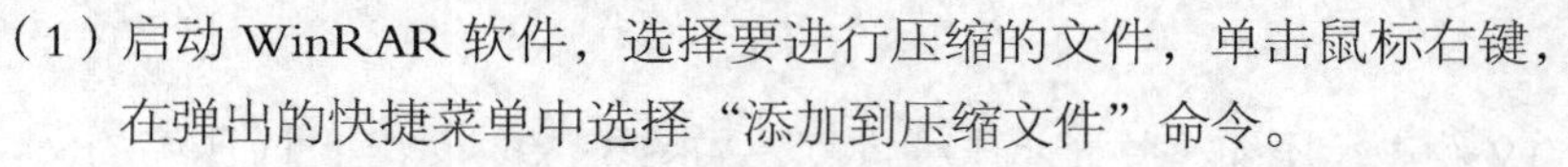

（2）打开“压缩文件名和参数”对话框，单击 设置密码(P)... 按钮，如图 5-42 所示。

（3）在“输入密码”文本框中输入密码，在“再次输入密码以确认”文本框中再次输入密码，单击 确定 按钮，如图 5-43 所示。

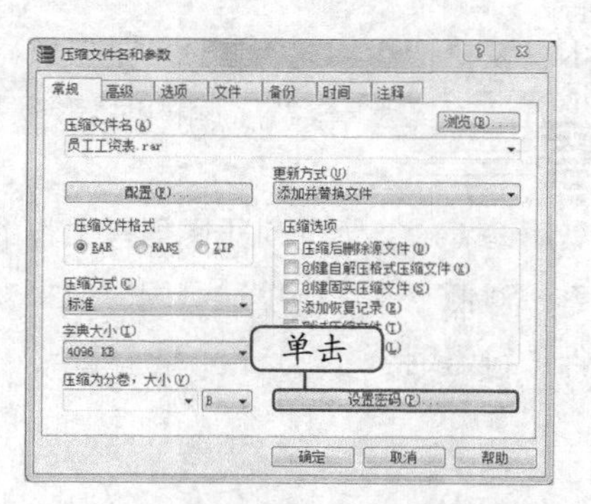

图 5-42　打开“压缩文件名和参数”对话框

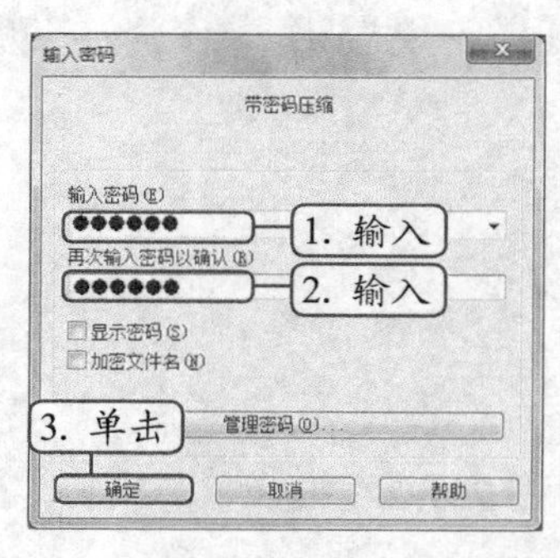

图 5-43　输入密码

（三）分卷压缩文件

WinRAR 的分卷压缩操作可以将文件化整为零，该功能常用于大型文件的网上传输。当分卷传输之后再进行合成操作，既保证了传输的便捷，同时也保证了文件的完整性。下面将分卷压缩“项目视频”文件，其具体操作如下。

（1）在“项目视频”文件上单击鼠标右键，在弹出的快捷菜单中选择“添加到压缩文件”命令，进入压缩参数设置界面，如图 5-44 所示，在“切分为分卷（V），大小”下拉列表中选择需要分卷的大小或输入自定义的分卷大小，这里直接输入“120mb”。

（2）单击 确定 按钮，开始分卷压缩，当压缩完成后，如图 5-45 所示，“项目视频”文件被分解为若干压缩文件，每个文件大小为 120MB。

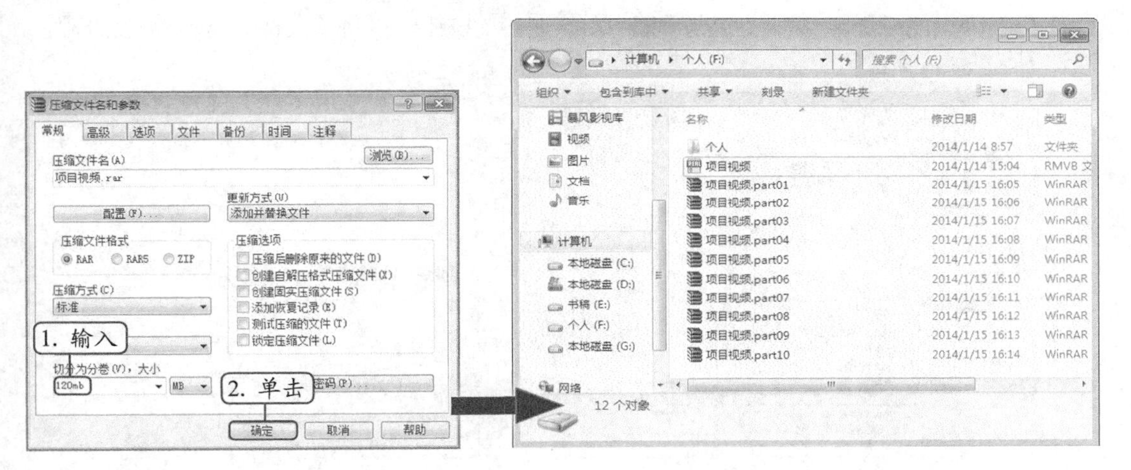

图 5-44　设置分卷大小　　图 5-45　分卷压缩文件

（四）管理压缩文件

创建压缩文件后，还可使用 WinRAR 软件对新建的压缩包进行管理。下面将“F:\ 个人 \ 企鹅 .jpg”文件添加到“F:\ 图片 \ 图片 .rar”压缩包中，然后再将压缩包中的“个人”文件夹删除，其具体操作如下。

（1）启动 WinRAR，在打开的界面中单击“添加”按钮，打开“压缩文件名和参数”对话框，在“常规”选项卡的“压缩文件名”文本框中输入“F:\ 图片 \ 图片 .rar”，如图 5-46 所示。

（2）单击“文件”选项卡，在“要添加的文件”文本框右侧单击 追加(P)... 按钮，在打开的对话框中选择“F:\ 个人 \ 企鹅 .jpg”文件，单击 确定 按钮，返回“文件”选项卡，单击 确定 按钮即可将其添加到压缩包中，如图 5-47 所示。

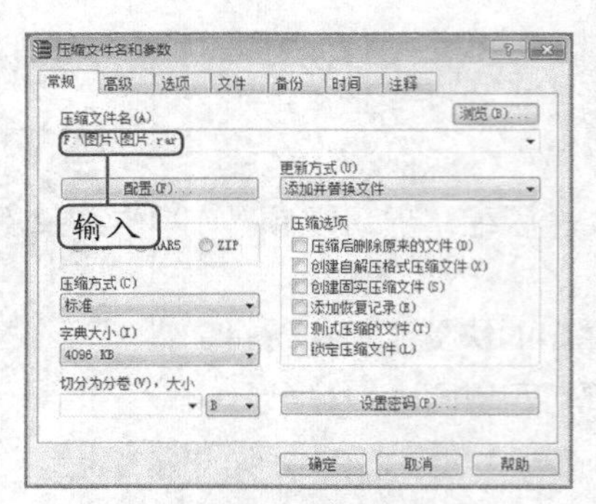

图 5-46　打开压缩包

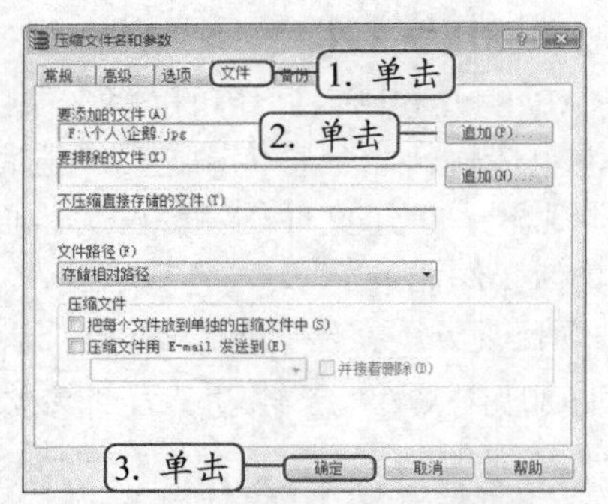

图 5-47　添加文件到压缩包中

（3）在 WinRAR 的文件浏览区中选择“个人”文件夹，在其上单击鼠标右键，在弹出的快捷菜单中选择“删除文件”命令，如图 5-48 所示。

（4）再在弹出的“删除文件夹”提示框中单击［是(Y)］按钮即可将该文件夹从压缩包中删除，如图 5-49 所示。

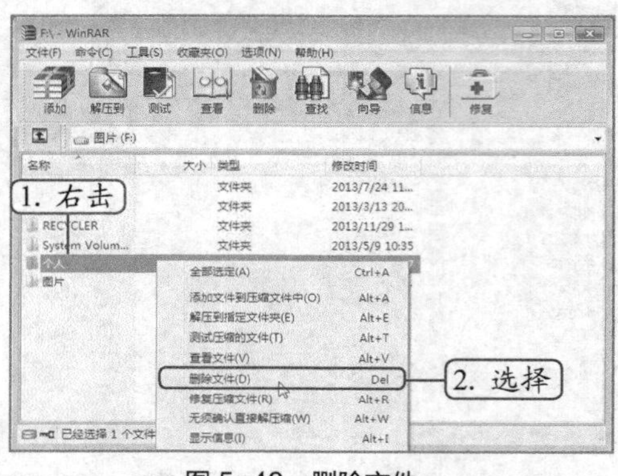

图 5-48　删除文件

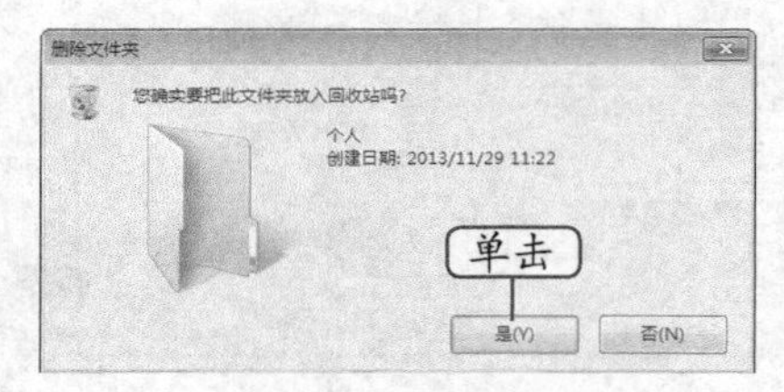

图 5-49　确认删除

其他管理操作

在右键快捷菜单中选择对应的命令，还可对压缩包中的文件进行重命名、解压或排序等操作。

（五）解压文件

通常把后缀名为“.zip”或“.rar”的文件叫做压缩文件或压缩包，这样的文件不能直接使用，需要对其进行解压，这个过程就叫做解压文件。下面对解压文件的两种方法分别进行介绍。

1. 在操作界面中解压文件

解压文件的过程与压缩文件相反，可首先在 WinRAR 软件的操作界面中找到文件，然后才能执行解压操作，其具体操作如下。

（1）启动 WinRAR，在操作界面的浏览区中选择压缩文件，然后选择【命令】/【解压到指定文件夹】菜单命令，如图 5-50 所示。

（2）打开“解压路径和选项”对话框的“常规”选项卡，在“目标路径”下拉列表框中选择存放解压文件的位置，再选择文件更新方式和覆盖方式，这里保持默认设置，如图5-51所示，完成后单击 确定 按钮即可开始解压文件。

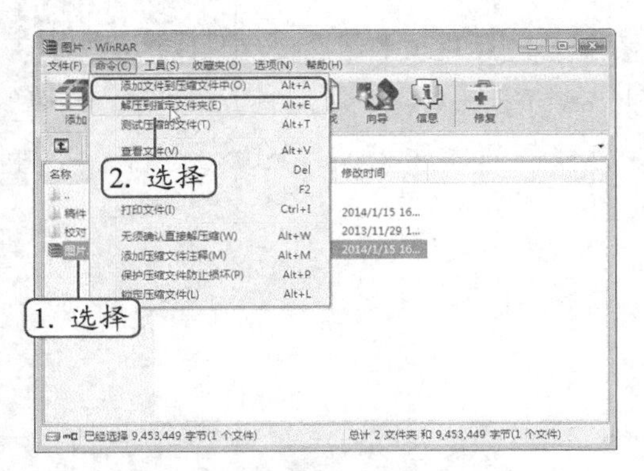

图5-50 选择解压命令

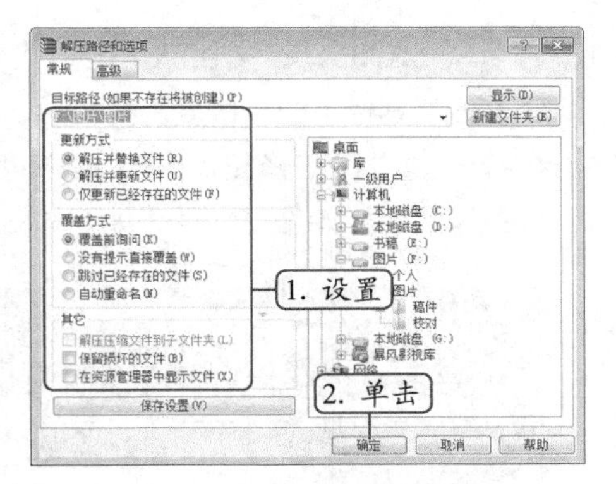

图5-51 设置解压方式

2. 通过右键快捷菜单解压文件

与压缩文件一样，也可通过右键快捷菜单解压文件，其具体操作如下。

（1）打开压缩文件的保存位置，在压缩文件上单击鼠标右键，在弹出的快捷菜单中选择“解压到当前文件夹”命令，如图5-52所示。

（2）对文件进行解压操作，并显示解压进度，解压后的文件将保存到原位置，如图5-53所示。

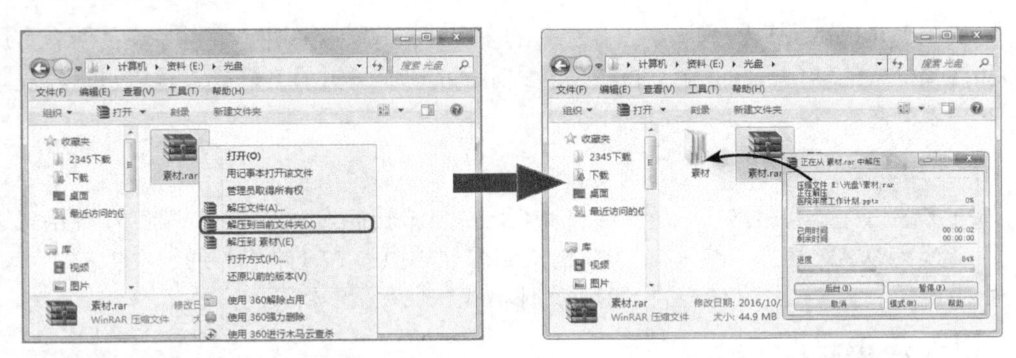

图5-52 执行解压命令

图5-53 解压文件

解压右键命令的使用

安装WinRAR软件后，自动添加其右键菜单，在待解压文件上单击右键，在弹出的菜单中选择“解压到‘素材’”命令将直接解压；选择“解压文件”，将打开“解压路径和选项”对话框，可设置解压文件名称和保存位置后进行解压。

（六）修复损坏的压缩文件

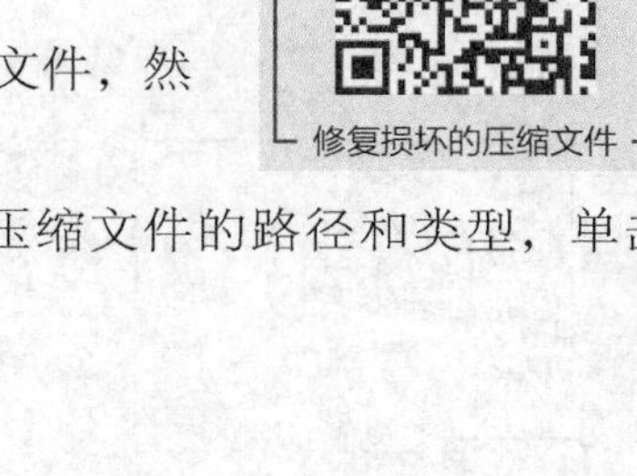

如果在解压文件过程中提示遇到错误信息，有可能是不慎损坏了压缩包中的数据，此时可以尝试使用 WinRAR 对其进行修复，其具体操作如下。

（1）启动 WinRAR，在文件浏览区中找到需要修复的压缩文件，然后单击工具栏中的“修复”按钮，如图 5-54 所示。

（2）在打开的“正在修复”对话框中设置保存修复后的压缩文件的路径和类型，单击 确定 按钮开始修复文件，如图 5-55 所示。

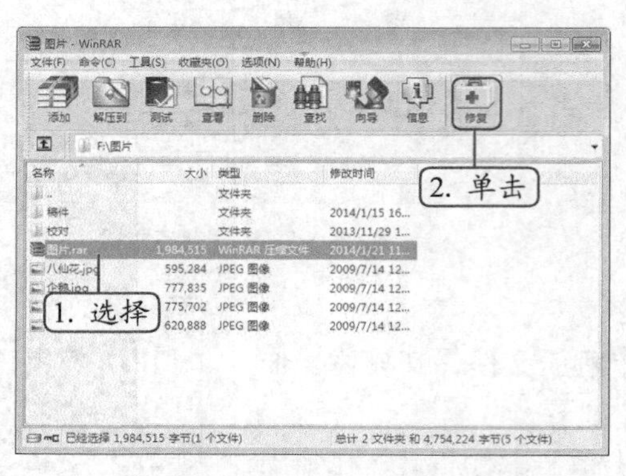

图 5-54　修复压缩文件

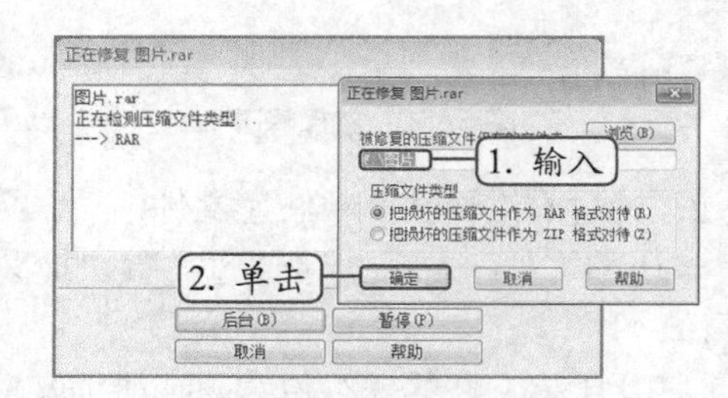

图 5-55　设置修复参数

任务四　使用格式工厂转换文件格式

格式工厂（Format Factory）是一款免费的多媒体格式转换软件，它几乎支持所有常用的音频和视频格式的转换，同时还支持图片格式之间的转换，并且在转换过程中可以修复某些损坏的视频文件。

一、任务目标

本任务的目标是利用格式工厂软件将 JPG 图片格式转换为 PNG 格式，将 MP3 格式的音频文件转换为 WAV 格式，然后将 MP4 格式的视频转换为 AVI 格式。通过本例的学习，掌握使用格式工厂转换图片文件格式、音频文件格式和视频文件格式的方法。

二、相关知识

安装格式工厂 3.9.5 软件后，选择【开始】/【所有程序】/【格式工厂】菜单命令，启动格式工厂，进入其操作界面，如图 5-56 所示，主要由工具栏、功能导航面板以及文件列表区等部分组成。格式工厂支持的文件格式转换如下。

- 支持大部分视频格式转到 MP4、3GP、AVI、MKV、WMV、MPG、VOB、FLV、SWF、MOV，新版支持 RMVB（rmvb 需要安装 Realplayer 或相关的译码器）、XV（迅雷独有的文件格式）转换成其他格式。
- 所有类型音频转到 MP3、WMA、FLAC、AAC、MMF、AMR、M4A、M4R、OGG、MP2、WAV。

- 所有类型图片转到 JPG、PNG、ICO、BMP、GIF、TIF、TGA。

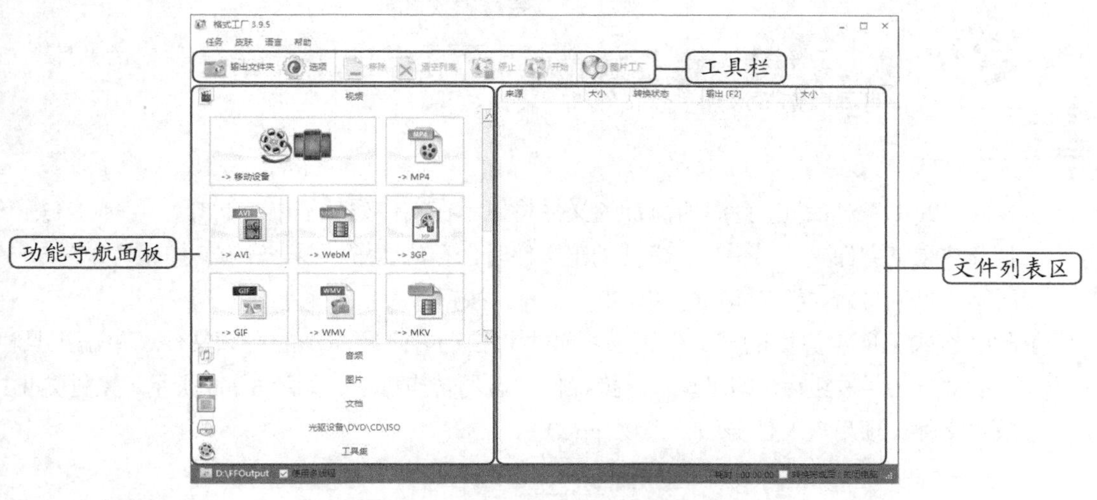

图 5-56 格式工厂 3.9.5 的操作界面

三、任务实施

（一）转换图片文件

不同场所或不同软件需要和支持的图片格式不同，此时使用格式工厂可将目标图片转换为所需格式。下面将素材文件中的“人物.jpg”图片转换为.png 格式，其具体操作如下。

（1）启动格式工厂，在导航面板中单击“图片”选项卡，在打开的列表中选择“PNG”选项，如图 5-57 所示，打开“PNG”对话框。

（2）在其中单击“添加文件”按钮，打开“打开”对话框，选择要转换的“人物.jpg”图片（素材参见：素材文件\项目五\任务四\人物.jpg），然后单击“打开(O)”按钮，如图 5-58 所示。

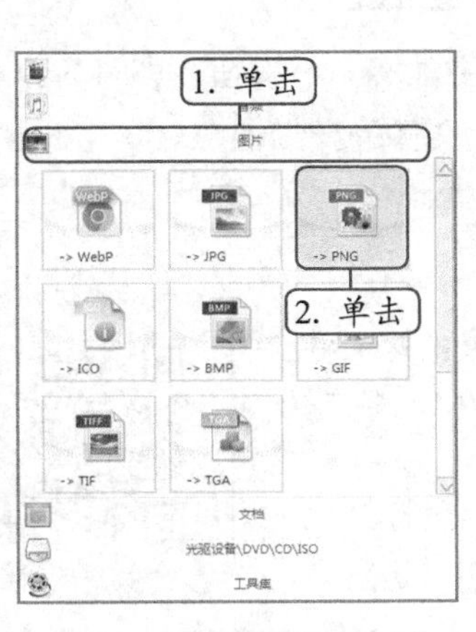

图 5-57 选择转换格式

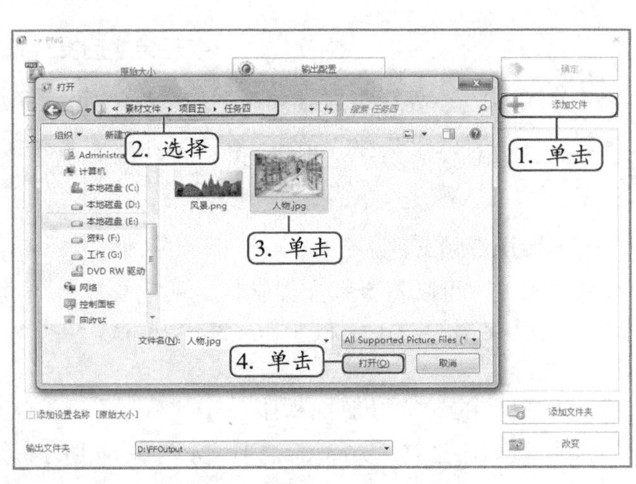

图 5-58 添加文件

转换多个文件

在转换文件格式时，单击 添加文件 按钮，打开“打开”对话框后，可同时选择添加多个文件进行转换。

（3）返回“PNG”对话框，此时所添加的文件将显示在文件列表框中，单击 改变 按钮，打开“浏览文件夹”对话框，设置输出文件时保存的位置，单击 确定 按钮，如图 5-59 所示，返回“PNG”对话框，单击 确定 按钮。

（4）此时格式工厂主界面的“文件列表区”中将自动显示所添加的音频文件，单击工具栏中的“开始”按钮，即可执行转换操作并显示转换进度，如图 5-60 所示（素材参见：效果文件 \ 项目五 \ 任务四 \ 人物 .png）。

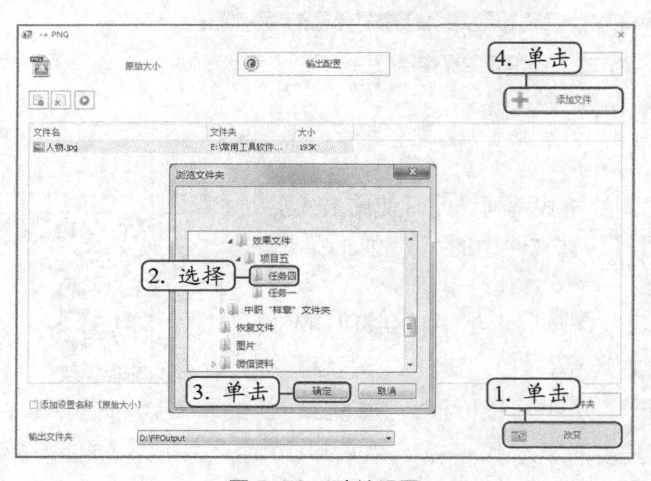

图 5-59　确认设置

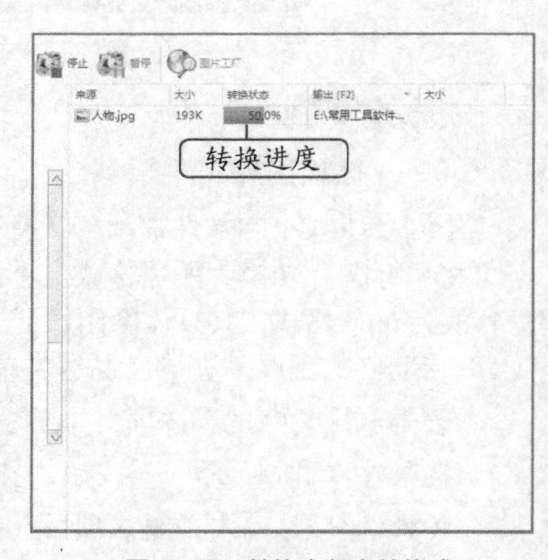

图 5-60　转换音频文件格式

打开转换后文件保存的位置

成功完成转换后，单击主界面工具栏中的  按钮，即可打开保存输出文件的文件夹，在其中可查看转换后文件的详细信息。

（二）转换音频文件

利用格式工厂可以将音频文件转换为所需格式。下面将素材文件中“音频”文件夹中的“01.mp3、02.mp3、03.mp3”转换为 WMA 格式，其具体操作如下。

微课视频

转换音频文件

（1）在格式工厂的功能导航面板中单击“音频”选项卡，在打开的“音频”列表中选择“WMA”选项，如图 5-61 所示，打开“WMA”对话框。

（2）在其中单击 添加文件夹 按钮，打开“添加目录里的文件”对话框，单击 浏览 按钮，打开“浏览文件夹”对话框，在中间列表框中选择所需文件夹（素材参见：素材文件 \ 项目五\任务四\音频），然后单击[确定]按钮，如图 5-62 所示。

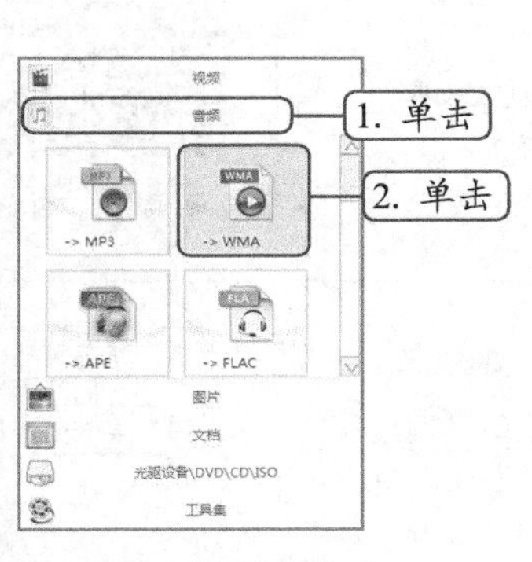

图 5-61　选择转换格式

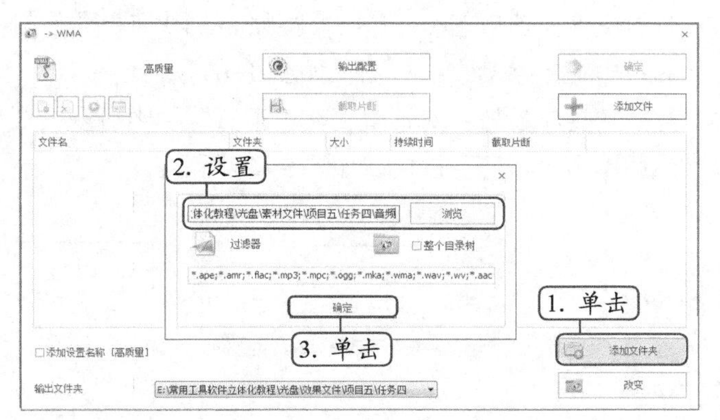

图 5-62　添加文件夹

（3）返回“WMA”对话框，此时所添加的文件夹中的所有音频文件将显示在文件列表框中，单击[改变]按钮，打开“浏览文件夹”对话框，设置输出文件时保存的位置，单击[确定]按钮，如图 5-63 所示。

（4）此时格式工厂主界面的“文件列表区”中将自动显示所添加的音频文件，单击工具栏中的“开始”按钮，即可执行转换操作并显示转换进度，如图 5-64 所示（素材参见：效果文件\项目五\任务四\音频）。

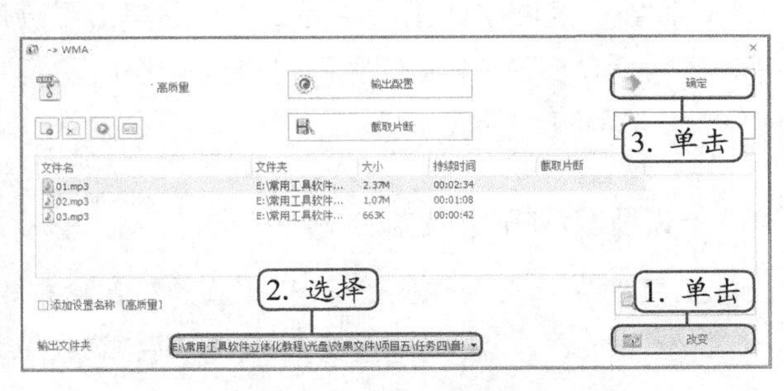

图 5-63　确认设置

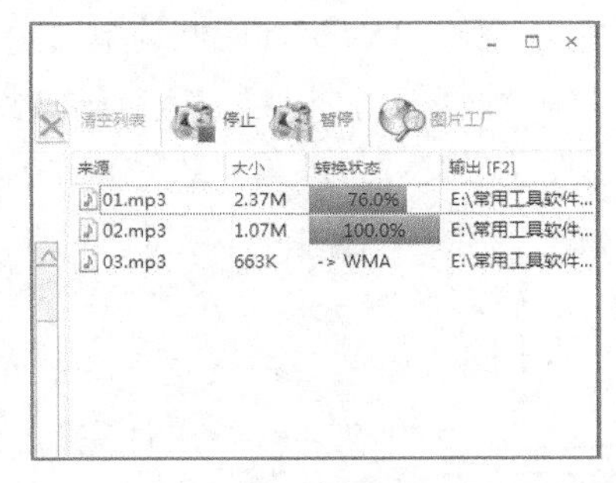

图 5-64　转换音频文件格式

转换文件的其他操作

在“WMA”对话框中添加文件后，单击工具栏中的“移除”按钮可移除某个文件，单击“清空列表”按钮可清空列表文件，单击“播放”按钮可播放列表中的音频文件。

（三）转换视频文件

使用格式工厂转换视频文件格式的操作方法与转换图片和音频文件相同。下面将素材文件中的“视频 .mp4”转换为 AVI 格式，其具体操作如下。

（1）启动格式工厂，在导航面板中单击“视频”选项卡，在打开的“视频”列表中选择“AVI”选项。

（2）打开“AVI”对话框，添加素材文件“视频 .mp4”（素材参见：素材文件 \ 项目五 \ 任务四 \ 视频 .mp4），并设置输出位置，然后单击 输出配置 按钮，如图 5-65 所示。

（3）打开“视频设置”对话框，在“配置”栏中可以设置输出参数，然后单击 确定 按钮，如图 5-66 所示。

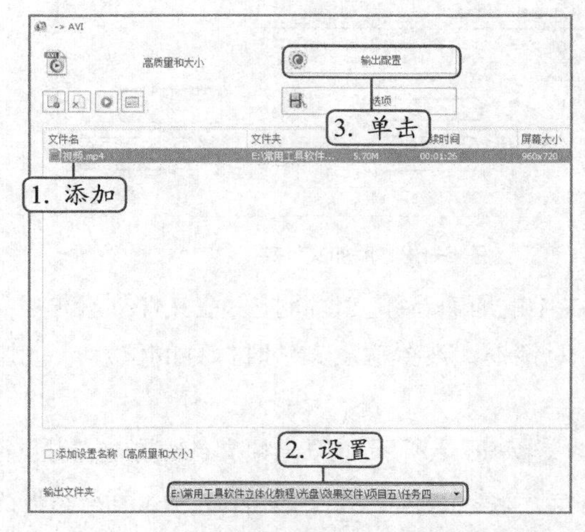

图 5-65　添加的视频文件并设置输出位置

图 5-66　设置输出参数

（4）返回到“AVI”对话框，单击 确定 按钮，返回格式工厂主界面，然后单击工具栏中的“开始”按钮，执行转换操作。完成后打开输出文件夹即可查看转换后的视频文件（最终效果参见：效果文件 \ 项目五 \ 任务四 \ 视频 .avi）。

设置默认输出位置

在格式工厂主界面的工具栏中单击 选项 按钮，打开“选项”对话框，在“输出文件夹”栏中单击 改变 按钮可设置文件转换后默认的输出位置。

实训一　查看 PDF 文档

【实训要求】

本实训要求使用工具软件 Adobe Acrobat 查看 PDF 文档“员工手册 .pdf”（素材参见：素材文件 / 项目五 / 实训一 / 员工手册 .pdf）。

【实训思路】

本实训可运用前面所学的使用 Adobe Acrobat 阅读 PDF 文档的知识来进行操作。先启动 Adobe Acrobat 软件，然后打开“员工手册 .pdf”文档，在阅读模式中查看 PDF 文档中的内容，如图 5-67 所示。

图 5-67 阅读模式查看“员工手册 .pdf”

【步骤提示】

（1）启动 Adobe Acrobat 软件，选择【文件】/【打开】菜单命令，在打开的“打开”对话框中选择“员工手册 .pdf”素材文档，单击打开按钮打开文档。

（2）在浮动工具栏中单击“以阅读模式查看文件”按钮，进入阅读模式。

（3）在阅读模式页面的浮动工具栏中单击按钮，放大页面，然后单击按钮或向下滚动鼠标滚轮查看文档。

实训二 练习英汉互译

【实训要求】

在利用有道词典进行英汉互译操作时，如果只查找某一个单词的解释，那么可以使用有道词典的屏幕取词功能；如果对某段文字或全文进行翻译，则可以使用有道词典的全文翻译功能。下面使用有道词典翻译素材文件中的“背影”记事本文档（素材参见：素材文件 / 项目三 / 实训二 / 背影 .txt）。

【实训思路】

本实训可运用前面所学的使用有道词典即时翻译的知识来进行操作。先在有道词典中输入需要翻译的文本，选择翻译语言后，即可进行翻译。翻译完成后用户可根据实际需要将翻译结果复制并粘贴到其他地方。翻译结果参考如图 5-68 所示。

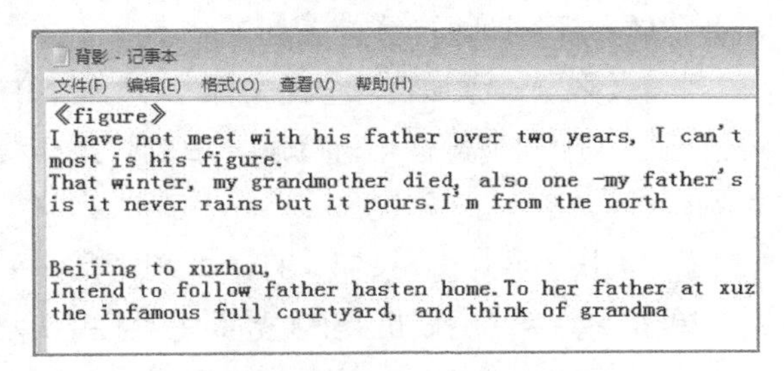

图 5-68 翻译“背影”文档

【步骤提示】

（1）打开“背影 .txt”记事本文档，复制全部内容。

（2）启动有道词典，单击“翻译”选项卡，在原文本框中粘贴“背影”的内容。

（3）选择“汉→英”选项，单击自动翻译按钮，即可完成翻译。

（4）复制译文文本框中的内容，粘贴到另一个记事本文档中。

实训三 解压文件后转换格式

【实训要求】

在网络中下载的文件多为压缩文件，或在进行网络传输中，常先将文件进行压缩，减小文件大小，利于传输。本实训将对素材文件进行解压操作，然后转换文件的格式。

【实训思路】

本实训将通过 WinRAR 压缩软件和格式工厂实现，首先将素材文件（素材参见：素材文件 \ 项目五 \ 实训三 \ 婚庆背景音乐 .rar）进行解压，然后将其中的音频文件转换格式，并保存到效果文件中（最终效果参见：效果文件 \ 项目五 \ 实训三 \ 婚庆背景音乐），效果如图 5-69 所示。

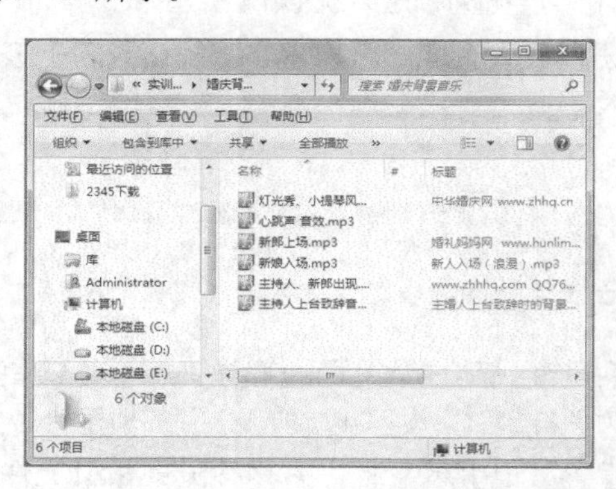

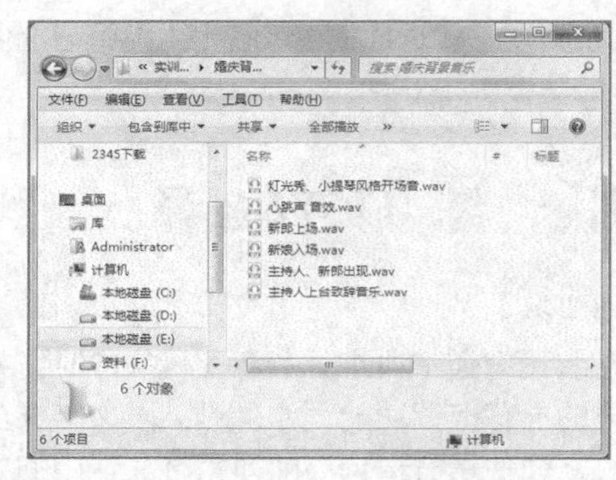

图 5-69 转换音频格式效果

【步骤提示】

（1）打开“婚庆背景音乐 .rar”文件的保存位置，在该文件上单击鼠标右键，在弹出的快捷菜单中选择“解压到 婚庆背景音乐”命令，将文件解压到“婚庆背景音乐”文件夹。

（2）启动格式工厂，在功能导航面板中单击“音频”选项卡，在打开的“音频列表中选择“WAV”选项，打开“WAV”对话框。

（3）在其中单击添加文件夹按钮，打开“添加目录里的文件”对话框，单击浏览按钮，打开“浏览文件夹”对话框，在中间列表框中选择解压后的“婚庆背景音乐”文件夹，然后单击确定按钮。

（4）返回“WAV”对话框，单击改变按钮，打开“浏览文件夹”对话框，设置输出文件时保存的位置，单击确定按钮。在主界面工具栏中单击“开始”按钮转换音频文件。

课后练习

练习 1：将 Word 文档转换为 PDF 文档并压缩

下面将练习使用格式工厂将“产品代理协议 .docx”文档转换为 PDF 格式的文件，然后使用 WinRAR 软件压缩 PDF 文档。文档转换 PDF 效果如图 5-70 所示。

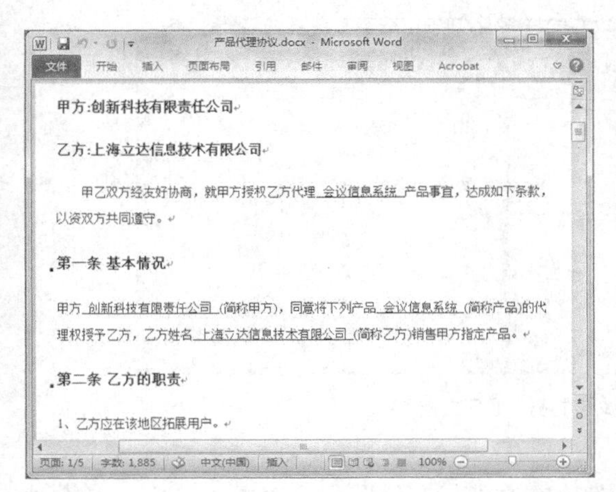

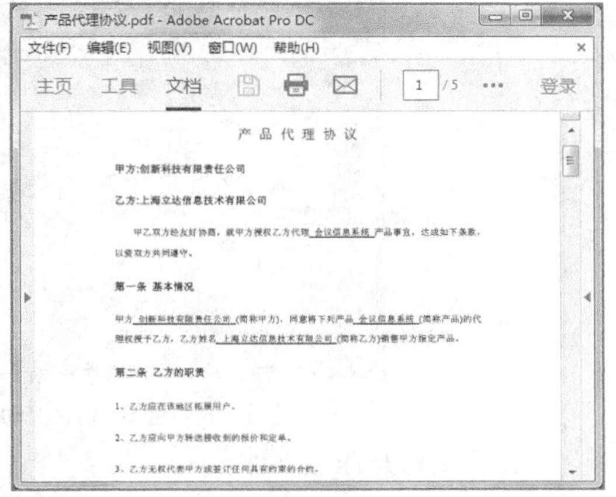

图 5-70 文档转换 PDF 效果

操作要求如下。

- 启动 Adobe Acrobat 软件，通过软件将“产品代理协议 .docx”（素材参见：素材文件 \ 项目四 \ 课后练习 \ 产品代理协议 .docx）Word 文档转换为 PDF 文档。
- 使用 WinRAR 软件压缩 PDF 文档并删除原 PDF 文档，需在“压缩文件名和参数”对话框中单击选中 ☑压缩后删除源文件(D) 复选框（最终效果参见：效果文件 \ 项目五 \ 课后练习 \ 产品代理协议 .rar）。

练习 2：翻译英文文章

下面将练习在网上搜索短片英文文章，然后启动有道词典，使用自动翻译功能将其翻译为汉字文章，再在有道词典中开启取词和划词功能，对某些关键英文词句进行捕捉查看，对文章进行适当修改。

练习 3：转换多张图片文件格式

下面将素材文件中的 .jpg 图片格式转换为 .png 格式。

要求操作如下。

- 启动格式工厂，在“图片”栏中选择“png”选项，然后添加素材中的“照片”文件夹（素材参见：素材文件 \ 项目五 \ 课后练习 \ 照片）。
- 添加“照片”文件夹后，移除“7.png”照片文件，然后将其他 .jpg 图片转换为 .png 格式（最终效果参见：效果文件 \ 项目五 \ 课后练习 \ 照片）。

技巧提升

1．拖动文件打开 PDF 文档

选择需打开的PDF文档，按住鼠标左键不放，往Adobe Acrobat工具软件的窗口进行拖动，当出现“复制”字样后松开鼠标可快速打开该 PDF 文档，如图 5-71 所示。

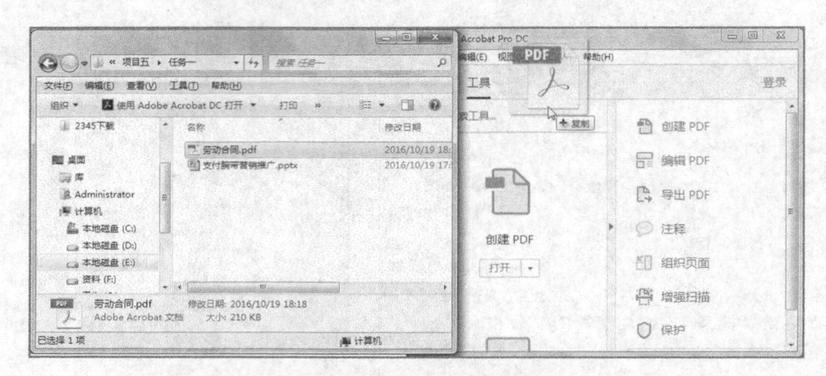

图 5-71　拖动文件打开 PDF 文档

2．直接打开压缩文件

如果在计算机中安装了 WinRAR 工具软件，在文件保存位置直接双击“.rar”压缩文件，在 WinRAR 操作界面中打开压缩文件，然后双击压缩文件中的文件选项，可直接打开文件进行查看。

3．快速转换文件格式

启动格式工厂后，选择需要转换格式的文件，向格式工厂的主界面中拖动，如选择转换图片文件，在打开对话框的“图片”列表框中选择转换后的文件格式选项，然后在“输出文件夹”栏中单击 改变 按钮，设置文件的输出位置，单击 确定 按钮，返回格式工厂主界面，单击工具栏中的“开始”按钮，可快速完成格式的转换操作，如图 5-72 所示。

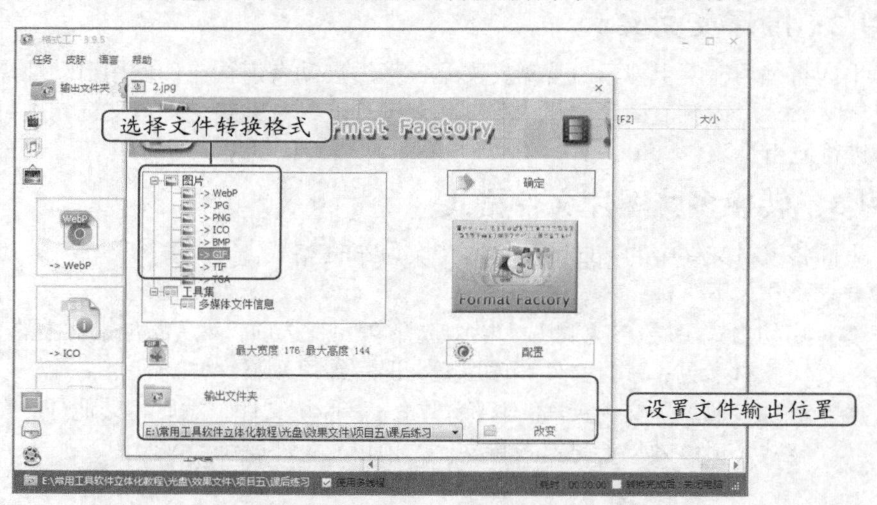

图 5-72　快速转换文件格式

PART 6

项目六
图像处理工具

情景导入

米拉：老洪，我需要从计算机中截取一张图片，该怎么操作?

老洪：推荐你使用 Snagit，它是一款十分强大的截图软件，很简单，你用一下就明白了。

米拉：我计算机里有很多旅游的照片，该怎么管理呢?

老洪：可以使用 ACDSee 管理啊，当然，对于那些拍摄效果不太好的照片还可以通过光影魔术手稍作处理，再进行照片的管理。

米拉：这样啊！看来我需要学习的东西还很多。

学习目标

- 掌握使用 Snagit 捕获屏幕文件的方法
- 掌握 ACDSee 浏览和播放图片的方法
- 掌握在 ACDSee 中编辑、管理和转换图片格式的方法
- 掌握使用光影魔术手处理图片的基本操作方法
- 掌握使用美图秀秀美化图片的方法

技能目标

- 能使用 Snagit 捕获屏幕文件
- 能使用 ACDSee 快速浏览图片
- 能使用光影魔术手编辑图片
- 能使用美图秀秀美化图片

任务一　使用 Snagit 截取图片

Snagit 是一款强大的截图软件，除了拥有截图软件普遍具有的功能外，还可以捕捉文本和视频图像，捕获后可以保存为 BMP、PNG、PCX、TIF、GIF 或 JPEG 等多种图形格式，或使用其自带的编辑器编辑，进行打印操作。

一、任务目标

本任务将利用Snagit截图软件截取图片，并使用自定义捕获模式截图、添加捕获模式文件、编辑捕获的屏幕图片等操作对截图方法进行练习。通过对本任务的学习，掌握使用 Snagit 软件截取图片的基本操作方法。

二、相关知识

启动已经汉化的 Snagit-12 软件，打开其操作主界面，如图 6-1 所示。

图 6-1　Snagit 的操作界面

Snagit 是一款优秀的抓图软件，和其他的捕捉屏幕软件相比，它有以下 4 个特点。

- **捕捉种类多**：不仅可捕捉静止图像，还可以获取动态图像和声音，另外也可在选中的范围内只获取文本。
- **捕捉范围灵活**：可选择整个屏幕、某个静止或活动窗口，也可随意选择捕捉内容。
- **输出类型多**：可以以文件形式输出，也可以直接发 E-mail 给朋友，另外可以编辑成册。
- **简单的图形处理功能**：利用过滤功能可将图形颜色简单处理，也可进行放大或缩小操作。

三、任务实施

（一）使用自定义捕获模式截图

Snagit 12 提供了几种预设的捕捉方案，如统一捕捉、全屏和延时菜单等。下面讲解统一捕捉图像的方法，其具体操作如下。

（1）双击桌面上的快捷图标，启动 Snagit 12，进入其操作界面，在其右侧的“捕捉”栏下选择一种预设的捕捉方案，这里选择“统一捕捉”选项，然后单击“捕捉”按钮进行捕捉。

（2）此时出现一个黄色虚线边框和一个十字型的黄色线条，其中黄色虚线边框用来捕捉窗口，十字型黄色线条则用来选择区域。这里将黄色虚线边框移至计算机中，如图 6-2 所示。

（3）确认捕捉图像后，单击鼠标左键，将自动打开“Snagit 编辑器 -【捕捉库】”预览窗口，并在“绘图”选项卡中显示已捕捉的图像，如图 6-3 所示，单击“剪贴板”组中的“复制”按钮，即可将图像复制到 Word 文档中。

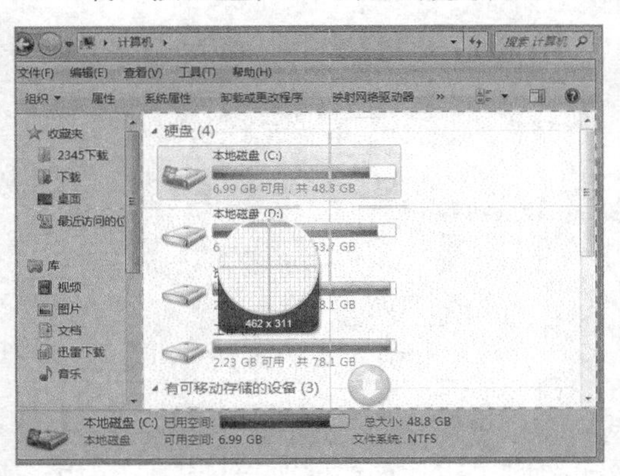

图 6-2 捕捉“计算机”文件列表区

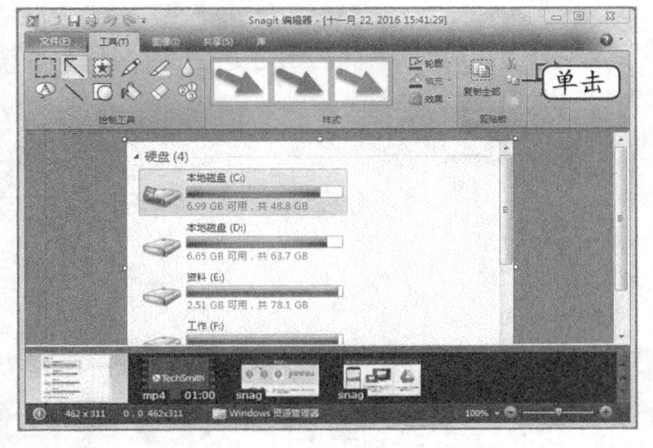

图 6-3 “Snagit 编辑器 -【捕捉库】”预览窗口

（二）添加捕获模式文件

当预设的方法无法满足实际的需求时，用户可添加捕获配置文件并设置相应的快捷键。下面利用向导添加一个“窗口—剪贴板”的配置文件，其具体操作如下。

（1）启动 Snagit 软件，进入其操作界面，在其中单击“预设方案”栏右侧的“使用向导创建方案”按钮，打开“新建配置文件向导”对话框，在其中单击“图像捕捉”按钮，单击下一步(N)>按钮，如图 6-4 所示。

（2）在打开的对话框中，单击“捕获类型”下方的▾按钮，在打开的下拉列表框中选择捕捉的类型。这里选择“窗口”选项，单击下一步(N)>按钮，如图 6-5 所示。

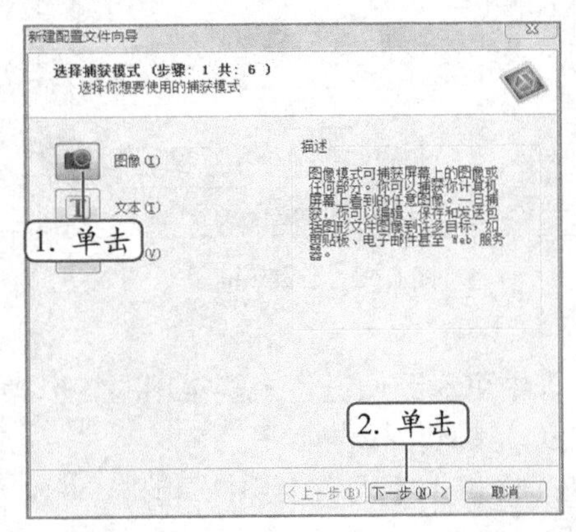

图 6-4 选择捕捉方式

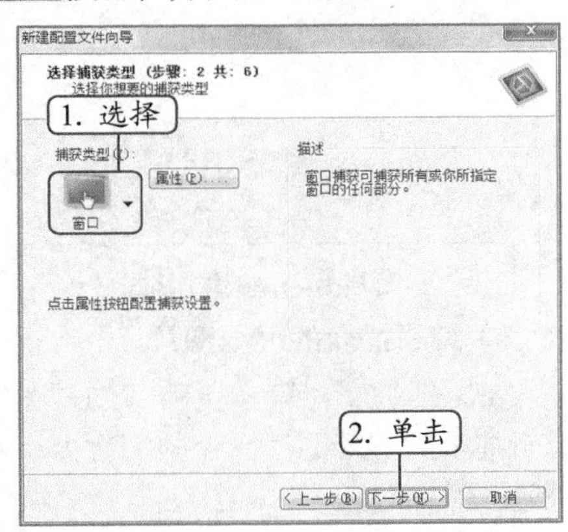

图 6-5 选择捕获类型

（3）打开“新建配置文件向导”对话框，单击“共享”下方的▾按钮，在打开的下拉列表框中选择“剪贴板”选项，单击 属性(P)... 按钮，如图 6–6 所示。

（4）打开“共享属性”对话框，在“文件格式”栏中单击选中“总是使用以下文件格式”选项，并在其下的列表框中选择“JPG”图像格式，单击 确定 按钮，如图 6–7 所示。

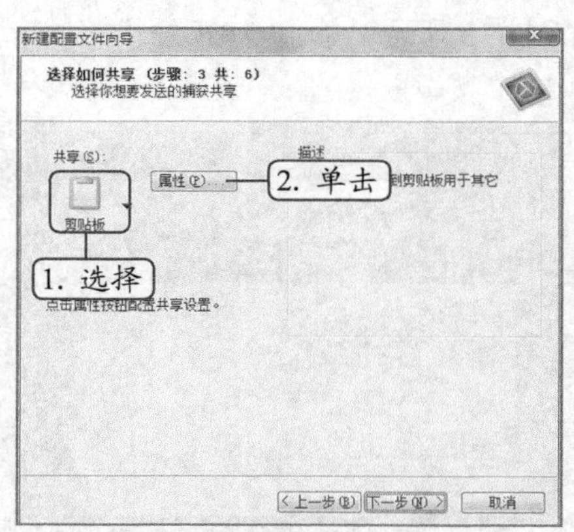

图 6–6　选择共享方式

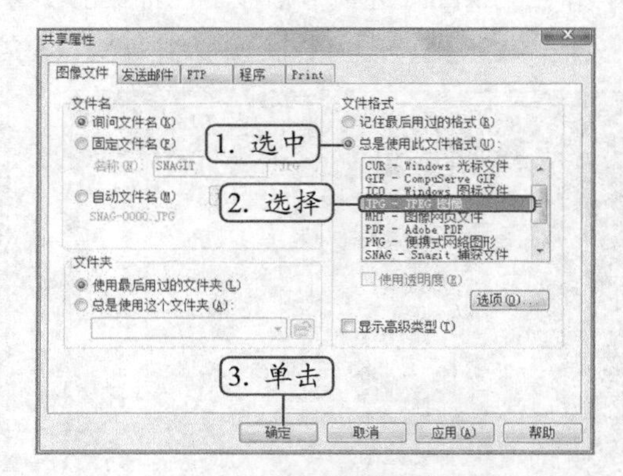

图 6–7　设置共享属性

（5）返回“选择如何共享”对话框，单击 下一步(N) > 按钮。在打开的“选择选项”对话框中单击“编辑器预览”按钮，然后单击 下一步(N) > 按钮，如图 6–8 所示。

（6）在打开的对话框中可以选择要应用的效果，如撕裂边缘效果、阴影效果和缩放效果等，这里保持默认设置，单击 下一步(N) > 按钮。

（7）打开“保存新建配置文件”对话框，单击“热键”栏右侧的下拉按钮▾，在打开的下拉列表框中选择“F9”选项，单击 完成 按钮即可完成新的捕捉方案的添加，如图 6–9 所示。

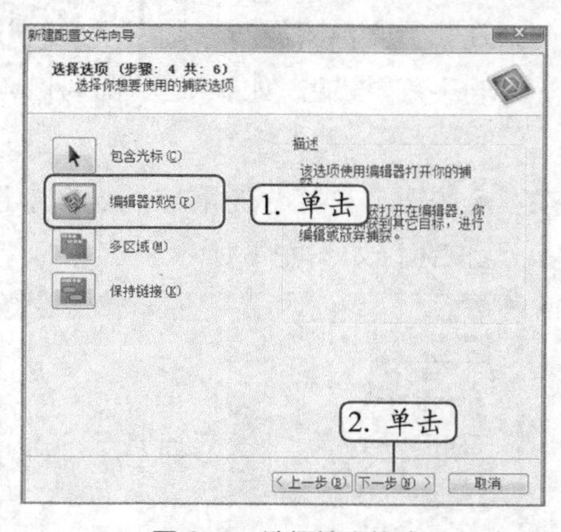

图 6–8　选择输出格式

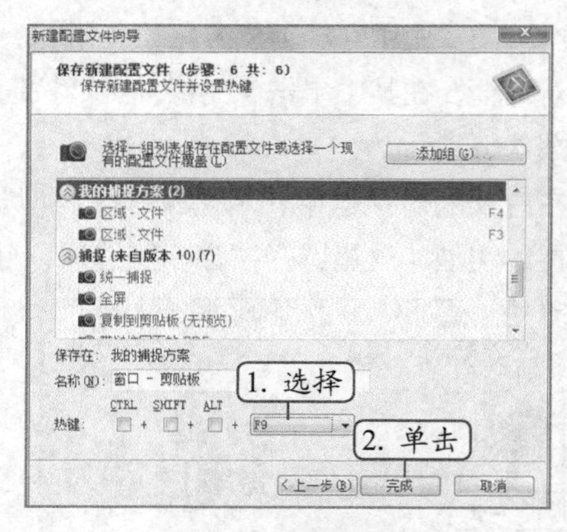

图 6–9　设置热键

（三）编辑捕获的屏幕图片

在“Snagit 编辑器”预览窗口的“图像”选项卡中可对图像进行一些常用的编辑操作。下面编辑捕获的屏幕图片，调整图片大小并设置灰度，其具体操作如下。

（1）捕捉图片后打开“Snagit 编辑器”预览窗口，在【图像】/【画布】组中，单击“调整大小”按钮，在打开的列表中选择“调整图像大小”选项。

（2）打开"调整图像大小"对话框，在"图像细节"栏中单击选中☑锁定比例(P)复选框，在"宽度"和"高度"数值框中输入"500"，单击 确定 按钮，如图 6-10 所示，放大图片。

（3）在"修改"组中单击 灰度 按钮，如图 6-11 所示，将图像设置为"黑白"图像。

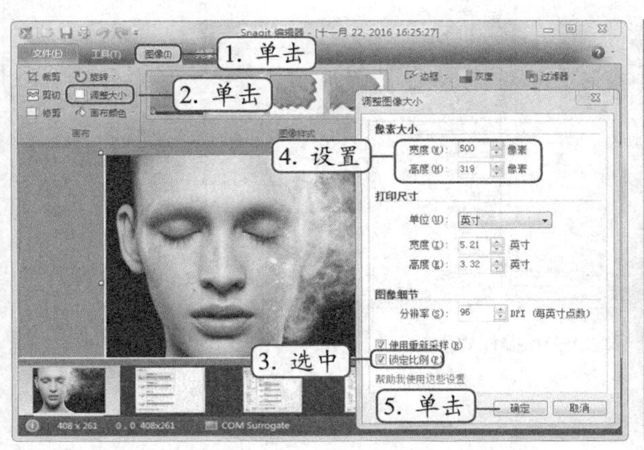

图 6-10　调整图像大小

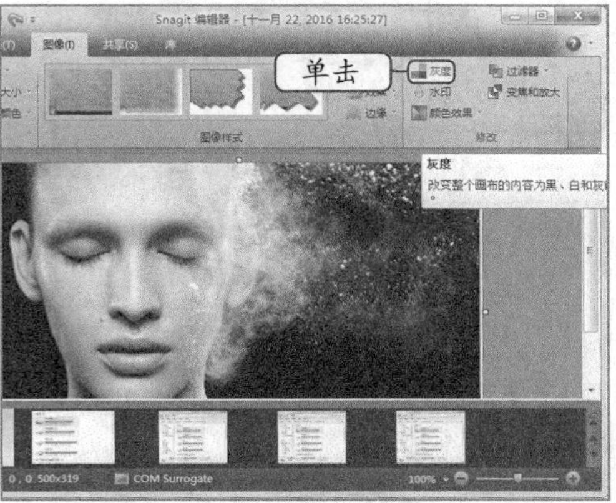

图 6-11　设置图像的灰度

任务二　使用 ACDSee 管理图像文件

ACDSee 是目前非常流行的数字图像管理软件，支持丰富的图形格式，具有强大的图形文件管理功能，广泛应用于图片的浏览和编辑等方面。其主要有两方面的特点：一是支持性强，能打开包括 ICO、PNG、XBM 等 20 多种图像格式，并能高品质地显示图像；二是快，与其他同类软件比较，ACDSee 打开图像文件的速度相对更快。

一、任务目标

本任务的目标是使用 ACDSee 18 对图片进行各种编辑和管理，以及转换图片文件格式。

二、相关知识

成功安装 ACDSee 18 后，选择【开始】/【所有程序】/【ACD Systems】/【ACDSee 18】菜单命令，启动 ACDSee 18，即可进入其操作界面，如图 6-12 所示。主要由"文件夹 / 日历 / 收藏夹"窗格、预览窗格、文件列表、"属性 / 整理 / 搜索"窗格 4 个部分组成，其中各部分的含义分别介绍如下。

- **"文件夹 / 日历 / 收藏夹"窗格**：通过该窗格可以按文件夹或日期浏览文件，也可以创建收藏夹提高浏览速度，默认情况下，只显示"文件夹"和"收藏夹"两个窗格，若需显示"日历"窗格，选择【视图】/【日历】菜单命令即可。
- **"预览"窗格**：显示当前选择图片文件的放大效果，如在文件列表中选择某个图片文件的缩略图时，在"预览"窗格中即可查看该图片的放大效果。
- **文件列表**：查看图片文件的缩略图，还可以对图片进行过滤、组合和排序等设置。

- **“属性 / 整理 / 搜索”窗格**：通过该窗格可以指定文件的类别和评级，按名称和关键字搜索所需文件并保存搜索结果，查看文件属性等，默认情况下只显示“整理”窗格。

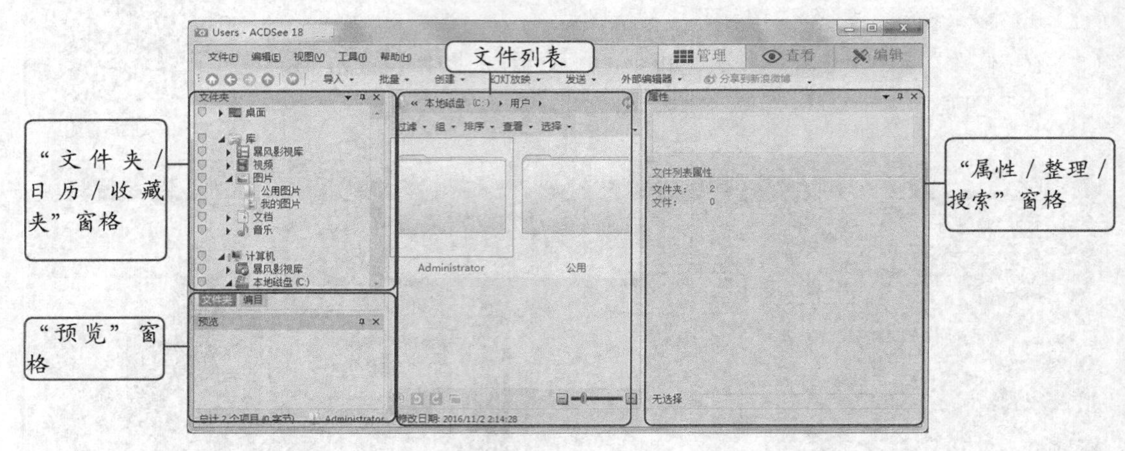

图 6-12　ACDSee 操作界面

三、任务实施

（一）浏览和播放图片

使用 ACDSee 可快速浏览计算机中的图片文件。下面使用该软件浏览计算机中“F:\ 图片 \ 风景花卉”目录下的图片内容，并对图片进行播放，其具体操作如下。

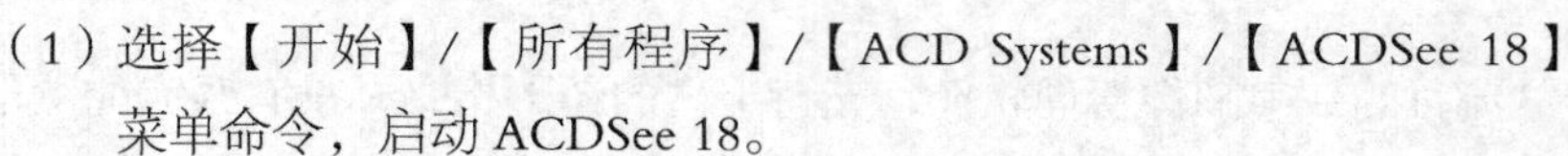

（1）选择【开始】/【所有程序】/【ACD Systems】/【ACDSee 18】菜单命令，启动 ACDSee 18。

（2）在“文件夹”窗格中选择“计算机”选项，依次单击该窗格中的“展开”按钮⊞，展开相应目录，在展开的子文件夹中选择“风景花卉”文件夹，在文件列表上方将会显示该文件夹所在的路径。

（3）在文件列表中选择需要浏览的图片文件，在“预览”窗格中便会显示该图片的放大效果，如图 6-13 所示。拖动列表中的垂直滚动条，可查看文件列表中隐藏的图片文件。

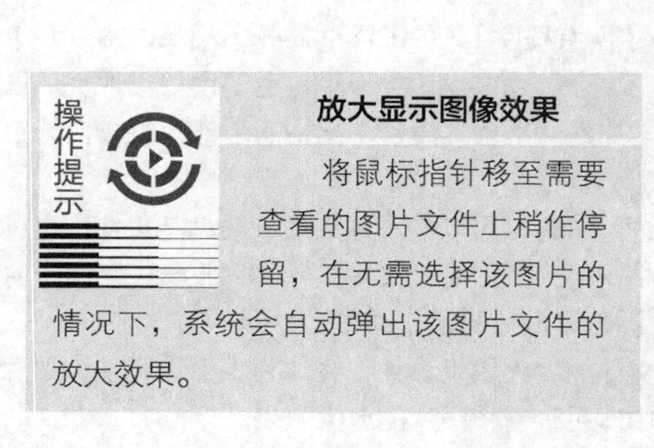

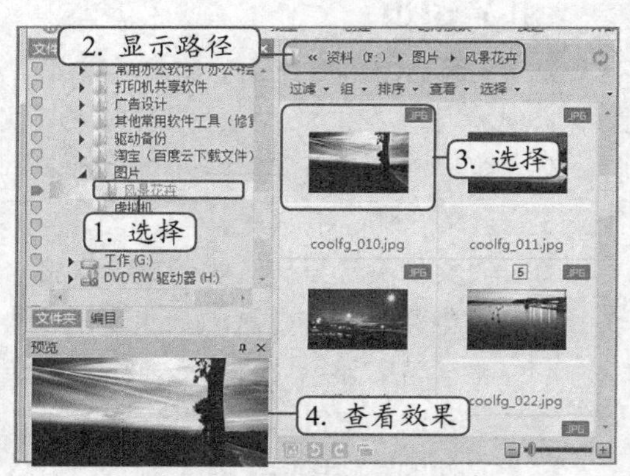

图 6-13　查看单个图片文件

（4）若已打开的文件夹下包含子文件夹，并且其中包含了需查看的图片文件，那么可直接双击该文件夹打开并浏览其中的图片。同时，可在文件列表中单击查看按钮，在打开的下拉列表框中选择图片文件的显示模式，如图 6-14 所示，这里选择“平铺”选项。

（5）在文件列表中双击需要放大浏览的图片缩略图，此时将切换至图片查看窗口，在其中可浏览所选图片的详细内容，如图 6-15 所示。

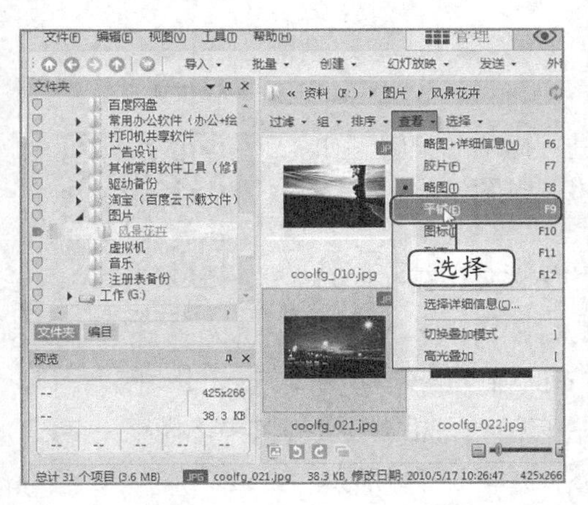

图 6-14　选择图片文件的显示模式

图 6-15　浏览图片详细信息

（6）通过图片查看窗口可以调整所选图片文件的显示大小，单击工具栏中的“缩放”按钮，然后在图片上单击鼠标左键即可放大图像，单击鼠标右键即可缩小图像。

（7）通过图片查看窗口还可以快速地在不同的图片文件之间进行切换，单击“滚动工具”按钮，然后在图片上滚动鼠标滚珠即可切换浏览图像。

（8）在查看窗口中，单击工具栏中的“全屏幕”按钮或按【F】键，可自动切换图片进行浏览，其效果类似于幻灯片的放映，再次单击“全屏幕”按钮，便可退出图片文件的自动切换状态。

（9）单击工具栏中的“向左旋转”按钮或“向右旋转”按钮，可以从上、下、左、右 4 个方向对图片进行旋转，图 6-16 所示为图片向左旋转两次后的效果。

（10）图片浏览完成后，直接按【Enter】键即可返回 ACDSee 18 浏览窗口。

图 6-16　旋转图片

快速查看图片格式

通过图片缩略图右上角的图标可以判断出该图片的文件格式，本例中的图片格式是 TGA 格式。

（二）编辑图片

微课视频

编辑图片

在 ACDSee 中除了浏览图片外，还可对图片进行简单的编辑，如调整颜色、裁截、相片修复、添加文本等。下面将调整图像颜色，并为图片添加边框，其具体操作如下。

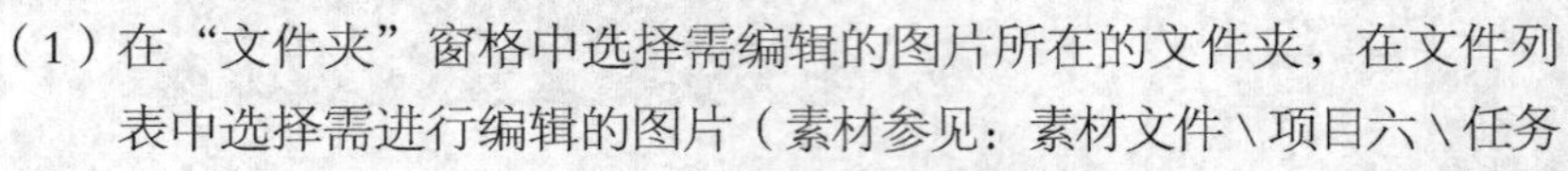

（1）在“文件夹”窗格中选择需编辑的图片所在的文件夹，在文件列表中选择需进行编辑的图片（素材参见：素材文件 \ 项目六 \ 任务二 \274-074-2.tga），单击菜单栏右侧的编辑按钮，如图 6-17 所示，进入图片编辑窗口。

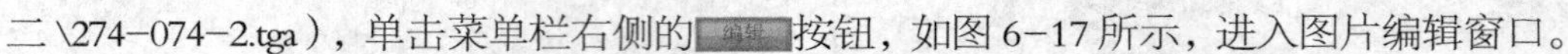

（2）图片编辑窗口左侧的“调整”列表框中显示了许多编辑栏，根据需要在其中选择相关参数。这里单击“颜色”栏中的“色彩平衡”超链接，如图 6-18 所示。

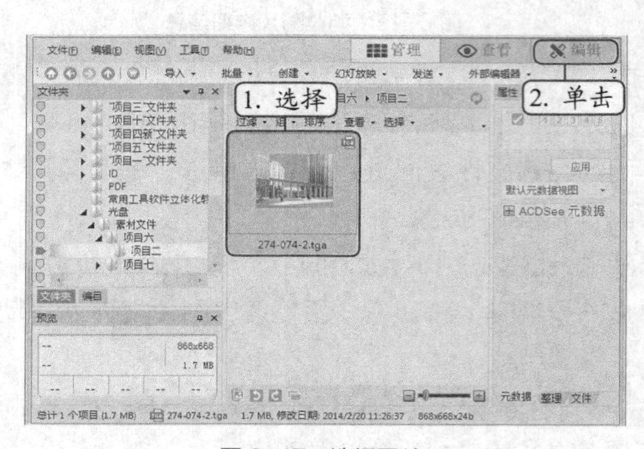

图 6-17　选择图片

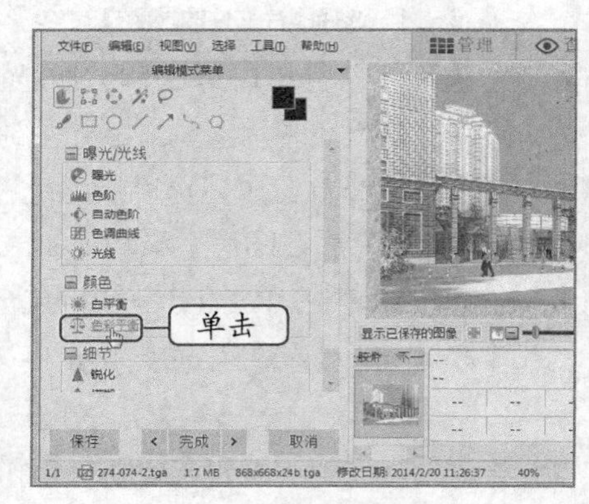

图 6-18　选择操作

（3）打开图 6-19 所示的窗口，在其中可对图片的饱和度、色调和亮度等参数进行设置。这里在“饱和度”数据框中输入“35”，单击“编辑工具”列表框底部的完成按钮。

（4）返回“调整”列表框，在其中单击“添加”栏中的“边框”超链接，如图 6-20 所示。

（5）打开“编辑工具 / 边框”列表框，在“边框”栏中单击选中纹理选项，此时图像中将自动添加默认的纹理样式，若要更改纹理样式，可单击 > 按钮，或单击按钮，在打开的纹理更改列表框中进行选择，此处选择“纹理 09”选项，单击完成按钮，如图 6-21 所示。

（6）再次返回“编辑工具”列表框，然后在其中单击完成按钮，打开“保存更改”对话框，然后在其中单击保存(S)按钮，如图 6-22 所示，即可在保存编辑图片的同时退出图片编辑模式状态（最终效果参见：效果文件 \ 项目六 \ 任务二 \274-074-2.tga）。

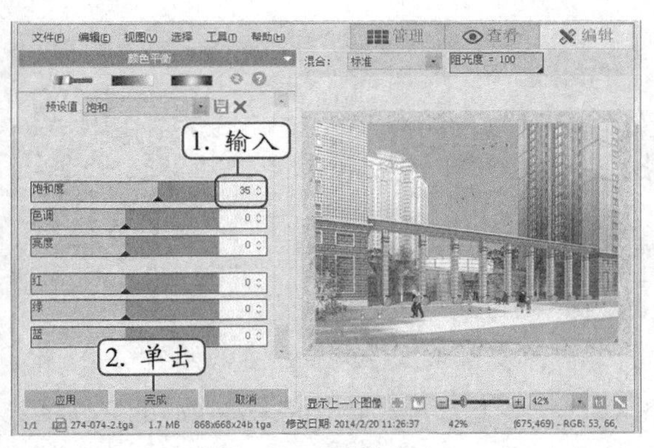

图 6-19　设置饱和度

图 6-20　设置边框

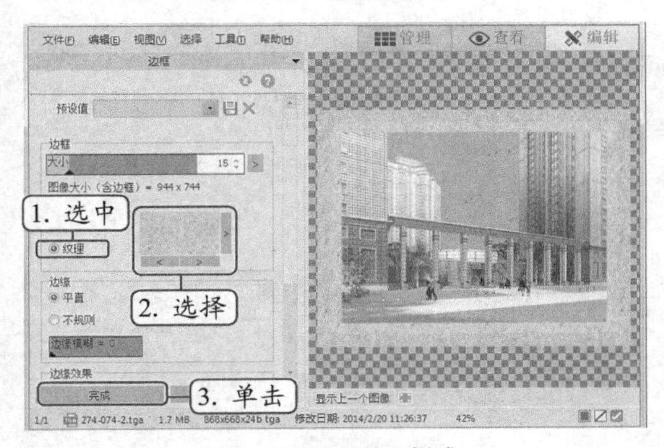

图 6-21　设置纹理样式

图 6-22　保存设置

（三）管理图片

管理图片也是 ACDSee 软件的重要功能之一，主要包括移动、复制、删除、重命名等。下面将对图片进行移动操作，其具体操作如下。

（1）在文件列表框中选择需要进行移动的图片，这里选择花卉图片，选择【编辑】/【移动到文件夹】菜单命令，如图 6-23 所示。

（2）打开“移动到文件夹”对话框，在“文件夹”选项卡中选择“F:\图片”文件夹，单击 创建文件夹(C) 按钮创建新的文件夹，将其命名为“花卉”，单击 确定 按钮，如图 6-24 所示，将图片移动到“花卉”文件夹中。

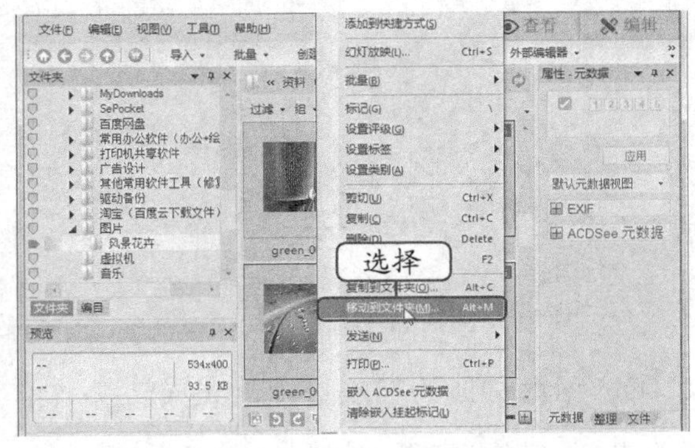

图 6-23　选择需要移动的图片

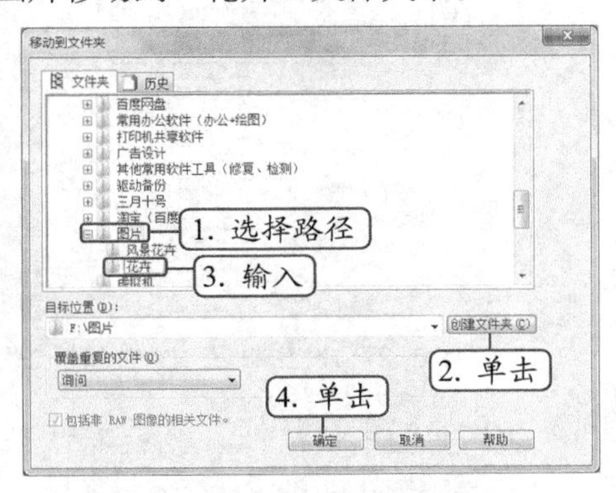

图 6-24　设置图片移动后的保存位置

（四）转换图片文件格式

微课视频

转换图片文件格式

图片文件的格式有多种，如JPG、GIF、TIFF等。一般情况下，工具软件只能打开软件自身所支持的文件格式，必要的时候可利用ACDSee转换文件格式。下面将把JPG图片格式转换为TIFF图片格式，其具体操作如下。

（1）在文件列表中选择需要进行格式转换的图片，可以同时选择多张图片。这里选择所有图片（素材参见：素材文件\项目六\任务二\花卉\）进行转换，选择【工具】/【批量】/【转换文件格式】菜单命令，如图6-25所示。

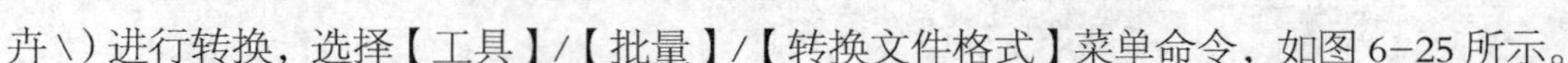

（2）打开“批量转换文件格式”对话框，在“格式”选项卡下的列表框中选择转换后的文件格式，这里选择“TIFF”选项，单击下一步(N)>按钮，如图6-26所示。

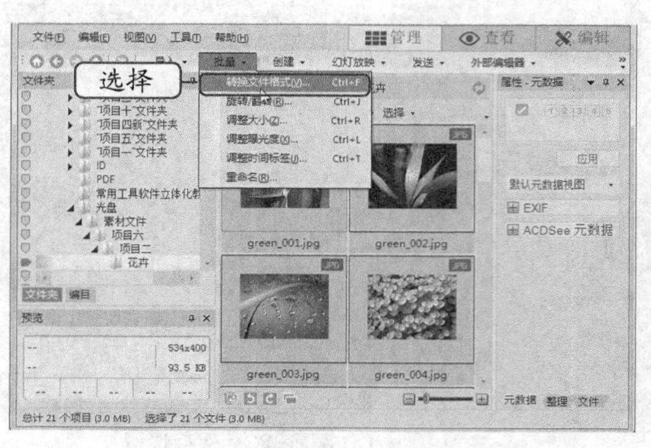

图6-25 选择需要转换的图片

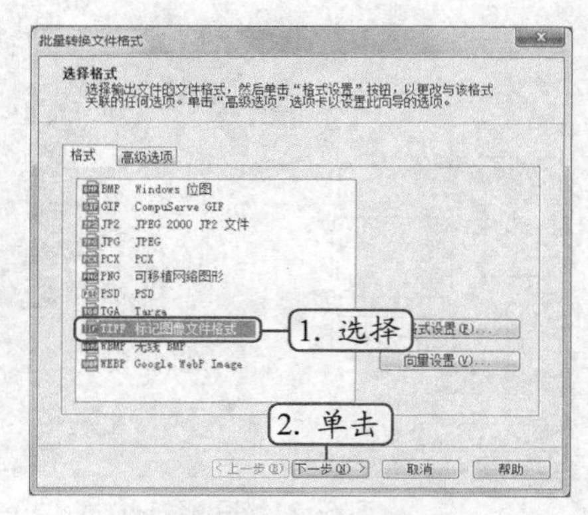

图6-26 设置转换后的图片格式

（3）在打开对话框的“目标位置”栏中选择转换后的图像文件保存的目标文件夹。这里单击选中◉将修改后的图像放入以下文件夹(F)单选项，并在其下的下拉列表框中输入图片保存路径“效果文件\项目六\任务二\花卉”，单击下一步(N)>按钮，如图6-27所示。

（4）打开如图6-28所示的对话框，保持默认设置不变，单击开始转换(C)按钮。

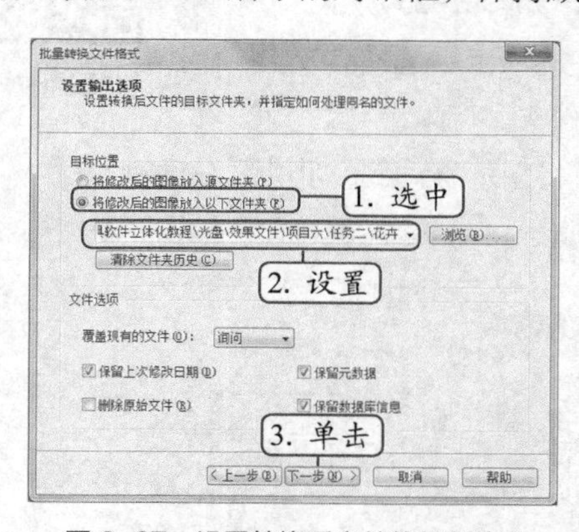

图6-27 设置转换后文件的保存位置

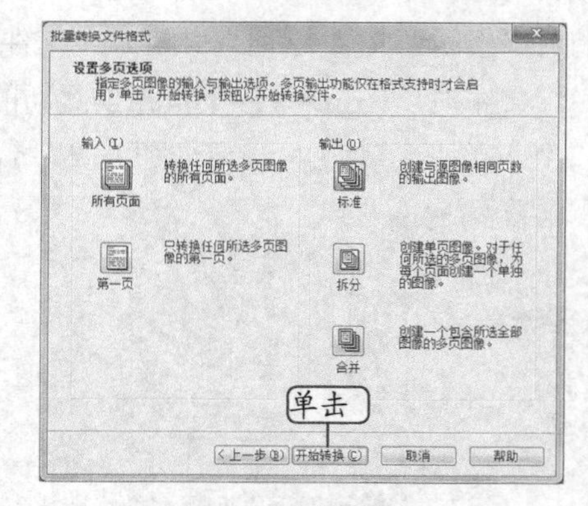

图6-28 开始转换

（5）打开的“正在转换”对话框中显示了所选图片文件的转换进度，完成转换后单击完成按钮即可（最终效果参见：效果文件\项目六\任务二\花卉）。

任务三 使用光影魔术手处理照片

光影魔术手是一款专门对数码照片画质进行改善和效果处理的工具软件，通过它能够满足大多数照片的后期处理要求。

一、任务目标

本任务的目标是掌握图片调整、调整曝光度、添加艺术化效果、添加文字标签和图片水印、设置边框、拼图、批量处理图片等操作方法。通过本任务的学习，掌握使用光影魔术手的基本操作。本任务最终效果如图 6-29 所示。

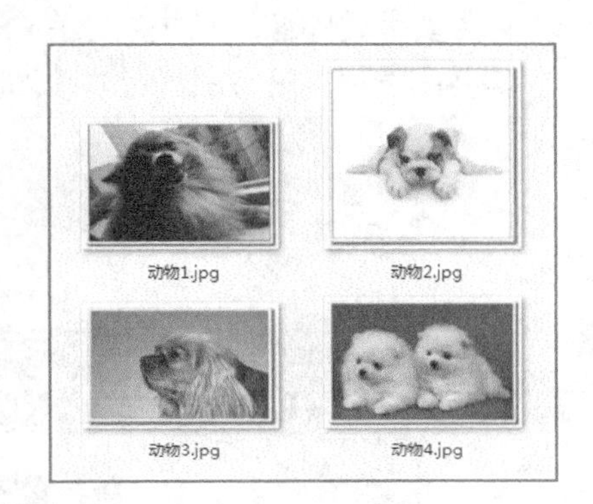

图 6-29 图片处理后效果

二、相关知识

光影魔术手能够满足大多数照片的后期处理要求，下面简单介绍它的特色功能。

- **强大的调图参数**：拥有自动曝光、数码补光、白平衡、亮度对比度、饱和度、色阶、曲线、色彩平衡等一系列非常丰富的调色功能。
- **数码暗房特效**：拥有丰富的数码暗房特效，如 LOMO 风格、局部上色、背景虚化、黑白效果、褪色旧相等，通过反转片效果，可得到专业的胶片效果。
- **海量边框素材**：除软件自带的边框外，还可在线下载边框为照片加上各种精美的边框，制作个性化相册。
- **随心所欲的拼图**：拥有自由拼图、模板拼图、图片拼接三大拼图功能，提供多种拼图模板和照片边框选择。
- **文字和水印功能**：便捷的文字和水印功能能够制作出发光、描边、阴影、背景等各种效果。

三、任务实施

（一）图像调整

微课视频

图像调整

与其他图形处理软件一样，光影魔术手也有其基本的图形调整功能，如自由旋转、缩放、裁剪、模糊与锐化、反色等，下面对“动物 1.jpg”图片进行图像调整，其具体操作如下。

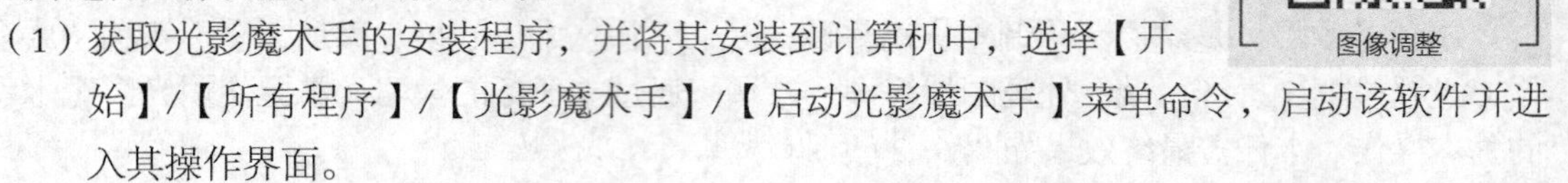

（1）获取光影魔术手的安装程序，并将其安装到计算机中，选择【开始】/【所有程序】/【光影魔术手】/【启动光影魔术手】菜单命令，启动该软件并进入其操作界面。

（2）单击工具栏中的“打开”按钮，打开“打开”对话框，在“查找范围”下拉列表框中选择“任务三”文件夹，选择图片“动物 1.jpg”，单击打开(O)按钮，如图 6-30 所示。

（3）此时光影魔术手主界面中将显示该图片，分别单击上一张按钮和下一张按钮，可浏览“任务三”文件夹中的所有图片。

（4）如果要调整图像的尺寸，可单击“尺寸”按钮右侧按钮，在打开的下拉类表中选择需要的选项，设置图片尺寸，如图 6-31 所示。

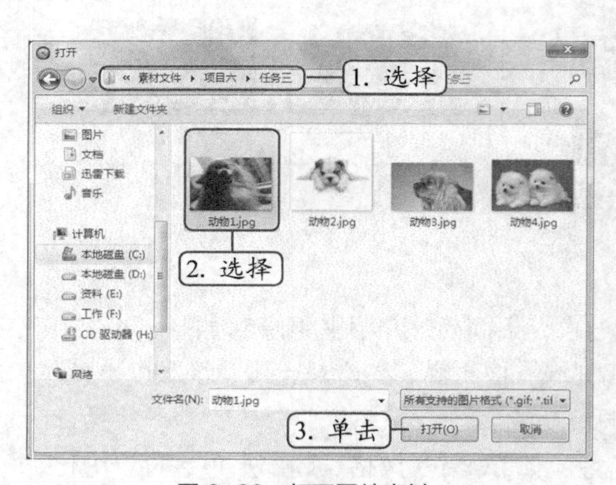

图 6-30　打开图片素材

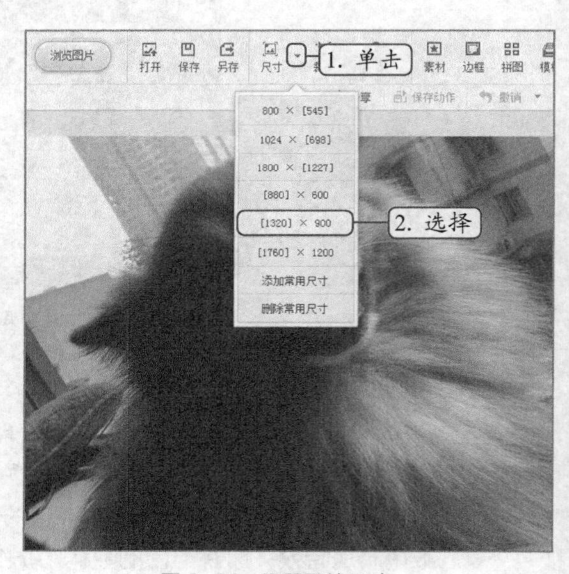

图 6-31　设置图片尺寸

（5）在光影魔术手中，当完成对某张图片的基本处理后，需单击工具栏中的“保存”按钮，将当前效果保存到原文件中后，才能继续对下一张图片进行操作。

（6）如果要裁截该图片，则可单击工具栏中的“裁剪”按钮，打开“裁剪”面板，此时图像中将出现裁剪控制框，此时可通过拖动鼠标或设置“裁剪”面板中的参数来调整，如图 6-32 所示，确认裁剪效果后依次单击确定按钮即可。

（7）在工具栏中单击“旋转”按钮右侧按钮，在打开的下拉列表框中可选择所需的旋转方式，这里选择“左右镜像”选项，如图 6-33 所示，旋转后效果如图 6-34 所示。

图 6-32 图片裁剪

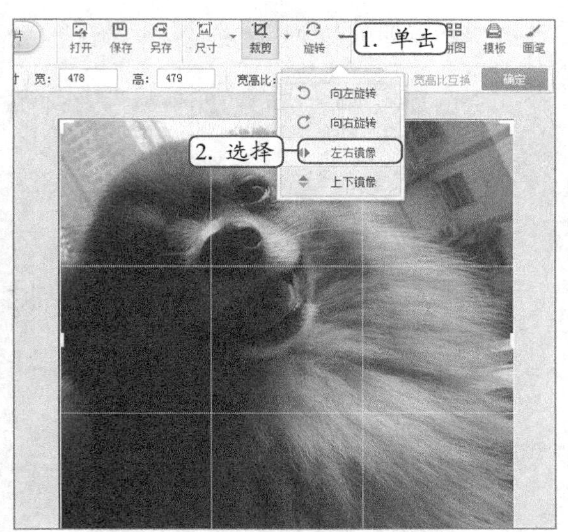

图 6-33 图片旋转

（8）在右侧面板中单击“色阶”选项，展开“色阶”面板。在“通道”下拉列表框中选择需要调整的选项，然后将鼠标指针定位到对话框下方的▲图标上，按住鼠标左键不放并进行拖动即可调整图像色阶，如图 6-35 所示。

图 6-34 查看效果

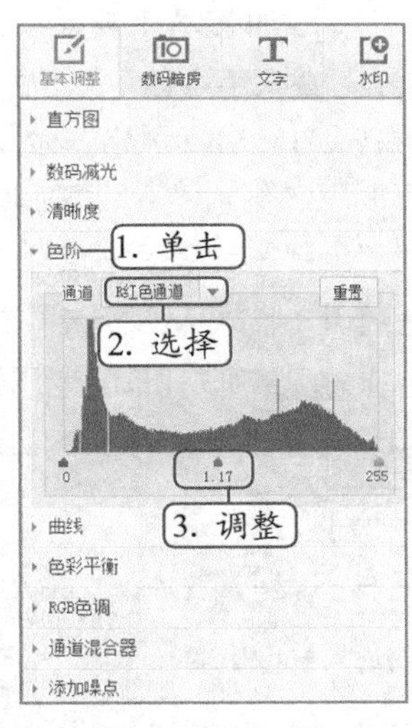

图 6-35 调整色阶

（二）调整曝光度

使用数码相机拍照时，经常会因为天气、光线、技术等原因使拍摄的照片存在曝光不足或曝光过度等问题，下面将对“动物 1.jpg”处理部分区域曝光不足的问题，其具体操作如下。

（1）打开图片，在右侧面板中选择“数码补光”选项，展开“数码补光”面板，通过调整“补光亮度”“范围选择”“强力追补”栏右侧的滑块来调整曝光度，如图 6-36 所示。

（2）调整后即可发现图像变亮，查看调整后的效果，如图 6-37 所示。

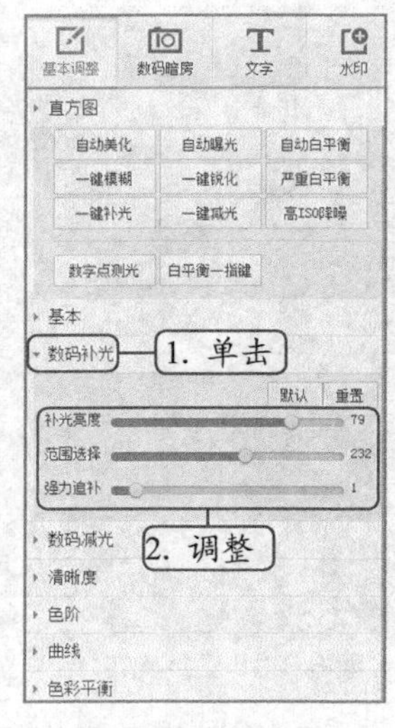

图 6-36 设置补光

图 6-37 查看效果

（3）单击工具栏中的“保存”按钮，出现“保存提示”对话框，单击确定按钮即可覆盖之前保存过的文件。

（三）添加艺术化效果

在光影魔术手中还可以快速为照片添加艺术效果，下面将对“动物 1.jpg”添加“LOMO 风格”效果，其具体操作如下。

（1）在工具栏右侧单击“数码暗房”按钮，打开“数码暗房”面板，在“全部”选项卡中选择“LOMO 风格”选项，如图 6-38 所示。

（2）在打开的“LOMO 风格”面板中可设置相应参数，如图 6-39 所示，单击确定按钮即可应用设置，在图片显示区显示调整后效果。

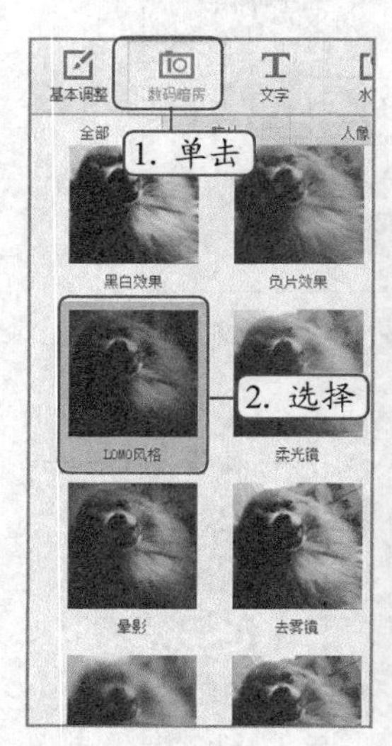

图 6-38 选择“LOMO 风格”

图 6-39 设置“LOMO 风格”艺术效果

（四）添加文字标签和图片水印

微课视频

添加文字标签和图片水印

将摄影作品发布到网上时，可为作品添加文字标签或图片水印，使作品更具特色并起到保护作用。下面为“动物 1.jpg”照片添加文字标签和图片水印，其具体操作如下。

（1）在工具栏右侧单击“文字”按钮T，打开“文字”面板，在下方的文本框中输入“可爱的小动物”，如图 6-40 所示。

（2）单击文本框右侧的 插入EXIF 按钮，在打开的下拉列表中可选择相机厂商、相机型号、拍摄时间等特殊文本，这里选择【文件名】/【原名】选项，如图 6-41 所示。

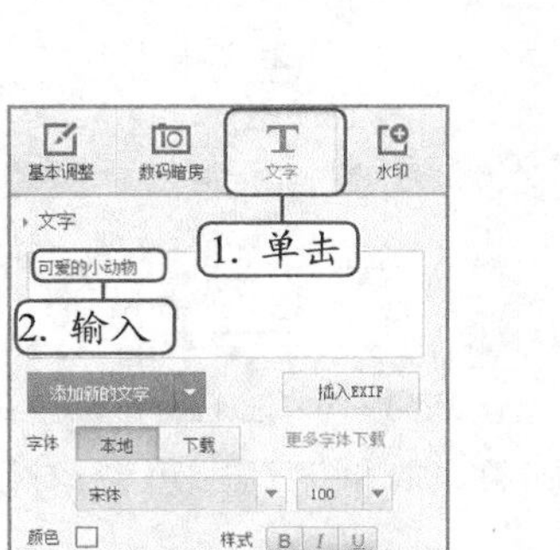

图 6-40 输入文本

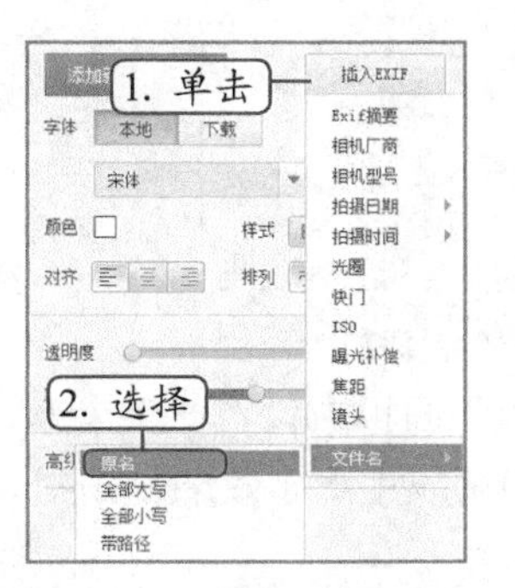

图 6-41 插入相机型号

（3）在其下对应的位置可以设置字体、字形、大小、效果和颜色等，这里将字体样式设置为“方正准圆繁体、35、草绿、透明度 60%”，如图 6-42 所示。

（4）将鼠标光标移至图片显示区中的文本框上方，单击选择该文本框，当鼠标指针变为⊕形状时，按住鼠标左键不放向下拖动，将文本框移至图片正下方适当位置后松开鼠标左键，如图 6-43 所示。

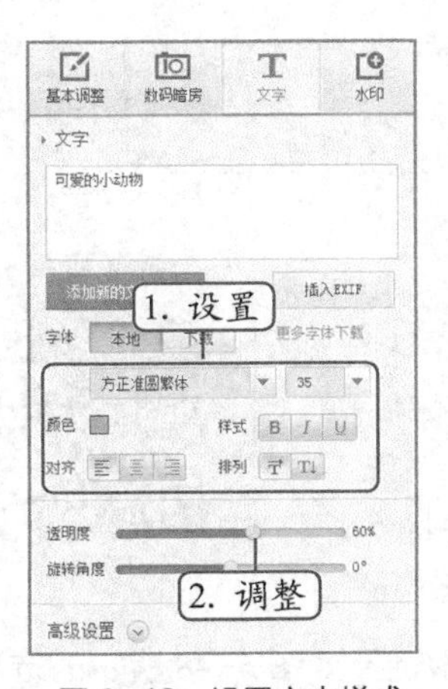

图 6-42 设置文本样式

图 6-43 调整文本框位置

（5）单击“水印”按钮，打开“水印”面板，单击 添加水印 按钮，如图 6-44 所示。

（6）在打开的“打开”对话框中选择作为水印的图像，这里选择“动物 2.jpg”，单击 打开(O) 按钮，如图 6-45 所示。

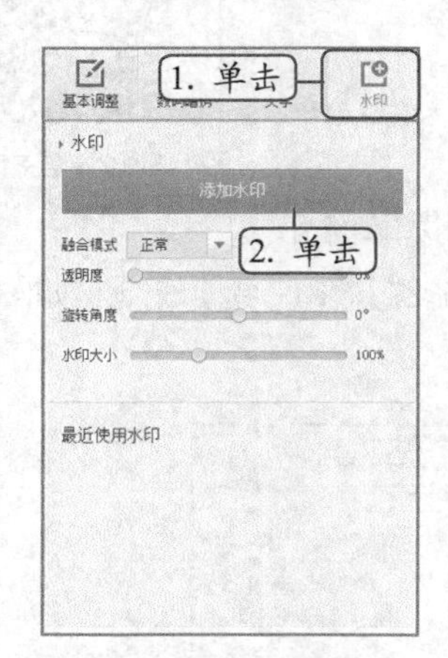

图 6-44 添加水印

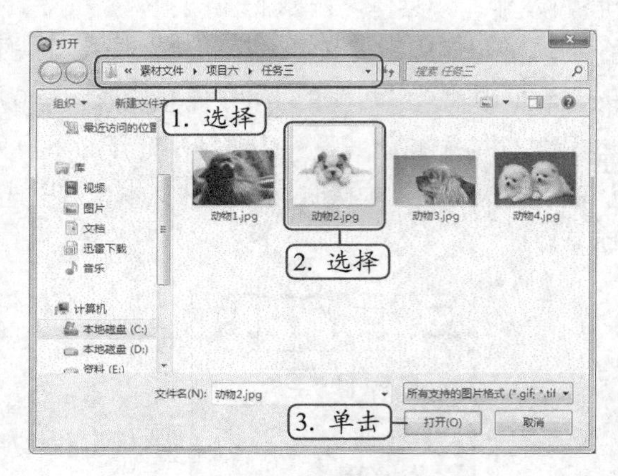

图 6-45 选择图片

（7）在“水印”面板中设置相关参数，使用鼠标单击其他区域即可调整图片位置，单击其他地方即可应用水印效果，如图 6-46 所示。

图 6-46 应用水印

（五）设置边框

在光影魔术手中还可为照片添加各式各样的边框，包括轻松边框、花样边框、撕边边框等样式。下面为图片设置撕边边框，其具体操作如下。

微课视频

设置边框

（1）在工具栏中单击“边框”按钮，在打开的下拉列表框中选择“撕边边框”选项，如图 6-47 所示。

（2）页面跳转至“撕边边框”界面，右侧的“推荐素材”选项卡中选择如图 6-48 所示的选项，其他保持默认状态，单击 确定 按钮，此时光影魔术手将自动下载并应用该边框样式。

图 6-47 选择边框

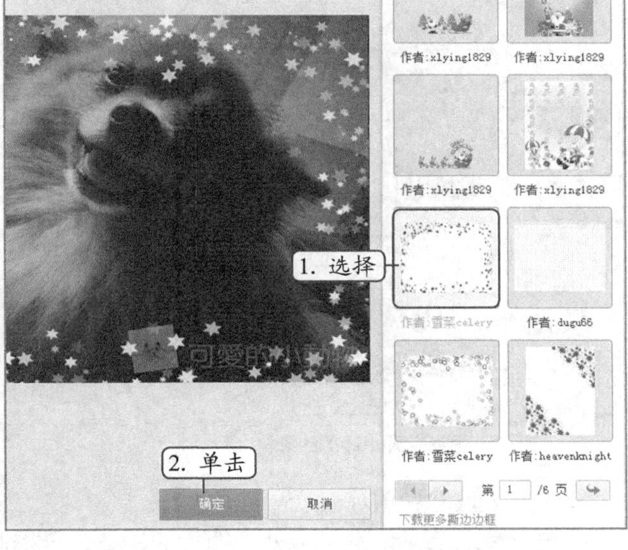

图 6-48 选择边框素材

（六）拼图

在光影魔术手中还可以快速地将多张图片拼合成一张图片，其具体操作如下。

（1）在工具箱中单击“拼图”按钮，打开“拼图”面板，选择“模板拼图”选项，自动跳至“模板拼图”界面，在其右侧选择一种模板样式，单击按钮，如图 6-49 所示。

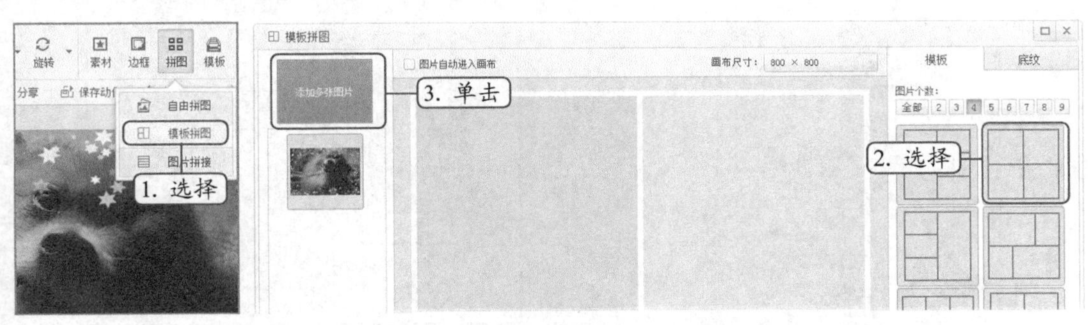

图 6-49 设置拼图

（2）打开“打开”对话框，按住【Shift】键同时选择“动物 4.jpg”“动物 3.jpg"”和“动物 2.jpg”3 张图片（素材参见：素材文件 \ 项目四 \ 任务三 \ 动物 4.jpg、动物 3.jpg、动物 2.jpg），单击打开(O)按钮，如图 6-50 所示，确认添加图片素材。

（3）返回到“模板拼图”界面，依次将面板上方的图片拖动到图像对应的格子中，完成后单击确定按钮，如图 6-51 所示，应用设置即可。

（4）返回到光影魔术手操作界面，单击工具栏上“保存”按钮（最终效果参见：效果文件 \ 项目四 \ 任务三 \ 动物 1.jpg），保存效果文件，单击标题栏中按钮，退出程序。

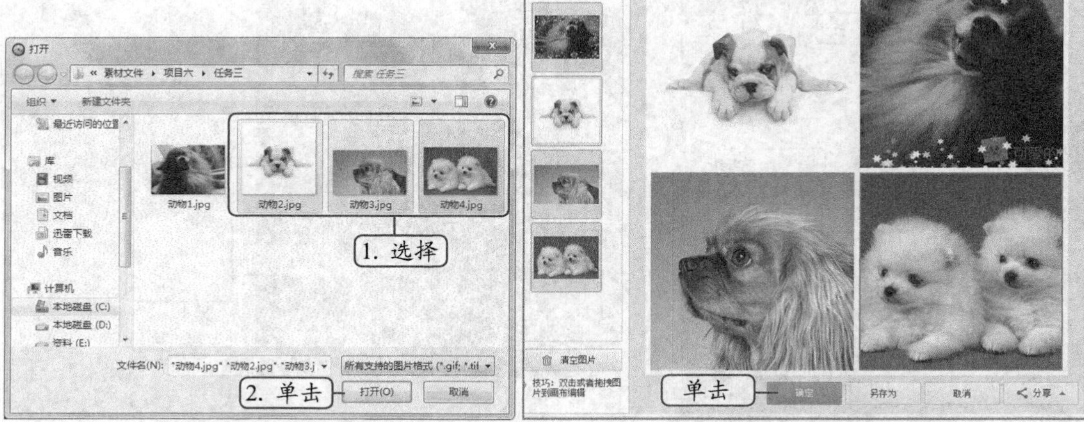

图 6-50　添加的素材　　　　图 6-51　保存设置后的效果

（七）批处理图片

光影魔术手还提供了批处理图片的功能，以提高处理效率。其具体操作如下。

（1）启动光影魔术手，单击工具栏中按钮，在打开的下拉列表中选择“批处理”选项，如图 6-52 所示。

（2）打开“批处理”对话框，单击按钮，如图 6-53 所示。

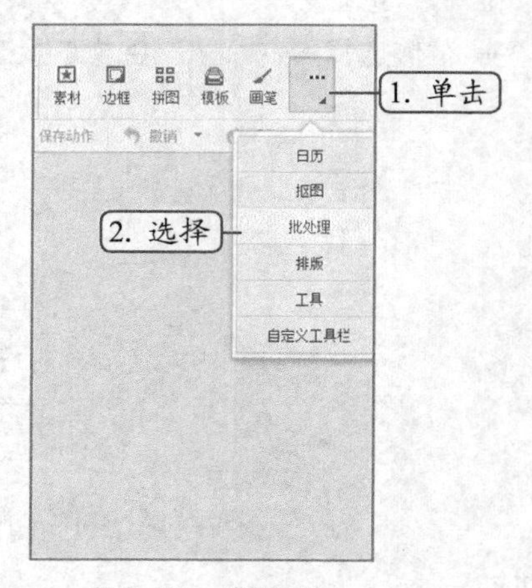

图 6-52　选择操作

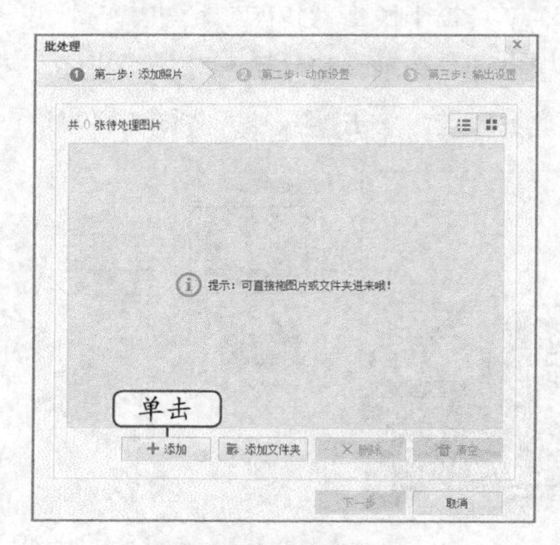

图 6-53　添加图片

（3）打开“打开”对话框，在其中选择需要进行批处理的图片，这里选择“动物 1.jpg”“动物 2.jpg”“动物 3.jpg”“动物 4.jpg”，单击按钮，如图 6-54 所示。

（4）返回到“批处理”对话框，单击按钮，如图 6-55 所示。

（5）在打开的对话框中单击“添加边框”按钮，打开“添加边框”预览框，在其中选择“中白边框”选项，单击按钮，如图 6-56 所示。

（6）返回“批处理”对话框，单击按钮，在打开的对话框中设置批处理后的格式和文件位置等参数，单击按钮，如图 6-57 所示。

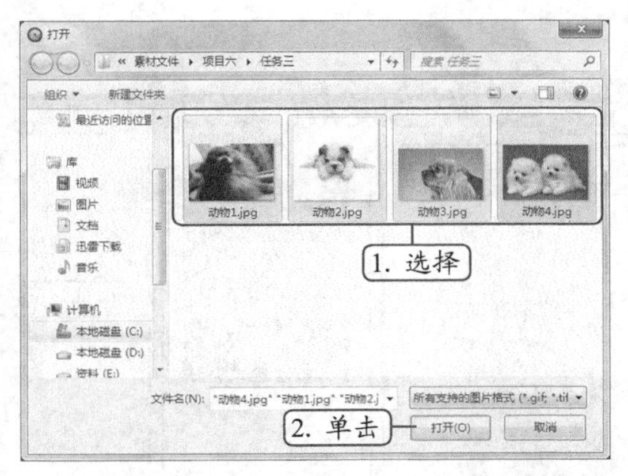

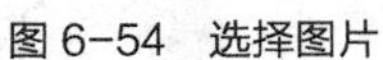
图 6-54　选择图片

图 6-55　确认图片

图 6-56　选择边框样式

图 6-57　进行输出设置

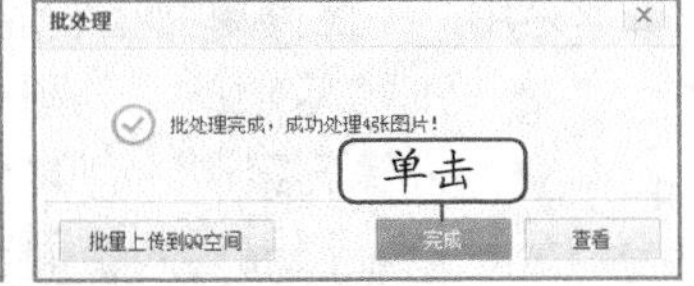

图 6-58　单击“确定”按钮

（7）批量处理完成后会出现“批处理”对话框，单击完成按钮，如图 6-58 所示，单击标题栏中×按钮，退出程序。完成本例的操作（最终效果参见：效果文件 \ 项目四 \ 任务三 \ 边框效果 \）。

任务四　使用美图秀秀美化图片

美图秀秀是一款免费图片处理软件，具有图片特效、美容、拼图、场景、边框、饰品等功能，加上每天更新的精选素材，可以轻松做出影楼级照片，并且美图秀秀还具有分享功能，能够将照片一键分享到新浪微博、QQ 空间中，方便查看。

一、任务目标

本任务的目标是掌握利用美图秀秀进行图片美化、人像美容、照片装饰、制作 DIY 动态图等操作。通过本任务的学习，掌握美图秀秀的基本功能应用。其打开方法为：选择【开始】/【所有程序】/【美图】/【美图秀秀】/【美图秀秀】菜单命令，启动美图秀秀 4.0.1，进入其操作界面，该界面与一般工具软件相似，主要由功能选项卡、功能面板以及设置窗口等部分组成，如图 6-59 所示。

图 6-59　美图秀秀操作界面

二、相关知识

美图秀秀是目前最流行的图片软件之一，可以轻松美化数码照片，其功能强大全面，且易学易用，下面简单介绍它的特色功能。

- **不需基础：**“美图秀秀”界面直观，操作简单，每个人都能轻松上手。
- **人像美容：**独有的磨皮祛痘、瘦脸、瘦身、美白、眼睛放大等强大美容功能，让用户轻松拥有天使面容。
- **图片特效：**拥有时下最热门、最流行的图片特效，不同特效的叠加令图片个性十足。
- **拼图功能：**自由拼图、模版拼图、图片拼接 3 种经典拼图模式，多张图片一次晒出来。
- **动感 DIY：**轻松几步制作个性 GIF 动态图片、搞怪 QQ 表情，精彩瞬间动起来。
- **分享渠道：**一键将美图分享至腾讯 QQ、新浪微博。

三、任务实施

（一）图片美化

图片美化是美图秀秀的基本功能，通过该功能可对图形进行基本调整，如旋转、裁剪等，也可调整图片色彩和设置特效等操作，下面对“人物 1.jpg”图片进行美化设置，其具体操作如下。

（1）启动美图秀秀，在操作界面中单击按钮，或单击“美化”选项卡，打开“美化”窗口，在其中单击 打开一张图片 按钮，如图 6-60 所示。

（2）打开“打开”对话框，在“查找范围”下拉列表框中选择“任务四”

文件夹，选择图片“人物 1.jpg”（素材参见：素材文件 \ 项目六 \ 任务四 \ 人物 1.jpg），单击 打开(O) 按钮，如图 6-61 所示。

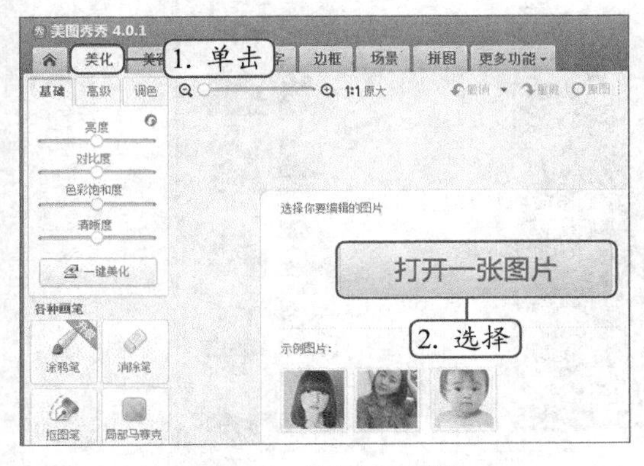

图 6-60　执行打开操作

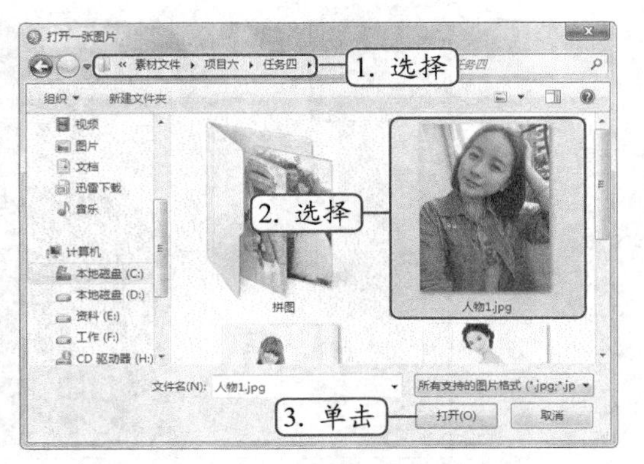

图 6-61　打开图片素材

（3）打开图片后，在左侧的“特效”面板的“热门”选项卡中选择“复古”选项，如图 6-62 所示。

（4）在“美化”面板中单击“基础”选项卡，然后拖动鼠标调整“亮度”“对比度”“色彩饱和度”等参数值，如图 6-63 所示。

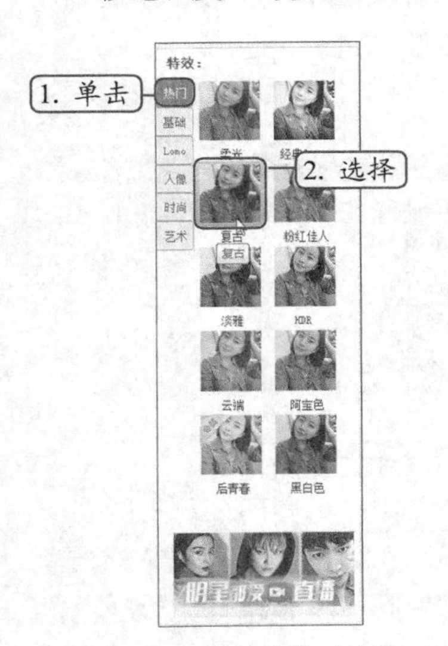

图 6-62　选择“复古”选项

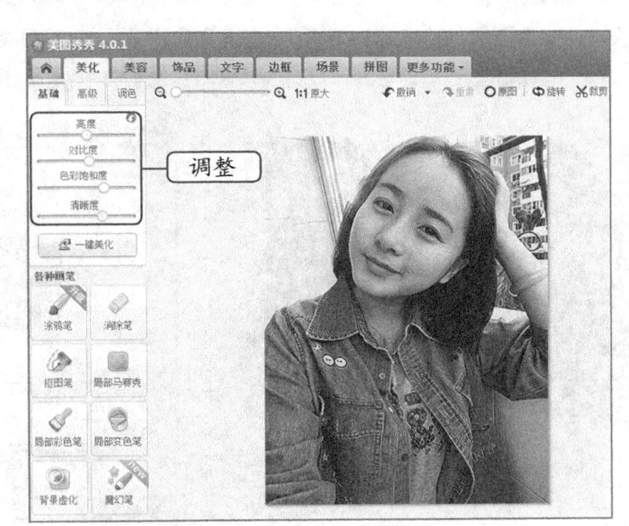

图 6-63　调整“亮度”和“对比度”

调整图片尺寸与旋转、裁剪图片

在设置窗口中单击 旋转 按钮可旋转图片角度，单击 裁剪 按钮可裁剪图片，单击 尺寸 按钮可设置图片尺寸。

（5）在“美化”面板中单击“调色”选项卡，然后拖动鼠标调整“色相”“青－红”“紫－绿”等参数值，如图 6-64 所示。

图 6-64　调整色调

（6）完成美化后，在图片显示窗口中单击 对比 按钮，将同时显示美化前和美化后的图片效果，用户可根据对比图，确定美化是否满意，如图 6-65 所示。

（7）确认美化后，在工具栏中单击 保存与分享 按钮，打开“保存与分享”对话框，在“保存路径”栏中单击选中 自定义 单选项，然后更改图片文件保存位置和名称，单击 保存 按钮，如图 6-66 所示（最终效果参见：效果文件 \ 项目六 \ 任务四 \ 人物 1.jpg）。

图 6-65　查看对比图

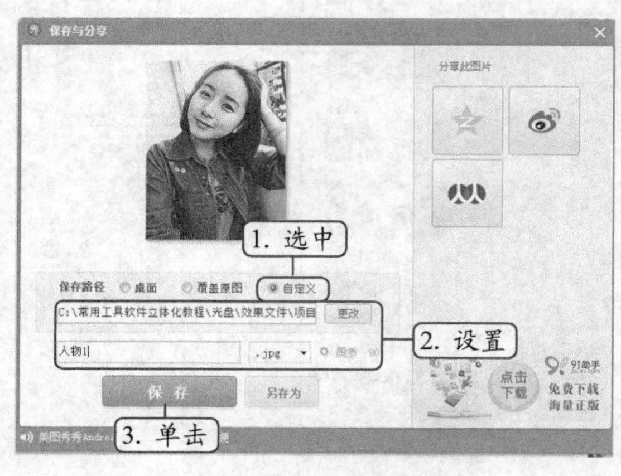

图 6-66　保存图片

（二）人像美容

美图秀秀的人像美容功能非常实用，通过简单操作便可对人像进行瘦身和调整人物脸部肤色等操作，使照片人物更加自然、美丽，下面将对“人物 2.jpg”脸部进行瘦脸处理，其具体操作如下。

（1）打开图片（素材参见：素材文件 \ 项目六 \ 任务四 \ 人物 2.jpg），单击“美容”选项卡，左侧面板将显示人像美容项目，如美形、美肤等，如图 6-67 所示。

图 6–67 美容界面

（2）单击美容项目面板中的“瘦脸瘦身”选项，打开“瘦脸瘦身”对话框，在“局部瘦身”选项卡中拖动 中的滑块，放大显示图片，在右下角的缩略图中拖动选框，将显示出脸部的图形，打开“高级”下拉选项，将瘦身力度设置为“10%”，然后将鼠标光标移动到图像的脸部，向内侧拖动鼠标，对脸部进行拉瘦处理，如图 6–68 所示。

图 6–68 瘦脸处理

（3）完成瘦身后，在图片显示窗口中单击 对比 按钮，查看对比效果，将圆脸调整为瓜子脸，然后单击 应用 按钮应用设置，如图 6–69 所示，然后保存图片即可（最终效果参见：效果文件 \ 项目六 \ 任务四 \ 人物 2.jpg）。

图 6-69　查看对比效果

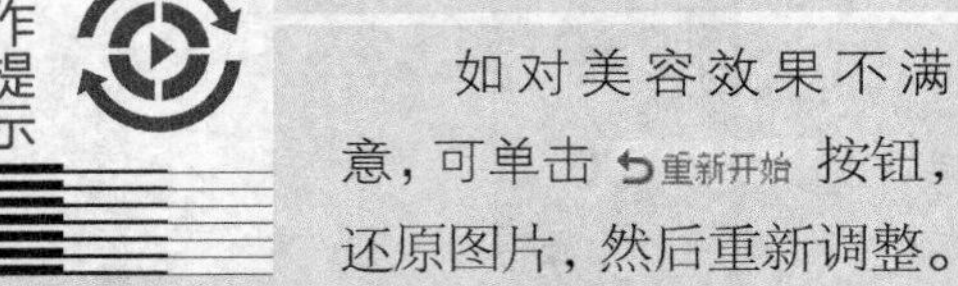

重新美容

如对美容效果不满意，可单击 重新开始 按钮，还原图片，然后重新调整。单击 撤销 按钮则可撤销上一步操作，多次单击则撤销多次操作。

（三）照片装饰

为了让拍摄出来的照片绚丽多彩，可使用美图秀秀添加照片装饰，如添加饰品、文字和边框等，下面在“人物 3.jpg”中添加照片装饰，其具体操作如下。

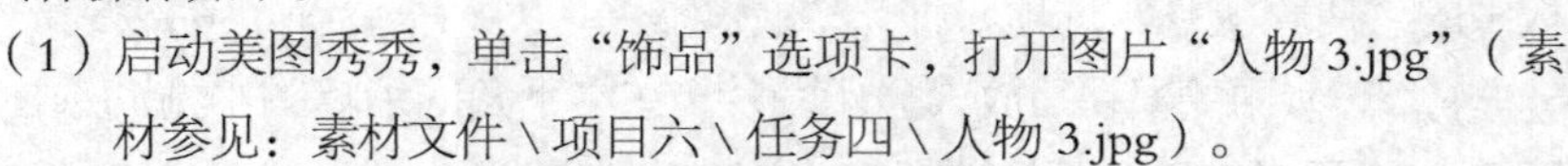

（1）启动美图秀秀，单击“饰品”选项卡，打开图片“人物 3.jpg”（素材参见：素材文件 \ 项目六 \ 任务四 \ 人物 3.jpg）。

（2）在左侧的饰品面板中显示了饰品项目，这里单击“炫彩水印”选项卡，在右侧素材面板中单击“在线素材”选项卡，在下方的饰品列表中选择第一个选项，然后拖动到图片的合适位置，并在“素材编辑框”中设置“透明度”“旋转角度”和“素材大小”等参数，如图 6-70 所示。

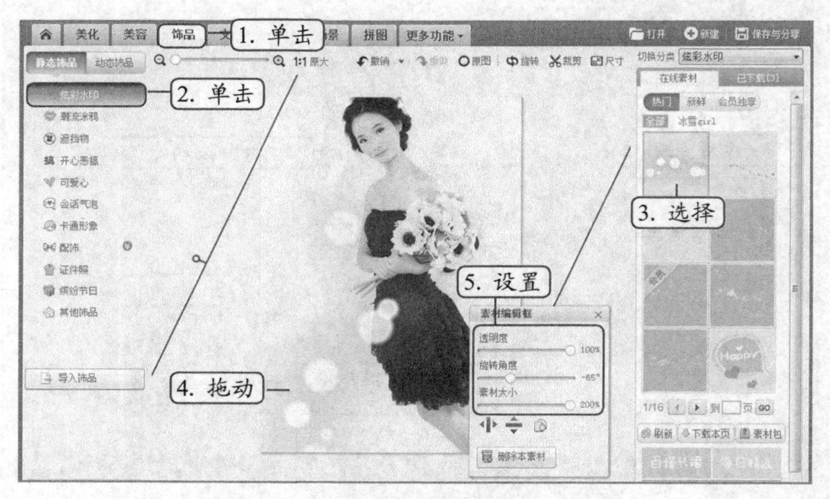

图 6-70　添加饰品并调整饰品参数

（3）单击“文字”选项卡，在左侧面板的“输入文字”栏中单击“文字模板”选项卡，然后在右侧文字模板列表中选择第一个文字模板样式，再将其拖动到图片的合适位置并设置参数，如图 6-71 所示。

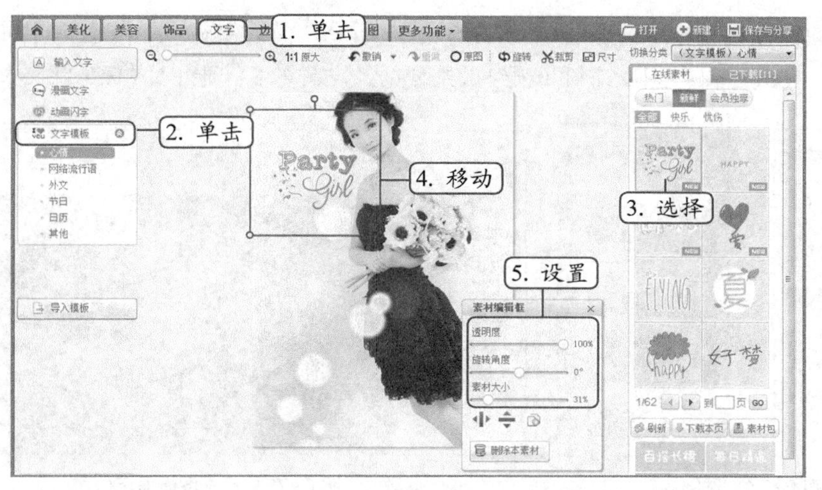

图 6-71 添加文字

（4）单击“边框”选项卡，进入“边框”操作界面，在左侧面板中单击“简单边框”选项卡，然后在右侧的边框列表中选择第一个边框样式，如图 6-72 所示。再在打开的“边框”对话框中单击 确定 按钮，如图 6-73 所示，返回“边框”选项卡并保存图片即可（最终效果参见：效果文件 \ 项目六 \ 任务四 \ 人物 3.jpg）。

图 6-72 选择边框

图 6-73 应用边框

（四）设置场景

在美图秀秀中，可为图片设置一个场景，使图片更加生动。下面为“人物 4.jpg”设置一个场景，其具体操作如下。

（1）打开图片“人物 4.jpg”（素材参见：素材文件 \ 项目六 \ 任务四 \ 人物 4.jpg），单击“场景”选项卡，在左侧场景面板中单击“逼真场景”选项卡，在右侧的场景列表中选择第二个场景选项，如图 6-74 所示。

（2）打开“场景”对话框，在“场景调整”面板中移动白色图像选框，调整图像在场景中的显示位置，如图 6-75 所示，然后单击 按钮，即可完成场景的添加，完成后保存图片即可（最终效果参见：效果文件 \ 项目六 \ 任务四 \ 人物 4.jpg）。

图 6-74　选择场景

图 6-75　设置图像显示位置

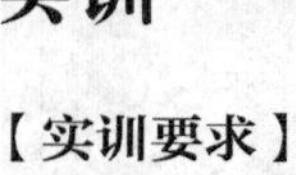

拼图与批处理

在美图秀秀中单击“拼图”选项卡，可选择多张图片进行拼图，在首页单击 按钮，可对图片进行批处理。拼图和批处理与在光影魔术手的操作相似。

实训一　屏幕截图并浏览

【实训要求】

本实训要求使用 Snagit 工具软件，在其中自定义的捕捉方案，从网上截取所需图片，并将所有获取的图片保存在“风景”文件夹中（素材参见：素材文件 \ 项目六 \ 实训一 \SNAG-01.tif、SNAG-02.tif、SNAG-03.tif），然后利用 ACDSee 工具软件浏览捕捉的图片文件，如图 6-76 所示。

图 6-76　ACDSee 中浏览图片

微课视频

屏幕截图并浏览

【实训思路】

在操作过程中需要注意的是，在自定义捕捉方案时，要正确设置图像的输出属性。即在“文件格式”栏中要选择 ACDSee 软件所支持的图片格式；在“文件夹”栏中，要正确选择图像的保存路径，或直接在“图像文件”选项卡的下拉列表文本框中输入图片文件的保存路径。通过本实训的操作可以巩固捕捉图片、保存图片、浏览图片的操作方法。

【步骤提示】

（1）启动 Snagit 工具软件，自定义“统一捕捉—剪贴板”方案。

（2）打开所需网页，利用自定义的热键开始捕捉图片。

（3）启动 ACDSee 工具软件，在“文件夹”窗格中选择“风景”文件夹。

（4）在文件列表中双击任意一张图片进入图片浏览模式。

（5）通过工具栏中的“上一个”“下一个”或“自动播放”按钮浏览图片。

实训二 处理小镇图片

【实训要求】

本实训要求使用光影魔术手工具软件处理计算机中保存的图片，主要包括调节照片曝光度、为照片添加文本和为照片添加艺术效果等操作。通过本实训的操作可以进一步巩固图片处理的基本知识。

【实训思路】

根据本实训的操作思路，用户可以尝试处理计算机中保存的图像文件（素材参见：素材文件 \ 项目六 \ 实训二 \ 小镇 .jpg）。本实训的最终效果如图 6-77 所示。

图 6-77 图片处理效果

【步骤提示】

（1）启动光影魔术手，打开需要处理的图片。

（2）分别将照片亮度、饱和度设置为“18”“24”。

（3）在“数码暗房”中设置“柔光镜”效果。

（4）添加“小镇旧时光”文字，并设置文字参数。

（5）添加“双白线框”轻松边框。

（6）将当前效果保存（最终效果参见：效果文件 \ 项目六 \ 实训二 \ 小镇 .jpg）。

实训三　美化人物图像

【实训要求】

本实训要求使用美图秀秀工具软件处理计算机中保存的人物图像，主要包括调节照片色彩和为照片添加装饰等操作。通过本实训可以进一步巩固人物图像美化的相关方法。

【实训思路】

根据本实训的操作思路，用户可以尝试处理计算机中保存的人物图像（素材参见：素材文件 \ 项目六 \ 实训三 \01.jpg）。本实训的最终效果如图 6-78 所示。

图 6-78　人物美化对比图

【步骤提示】

（1）启动美图秀秀，打开需要处理的照片，在“美化”选项卡的颜色调整面板的“基础”选项卡中增加“亮度”“对比度”“色彩饱和度”和“清晰度”。

（2）裁剪图片，减少天空图像部分。

（3）在图片上方添加文字装饰。

（4）为照片添加边框，参见效果图。

（5）将当前效果保存（最终效果参见：效果文件 \ 项目六 \ 实训三 \01.jpg）。

课后练习

练习 1：设置 Snagit 预设方案

下面使用 Snagit 来截取图片，然后设置一个捕捉方案。

操作要求如下。

- 使用 Snagit“预设方案”栏中的“统一捕捉”选项捕捉网络图片 3 张。
- 自定义名为“窗口—文件”的捕捉方案，将其热键设置为“F6”，保存位置为 F:\ 图片。

练习 2：使用光影魔术手处理图片

下面在光影魔术手中处理素材图片（素材参见：素材文件 \ 项目六 \ 课后练习 \ 拼图 \1.jpg、2.jpg、3.jpg、4.jpg、5.jpg、6.jpg），包括调整图片曝光度、添加边框、设置拼图效果等，效果如图 6-79 所示。

图 6-79 拼图效果

操作要求如下。

- 调整“拼图”文件夹中图片的曝光度与色调。
- 使用批处理功能添加“拼图”文件夹，为所有图片添加“暗底勾边”边框。
- 进行模板拼图（最终效果参见：效果文件 \ 项目六 \ 课后练习 \ 拼图 .jpg）。

练习 3：使用美图秀秀美化人物图像

下面使用美图秀秀美化人物图像（素材参见：素材文件 \ 项目六 \ 课后练习 \01.jpg），包括添加特效、皮肤美白和祛痘除斑等美化美容操作，效果对比如图 6-80 所示。

图 6-80 效果对比

操作要求如下。

- 打开图片后，调整颜色亮度和对比度，添加“软化”特效。
- 单击“美容”选项卡，选择“皮肤美白”美容方式，在“局部美容”中设置画笔大小为“60”，在人物面部拖动鼠标。
- 选择“祛痘祛斑”美容方式，在人物面痘斑处单击鼠标祛痘祛斑，完成后保存图片（最终效果参见：效果文件 \ 项目六 \ 课后练习 \01.jpg）。

技巧提升

1．在 ACDSee 中设置桌面背景

在使用 ACDSee 浏览图片的过程中，可随时将自己喜欢的图片设置为桌面墙纸。其具体

操作如下。

（1）打开 ACDSee，在需要设置为墙纸的图片上单击鼠标右键，在弹出的快捷菜单中选择“设置壁纸”命令。

（2）然后根据需要，在弹出的下拉菜单中选择需要的命令，如居中、平铺、拉伸等。

2．制作 DIY 动图

利用美图秀秀可自定义动图效果，其具体操作如下。

（1）在美图秀秀主界面单击“更多功能”选项卡，在打开的列表中选择“摇头娃娃”选项，在打开的对话框中单击开始抠图按钮，通过单击鼠标抠取人物头部图像。

（2）单击完成抠图按钮，然后选择动态图类型即可（最终效果参见：效果文件 \ 项目六 \ 技巧提升 \ 动图 .jpg），如图 6-81 所示。

图 6-81　制作动图

3．分享美图

通过美图秀秀美化人物照片后，将其分享到 QQ 空间等网络平台中。其具体操作如下。

（1）在工具栏中单击保存与分享按钮，打开“保存与分享”对话框，在“分享此图片”栏中单击分享平台选项。

（2）输入账号和密码登录分享平台后，即可一键分享。

PART 7

项目七
影音播放与编辑工具

情景导入

米拉：老洪，我工作间歇的休息时间，对着计算机不知道干什么，真是百无聊赖啊！

老洪：呵呵，你可以听听音乐、看看电影，劳逸结合嘛。

米拉：那如何听音乐、看电影呢?

老洪：简单啊，你可以使用百度音乐浏览、搜索、试听喜欢的音乐。如果要看电影，可以使用暴风影音。它的功能非常全面，不仅能够播放计算机中的视频，也可以播放网络中的视频。

米拉：太好了！我找到休闲方式来打发时间了。

老洪：不仅如此，你还可以使用 GoldWave 软件处理音频文件，制作出属于自己的音乐。

学习目标

- 掌握使用百度音乐浏览、搜索、播放和下载音乐的操作方法
- 掌握暴风影音搜索、播放、控制视频的操作方法
- 掌握 GoldWave 的使用方法
- 掌握友锋电子相册软件的使用方法

技能目标

- 能熟练使用百度音乐播放、下载音乐
- 能熟练使用暴风影音播放视频
- 能使用 GoldWave 导入、剪切音频
- 能使用友锋电子相册制作软件制作视频相册

任务一 使用百度音乐播放音频文件

百度音乐是目前国内很受欢迎的音乐播放软件，它集播放、音效、歌词、MV 功能、歌单推荐、皮肤更换，以及独家的智能音效匹配和智能音效增强等个性化音乐体验功能于一身。下面将以百度音乐 10.1.2 版为例，详细介绍其使用方法。

一、任务目标

本任务的目标是利用百度音乐软件播放音乐、管理播放列表和设置播放效果，主要掌握播放本地音乐、播放网络音乐、下载网络音乐、新建歌单、收藏歌单等常用选项设置等相关知识。

二、相关知识

百度音乐界面主要由"工具"面板、"音乐导航"面板、"播放控制"面板和"音乐窗"面板等部分组成，如图 7-1 所示。

图 7-1 百度音乐界面

下面主要对各组成部分的作用进行简单介绍。

- **"工具"面板**：用于百度音乐的搜索和功能设置，单击登录按钮可登录百度音乐，将实现更多操作，如添加喜欢的音乐和收藏音乐等。
- **"音乐导航"面板**：用于切换不同的音乐窗口，如本地音乐和网络音乐。
- **"播放控制"面板**：用于音乐的播放控制，如跳转音乐播放、设置音乐的播放方式以及调整音量大小等。
- **"音乐窗"面板**：音乐窗需要计算机连接到 Internet，显示音乐信息，通过它可以搜索并下载音乐、浏览音乐新闻等。

三、任务实施

（一）播放本地音乐

利用百度音乐盒可以播放存放在本地磁盘中的各种音乐文件，下面播放本地磁盘F中的“音乐”文件夹中的全部歌曲，其具体操作如下。

（1）安装并启动百度音乐，进入播放器界面，在“音乐导航”面板中单击“本地音乐”选项卡，在“本地音乐”面板中单击 导入歌曲 按钮，在打开的列表中选择“导入本地文件夹”选项，如图7-2所示。

（2）打开“浏览文件夹”对话框，在“请选择一个文件夹”下拉列表中选择需要播放的“音乐”文件夹，单击 确定 按钮，如图7-3所示。

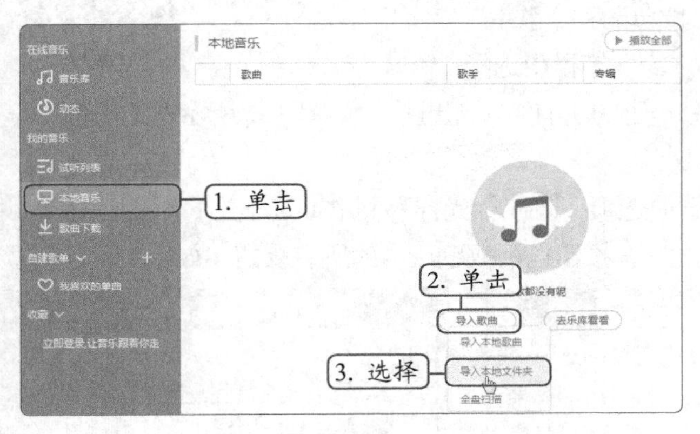

图7-2　执行导入操作

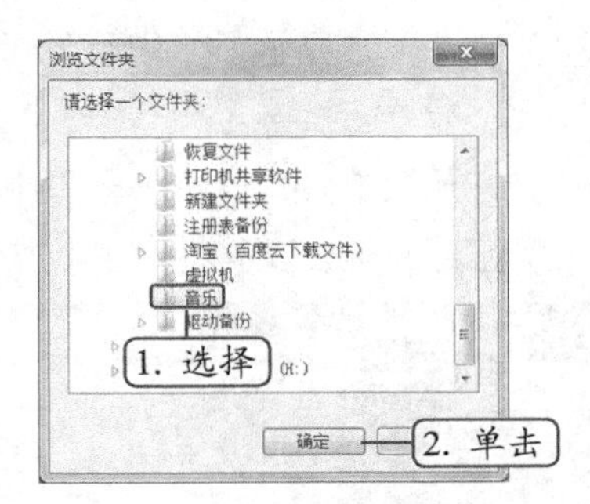

图7-3　选择文件夹

（3）返回百度音乐主界面，此时，文件夹中所有歌曲将添加到播放列表中，双击列表中的任意一首歌曲，即可开始播放音乐，如图7-4所示。当播放完一首歌曲后百度音乐将默认播放下一首歌曲，或在“播放控制”面板单击按钮，可直接播放下一首。

图7-4　播放歌曲

导入磁盘中的所有音频文件

单击（导入歌曲）按钮，在打开的列表中选择“导入本地歌曲”选项，将直接选择歌曲进行导入；选择“扫描全盘”选项，将自动导入本地磁盘中所有音频文件。

（二）播放网络音乐

除可以播放本地磁盘中的歌曲外，还可以使用百度音乐浏览选择播放网络歌曲，或直接搜索歌曲进行播放，其具体操作如下。

（1）在“音乐导航”面板中单击“音乐库”选项卡，打开音乐库窗口，上方显示了“推荐”“榜单”“歌单”和“歌手”等音乐分类，这里单击“歌单”选项卡，再在下方的标签栏中选择“华语”超链接。

（2）窗口下方显示了“华语”标签分类下的所有歌单超链接，如图 7-5 所示。这里选择第一个歌单超链接。

（3）打开歌单后，显示了歌单中的歌曲选项，将鼠标光标移到歌曲选项上，单击“播放”按钮可播放该歌曲，在上方单击（播放全部）按钮可播放歌单中的所有歌曲，如图 7-6 所示。

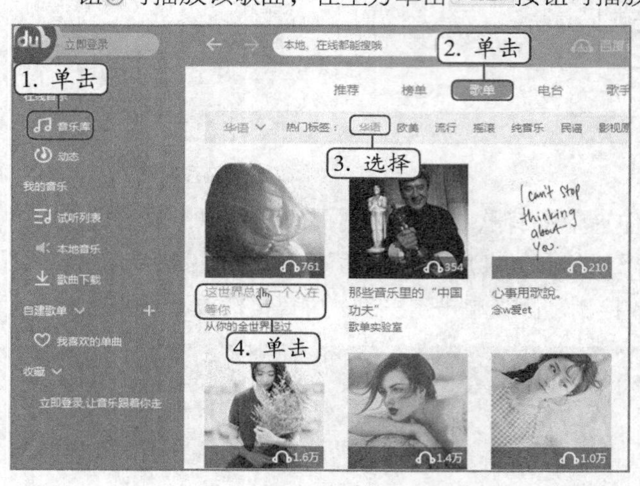

图 7-5　选择歌单

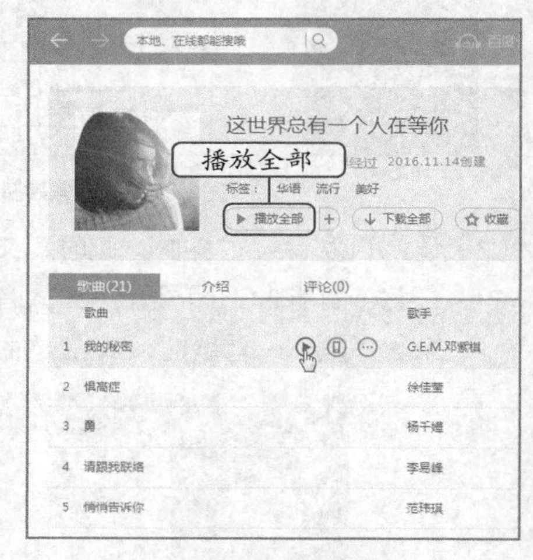

图 7-6　播放歌曲

浏览播放歌曲技巧

在百度音乐播放器中浏览查找歌曲，与浏览网页信息相似，在音乐库中依次单击相关的分类选项，然后单击“播放”按钮进行播放。

（4）在“工具”面板的搜索框中输入“歌曲名或歌手名”，这里输入歌曲名“美人鱼”，此时将自动弹出相关选项，选择所需选项，这里选择第一个选项，如图 7-7 所示。

（5）进入搜索结果显示窗口，将鼠标光标移到歌曲选项上，单击“播放”按钮可播放搜索到的歌曲，如图 7-8 所示。

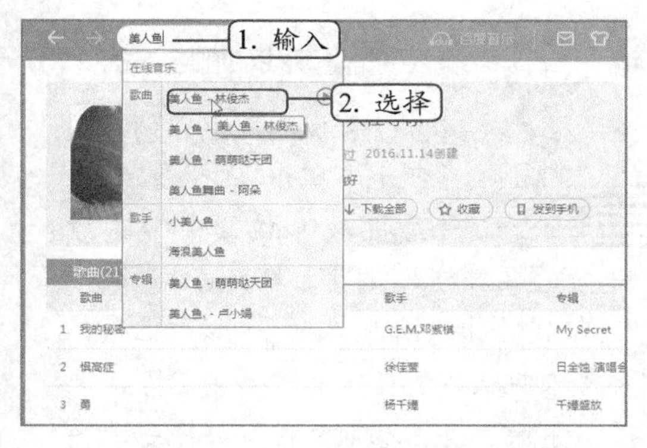

图 7-7 搜索歌曲

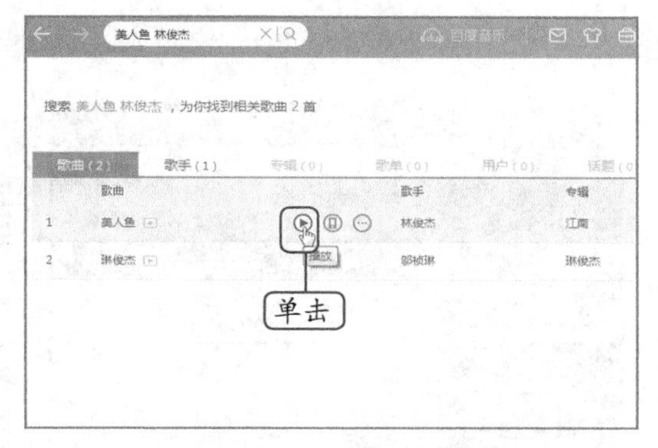

图 7-8 播放搜索的网络歌曲

（6）播放歌曲时，在“播放控制”面板中单击词图标，将显示歌词，单击按钮，在打开的列表中可设置播放方式，这里选择“单曲循环”选项，循环播放“美人鱼”歌曲，如图 7-9 所示。

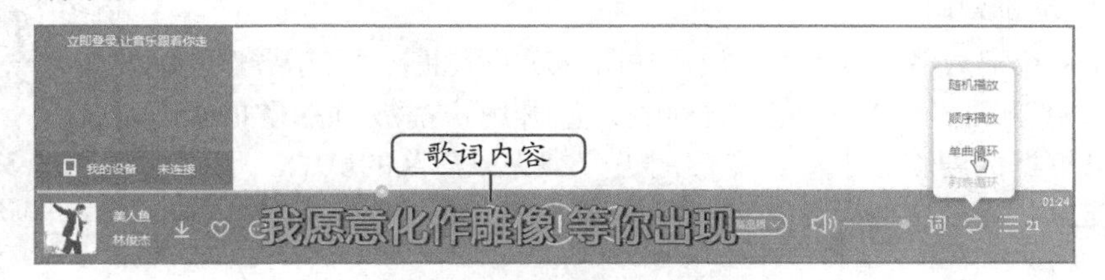

图 7-9 显示歌词和控制播放方式

（三）下载网络音乐

如果在网络中查找到自己喜欢的音乐，可将歌曲下载到本地磁盘中保存，其具体操作如下。

（1）将鼠标光标移到歌曲选项上，单击“更多”按钮，在打开的列表中选择“下载”选项，如图 7-10 所示。

（2）打开“下载歌曲”对话框，在其中选择歌曲文件的品质，这里单击选中 高品质 单选项，然后单击 立即下载 按钮，即可下载歌曲，如图 7-11 所示。

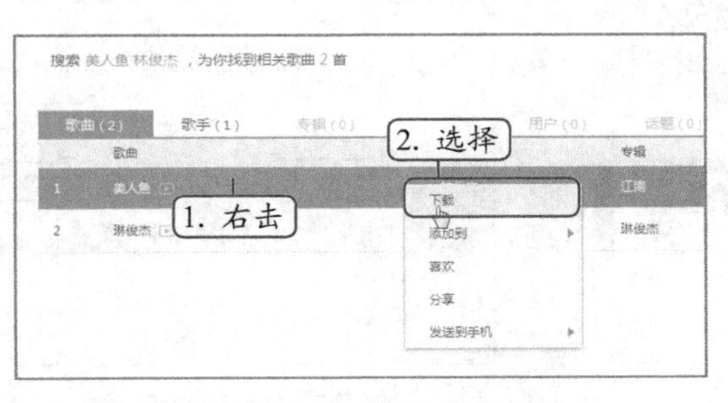

图 7-10 选择“下载”命令

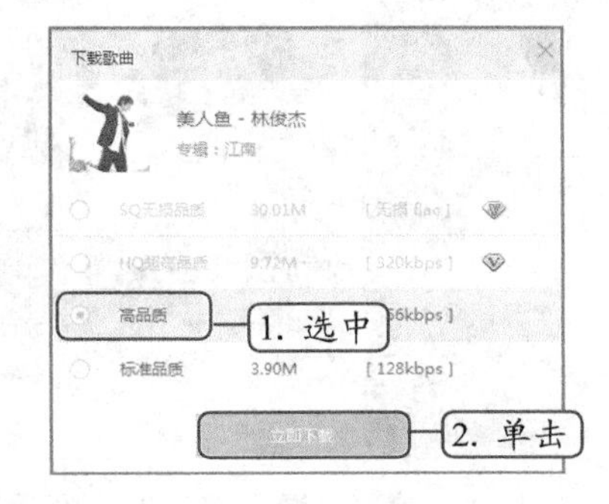

图 7-11 下载歌曲

（3）在“音乐导航”面板中单击“歌曲下载”选项卡，在打开的窗口中可查看下载的歌曲，如图 7-12 所示。

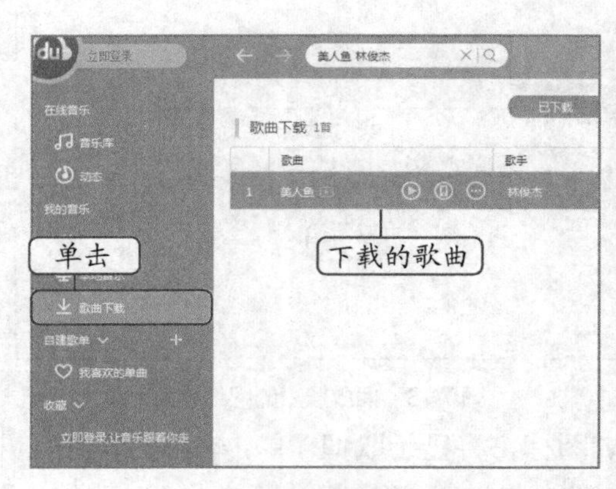

图 7-12　播放歌曲

知识补充　批量下载和删除下载

在歌单的歌曲列表窗口上方单击 下载全部 按钮，可批量下载歌单中的歌曲。在下载的歌曲选项上单击鼠标右键，在弹出的快捷菜单中选择“删除”命令，可将歌曲从百度音乐播放器中删除，选择“删除（包括本地文件）”命令，将同时删除计算机中保存的歌曲文件。

（四）新建歌单

歌单是一个播放清单，用于存放用户所喜欢的歌曲，“音乐导航”面板中的“试听列表”为默认播放列表，包含用户播放过的歌曲选项。用户可根据需要新建歌单，专门用于分类存放喜欢的歌曲。下面将创建“摇滚”播放，然后添加摇滚歌曲到歌单列表中，其具体操作如下。

（1）在“播放列表”面板的“自建歌单”栏中单击“新建歌单”按钮，此时在下方生成文本框，然后在其中输入列表的新名称“摇滚”，如图 7-13 所示，按【Enter】键，即可创建一个播放列表。

（2）在喜欢的歌曲选项上单击鼠标右键，在弹出的快捷菜单中选择“添加到”命令，在子菜单中选择“摇滚”命令，如图 7-14 所示，将歌曲添加到新建的歌单列表中。

图 7-13　输入新名称

图 7-14　添加新歌单

（3）在“摇滚”歌单列表中添加歌曲后，在“播放列表”面板中双击“摇滚”歌单选项卡，便可进入歌单窗口并播放歌单中的歌曲，如图 7-15 所示。

图 7-15 播放歌单

管理歌单

在歌单列表窗口中单击"下载全部"按钮，可下载歌单中的歌曲；单击"导入歌曲"按钮可在歌单列表中导入本地歌曲；单击鼠标右键，在弹出的快捷菜单中选择"删除"命令，可以删除歌单中的歌曲。

（五）收藏歌单

播放器中的歌单是不断更新的，当发现喜欢的歌单后，可将其收藏起来，以后直接用链接播放即可，不需要下载歌曲，节省磁盘空间。使用收藏功能需要登录到百度音乐中进行，用户除了注册一个百度账号登录，还可通过 QQ 或微博账号登录，下面将使用 QQ 账号登录，然后收藏歌单，其具体操作如下。

（1）启动百度音乐，单击"登录"按钮，打开"用户登录"对话框，单击 QQ 图标，在打开的"QQ 登录"对话框中输入 QQ 账号和密码，然后单击"授权并登录"按钮，如图 7-16 所示，登录百度音乐。

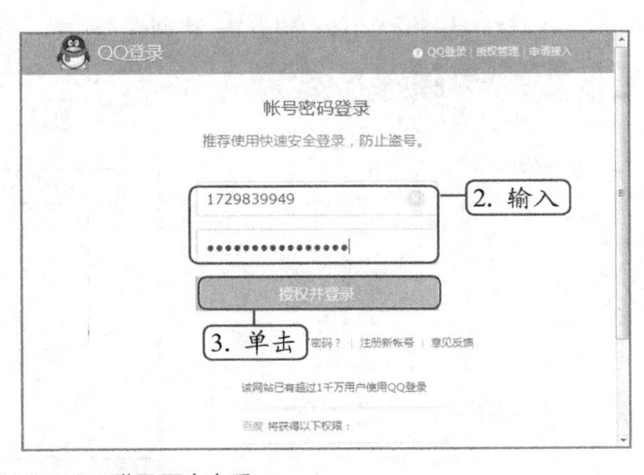

图 7-16 登录百度音乐

（2）登录百度音乐后，在音乐库的歌单窗口中，单击“收藏歌单”按钮 可将歌单收藏，如图 7-17 所示。

（3）完成歌单的收藏后，在“播放控制”面板的“收藏”栏中可查看到收藏的歌单，如图 7-18 所示，双击歌单选项即可播放歌单中的歌曲。

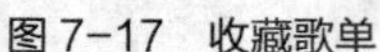
图 7-17　收藏歌单

图 7-18　查看收藏的歌单

添加“我喜欢的单曲”

登录百度音乐后，当听到喜欢的单曲时，在歌曲选项上单击鼠标右键，在弹出的快捷菜单中选择“喜欢”命令，可将歌曲添加到“新建歌单”栏中的“我喜欢的单曲”歌单列表中。

（六）常用选项设置

通过选项设置，可以使用户更加方便地使用百度音乐。下面将百度音乐设置为开机启动和默认播放器，然后更改默认下载文件的保存位置，其具体操作如下。

（1）在“工具”面板中单击 按钮，在打开的列表中选择“设置”选项，如图 7-19 所示。

（2）打开“设置”对话框，在“常规设置”选项卡中单击选中 开机时自动启动百度音乐 和 将百度音乐设置为默认播放器 复选框，如图 7-20 所示。

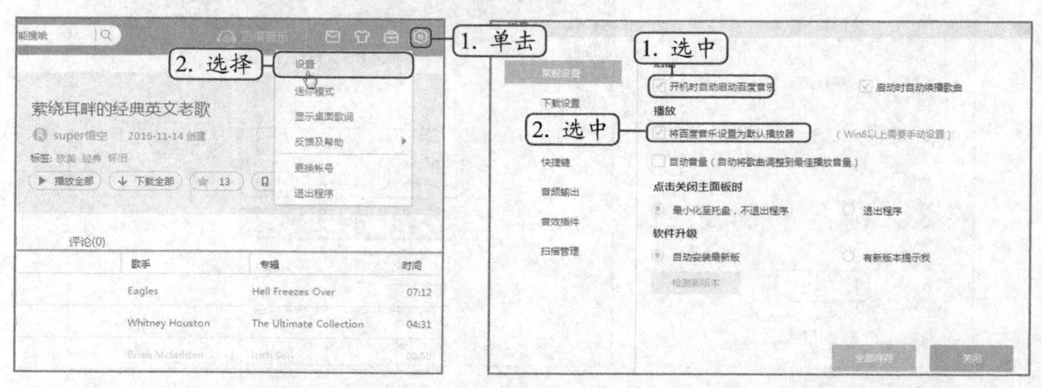

图 7-19　执行“设置”命令

图 7-20　设置为开机启动和默认播放器

（3）单击“下载设置”选项卡，单击更改按钮，打开“浏览文件夹”对话框，在其中设置文件的保存位置，然后单击确定按钮，如图 7-21 所示，返回“设置”对话框中单击全部保存按钮。

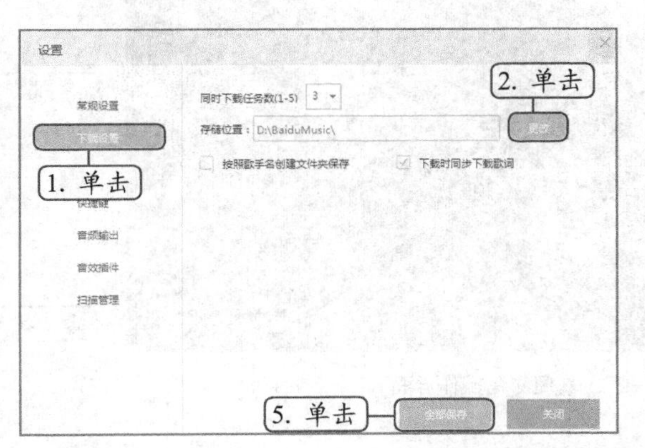

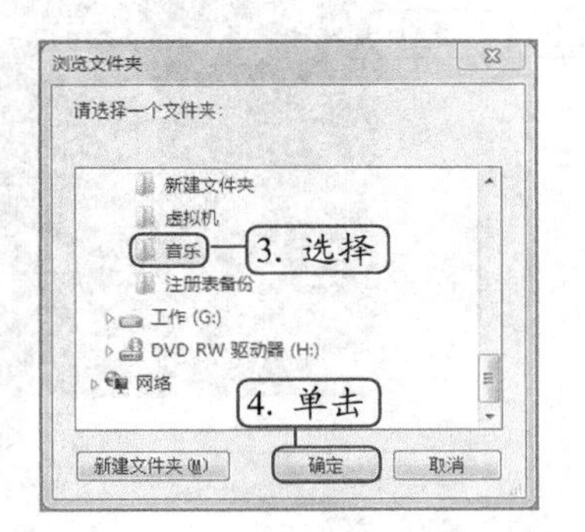

图 7-21　更改下载文件保存位置

迷你模式播放

在“工具”面板中单击按钮，在打开的下拉列表中选择“迷你模式”选项，或单击按钮，可切换到“迷你模式”悬浮在桌面上，减少屏幕占用空间。

任务二　使用暴风影音播放影音文件

暴风影音是目前最常用的视频播放软件之一，它兼容大多数的视频和音频格式，并且支持在线影视功能。最新的暴风影音 5.63 版本采用全新的程序架构，并大幅提升了启动和打开高清电影的速度。

一、任务目标

本任务的目标是利用暴风影音软件播放本地视频和播放在线影视、播放控制和下载视频等操作，下面将以暴风影音 5.63 为例，详细介绍其使用方法。

二、相关知识

暴风影音的使用与百度音乐相似，区别在于百度音乐主要用于播放音频文件，而暴风影音主要用于播放影音文件。安装并启动暴风影音，其操作界面如图 7-22 所示，主要包含图像显示窗口、“视频导航”面板以及播放控制栏等组成部分。

- **图像显示窗口**：主要用于显示视频图像。
- **“视频导航”面板**：包括“影视列表”和“播放列表”，“影视列表”中显示了在线影视信息，“播放列表”则用于显示视频播放信息。
- **播放控制栏**：用于控制视频播放、暂停以及调整音量大小等。

图 7-22　暴风影音操作界面

三、任务实施

（一）播放本地视频

暴风影音支持多数媒体格式，在计算机中保存的视频文件可以通过暴风影音打开播放，其具体操作如下。

（1）选择【开始】/【所有程序】/【暴风软件】/【暴风影音 5】/【暴风影音 5】菜单命令，启动暴风影音播放器，单击视频图像显示窗口中的 打开文件 按钮，如图 7-23 所示。

（2）打开“打开”对话框，选择需要播放的视频文件，这里选择 3 个视频文件，然后单击 打开(O) 按钮，如图 7-24 所示。

图 7-23　打开文件

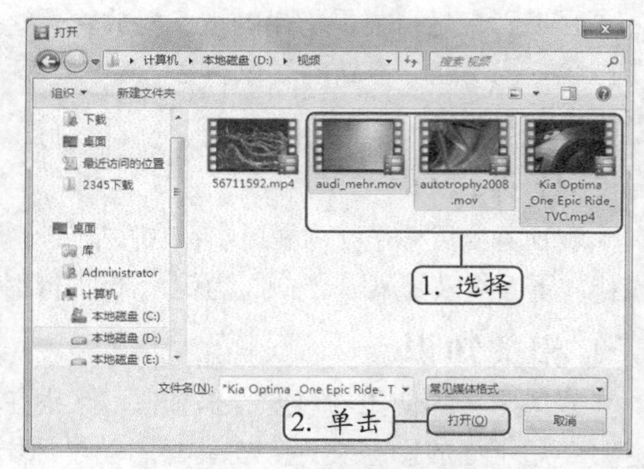

图 7-24　选择要打开的文件

（3）返回暴风影音主界面，将会自动播放选择的文件，并自动调整界面大小，在“视频导航”面板中单击“播放列表”选项卡，在其中可看到当前播放的视频，并显示视频时长，如图 7-25 所示。

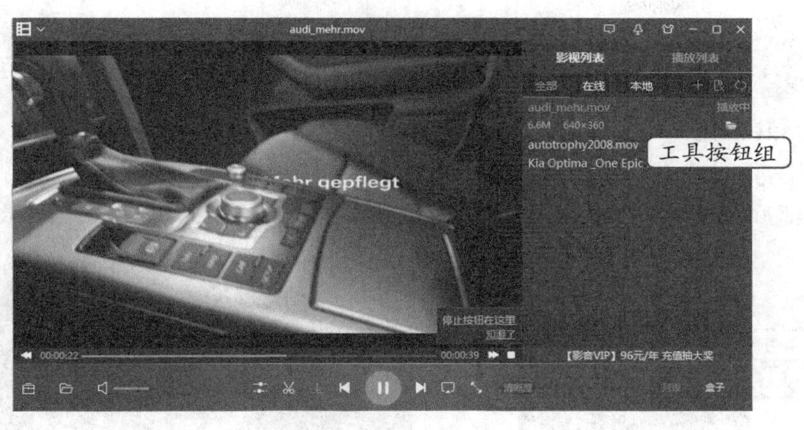

图 7-25　开始播放文件

"播放列表"选项卡中工具按钮组的作用

"添加"按钮用于打开影音文件；"从播放列表删除"按钮用于删除播放列表中选中的视频；"模式"按钮用于设置播放列表中视频的播放方式，包括顺序播放、随机播放、列表循环等。

（二）播放在线影视

通过暴风影音观看在线影视，可通过搜索或在"影视列表"窗格中选择两种方式进行播放，其具体操作如下。

（1）启动暴风影音，在"视频导航"面板中单击"影视列表"选项卡，在列表中依次显示了不同的节目，这里选择【暴风体育】/【西甲专区】选项，然后在播放的节目中双击鼠标，如图 7-26 所示，或在需播放的节目上单击鼠标右键，在弹出的快捷菜单中选择"播放"命令。

（2）此时在左侧的播放窗口中将显示缓冲信息，完成缓冲后即可在播放窗口中观看所选的视频文件，如图 7-27 所示。

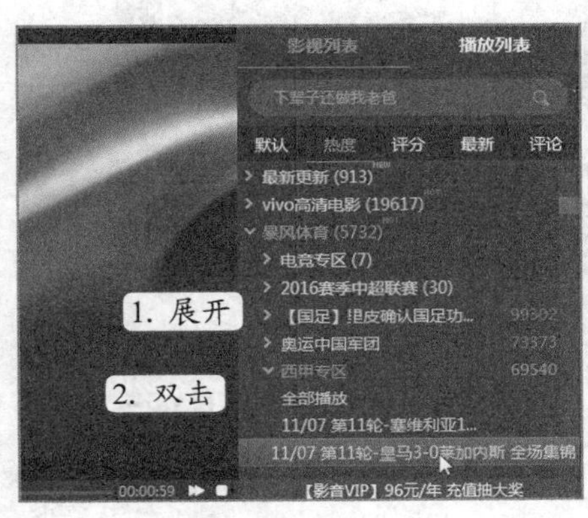

图 7-26　浏览并选择视频

图 7-27　播放在线视频

（3）将鼠标光标定位到频道列表中的搜索框内，输入所需文本，这里输入“美国往事”，在“影视列表”选项卡中将会自动显示搜索结果。

（4）在列表中通过滚动条查找并选择展开节目，然后在播放的节目中双击鼠标，如图 7-28 所示。

（5）此时缓冲视频，完成缓冲后即可在播放窗口中观看视频，如图 7-29 所示。

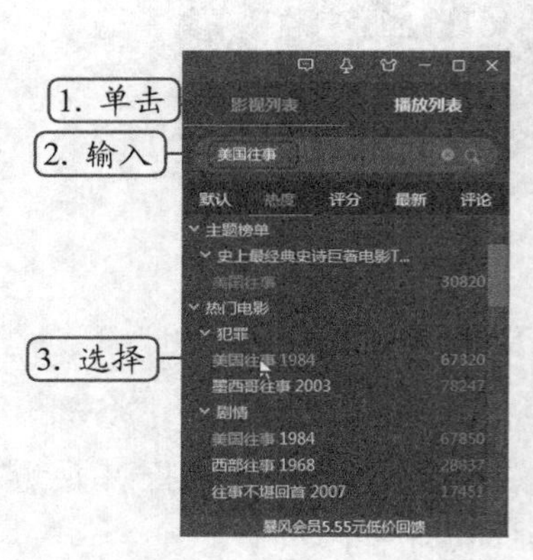

图 7-28　在线搜索视频

图 7-29　在线播放视频

（6）在观看影视视频时，可在播放控制栏单击列表按钮关闭列表窗格，单击盒子按钮打开视频盒子，在该窗格中可按视频分类，如电影、电视浏览影视信息，或直接搜索相关视频，该窗格将显示影视的视频封面、评分、上映时间等信息，单击按钮可播放视频，如图 7-30 所示。

图 7-30　通过视频盒子播放在线视频

（三）播放控制

在播放视频的过程中可以结合观看需要对视频进行播放控制，包括暂停播放、调节视频画质以及显示比例大小等，其具体操作如下。

（1）在播放视频时，将鼠标光标移至播放界面中，将显示出工具栏，单击其中的按钮即可对正在播放的视频进行相应设置。如单击按钮，用于确认是否将播放窗口置顶；单击按钮，可将当前播放界面进行全屏显示；单击按钮，可将当前播放界面最小化，并自动关闭右侧的播放列表；单击1X按钮，可将当前播放界面放大1倍；单击2X按钮，可将当前播放界面放大2倍；单击按钮，可以在打开的面板中调整播放画面的亮度和对比度。图7-31所示为选择“明亮”画质以最小窗口播放效果。

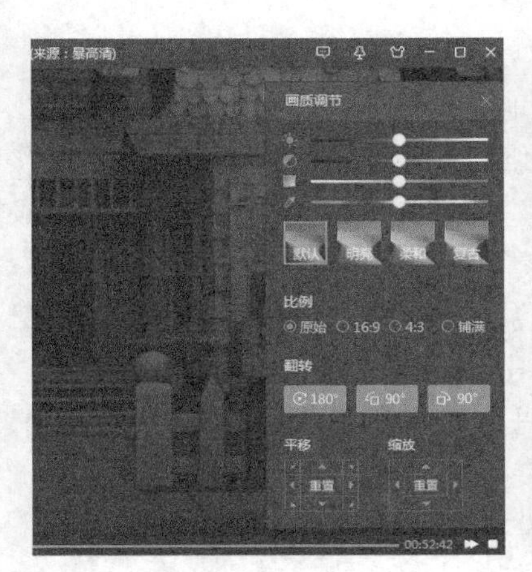

图7-31 设置画质并以最小窗口放映

（2）将鼠标指针移至下方的播放控制区中，单击其中的按钮即可对正在播放的视频界面进行相应设置。单击“暂停”按钮可暂停播放视频，单击按钮后，按钮变为“播放”按钮，单击该按钮可继续播放视频；单击“上一个”按钮可播放“播放列表”中上一个视频；单击“下一个”按钮可播放“播放列表”中下一个视频；单击480P按钮，在弹出的列表中可选择视频清晰度。图7-32所示选择“超清1080P”选项，单击按钮暂停播放，可明显看出图像和字体显示更加清晰，但清晰度越高对计算机配置和网速要求也越高，否则视频容易“卡住”，播放缓慢。

图7-32 设置超清播放

在“播放列表”选择播放

单击“播放列表”选项卡，所有打开过或通过在线影视方式播放过的文件都会自动添加并显示在该播放列表中，因此只需双击“播放列表”选项卡中的某个文件便可继续观看上一次未看完的视频文件。

（四）下载视频

微课视频

下载视频

暴风影音同样具有下载功能，可将在线影视下载到本地计算机中保存，即使没有联网的情况下也可播放观看视频。下载网络影视视频的具体操作如下。

（1）在视频控制栏中单击“下载”按钮，此时弹出暴风影音的登录对话框，与百度音乐类似，可以通过暴风影音账号登录，也可通过QQ、微信和微博账号登录，如图7-33所示，这里单击按钮，使用QQ账号登录。

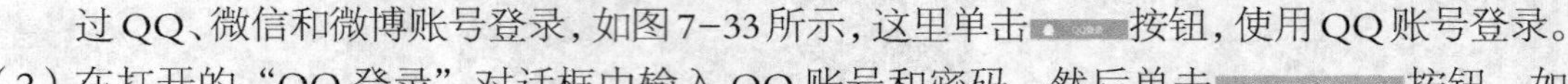

（2）在打开的“QQ登录”对话框中输入QQ账号和密码，然后单击按钮，如图7-34所示，登录暴风影音。

图7-33　选择登录方式

图7-34　通过QQ账号登录

（3）登录后，将打开“新建下载任务”对话框，在“新建下载任务”对话框中显示并选中下载的视频文件，单击按钮，如图7-35所示，在打开的“浏览对话框”中设置下载文件的保存位置，单击按钮，如图7-36所示。

图7-35　更改保存目录

图7-36　设置保存文件夹

（4）返回“新建下载任务”对话框，单击确定按钮。开始下载视频，返回“下载管理”对话框，在“正在下载”选项卡中可显示下载进度，如图 7-37 所示。

（5）单击“下载设置”选项卡，在其中可设置默认文件下载保存位置、启动、退出设置以及消息提示设置等操作，如图 7-38 所示。

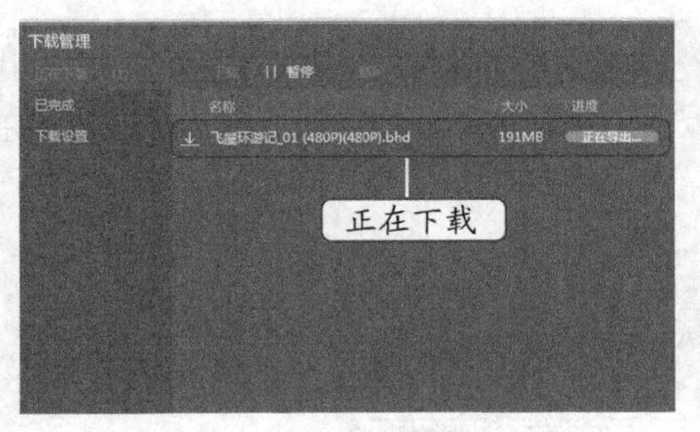

图 7-37 正在下载视频

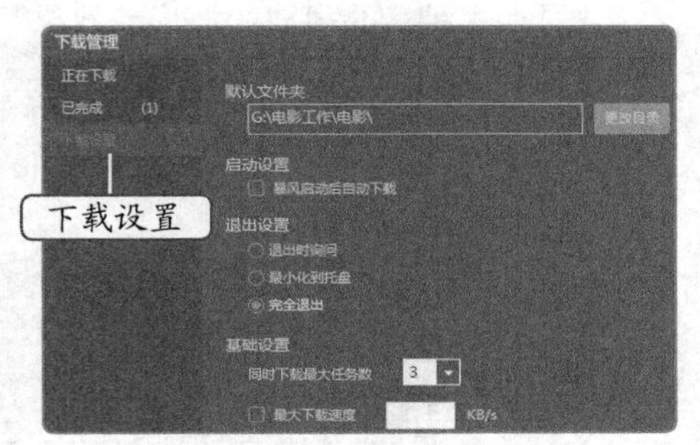

图 7-38 设置下载选项

通过播放控制栏打开“下载管理”对话框

在播放控制栏中单击“工具箱”按钮，在打开的下拉列表框中选择“下载管理”选项，打开“下载管理”对话框，可对下载的视频文件进行管理，如删除、播放以及设置默认下载文件的保存位置等。

任务三 使用 GoldWave 编辑音频

GoldWave 音频工具软件具有声音编辑、播放、录制和转换等功能，它可以打开多种格式的音频文件，还可进行丰富的音频特效处理，提高音质效果，满足不同需求。下面将以 GoldWave 6.18 汉化版为例，详细介绍其使用方法。

一、任务目标

本任务的目标是利用 GoldWave 软件录制一个音频文件，然后进行打开、新建、保存音频、降噪、添加音效、合并音频文件等操作，最后合并并导出音频文件。

二、相关知识

GoldWave 是一款功能强大且操作简单的音频编辑和录制软件，它主要具有以下 8 个特点。

- **直观、可设置的用户界面**：使操作更简单便利。
- **同时打开多个声音文件**：简化了文件之间的操作，但同一时刻只能有一个文件被编辑或播放。
- **允许使用多种声音效果**：包括倒转、回音、摇动、边缘、动态等声音效果。
- **简单的图形处理功能**：利用过滤功能可将图形颜色简单处理，也可进行放大或缩小。
- **提供精密的过滤器**：降噪器和突变过滤器等，可帮助修复声音文件。
- **批转换命令**：能够将一组相同格式的声音文件转换为不同的格式文件，将立体声转换为单声道，将 8 位声音转换到 16 位声音，以及它所支持文件类型其他属性的组合。

- **CD 音乐提取工具**：能够将 CD 音乐抓取为一个音乐文件，并且以 MP3 格式存储。
- **特有的表达式求值程序**：在理论上它可以制造任何声音，其内置表达式有如电话拨号等多种音的声波、波形、效果等。

启动 GoldWave，其操作主界面如图 7-39 所示，主要包括菜单栏、功能面板、播放控制栏、编辑显示窗口以及状态栏等部分，各部分作用与一般软件的构成相似，这里不再进行详细介绍。

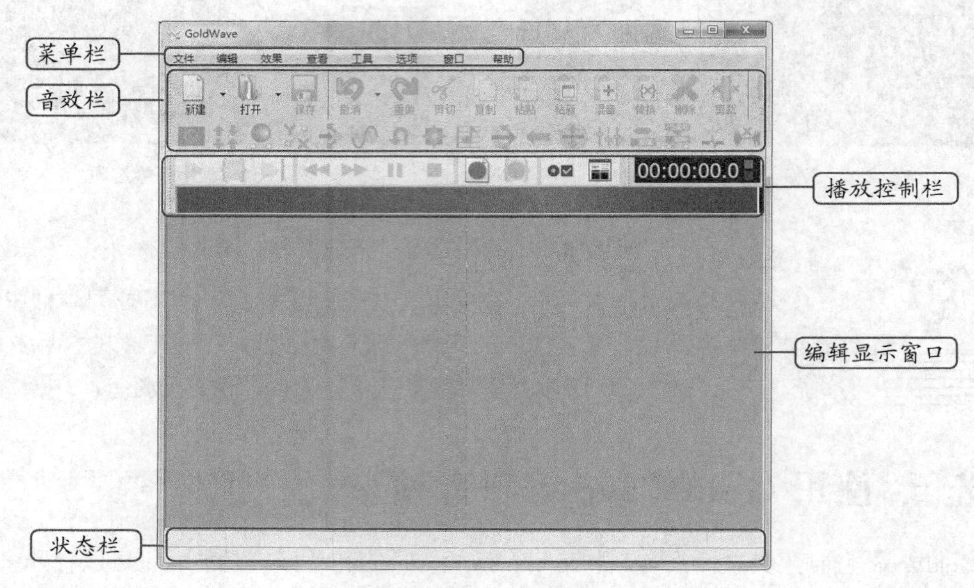

图 7-39 Gold Wave 操作界面

三、任务实施

（一）打开、新建和保存音频文件

打开、新建和保存音频文件是 GoldWave 软件的常用操作和使用基础。下面启动 GoldWave 软件，打开计算机中的素材音频文件（素材参见：素材文件 \ 项目七 \ 任务五 \ 婚礼预告 .mp3），然后录制一个音频文件，并保存为“录音 1.wav”，其具体操作如下。

微课视频

打开、新建和保存音频文件

（1）安装 GoldWave 后，选择【开始】/【所有程序】/【GoldWave】/【GoldWave】菜单命令，启动 GoldWave。

（2）进入软件操作界面，选择【文件】/【打开】菜单命令或在功能面板中单击“打开”按钮，打开“打开声音文件”对话框，选择计算机中的任意音频文件，这里选择“婚礼预告 .mp3”音频文件。

（3）单击打开(O)按钮，打开显示音频文件的对话框，如图 7-40 所示，单击控制器栏中的按钮，或按【F6】键可播放音频，单击按钮暂停播放。

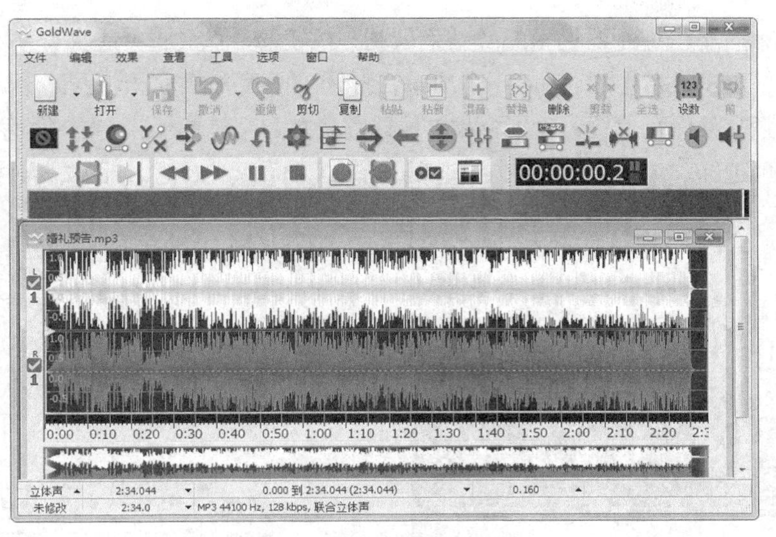

图 7-40　打开音频文件后的界面

控制器切换

如果是第一次启动 GoldWave，则会在操作界面右侧打开一个控制器面板，关闭该面板后将以播放控制栏的方式显示在音效栏下方。选择【工具】/【控制器】菜单命令，可在两者间进行切换显示。

（4）选择【文件】/【新建】菜单命令，或单击“新建”按钮，打开“新建声音”对话框，可根据需要自行设置音质、排序时间和初始长度，这里在“预置”下拉列表框中选择“CD 音质，5 分钟”选项，如图 7-41 所示。

（5）单击 确定 按钮，将生成一个空的音频文件，如图 7-42 所示。

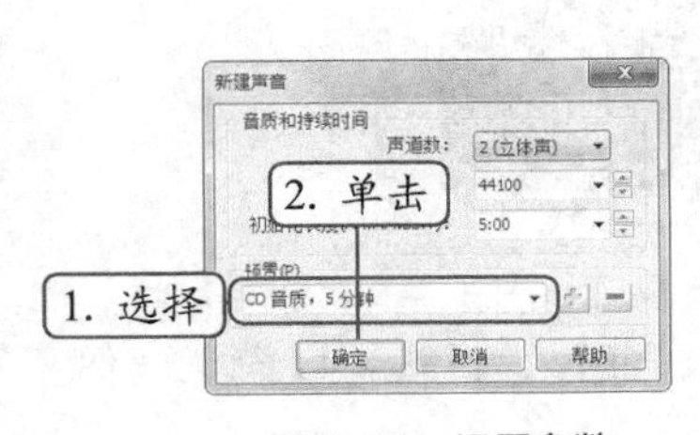

图 7-41　设置参数

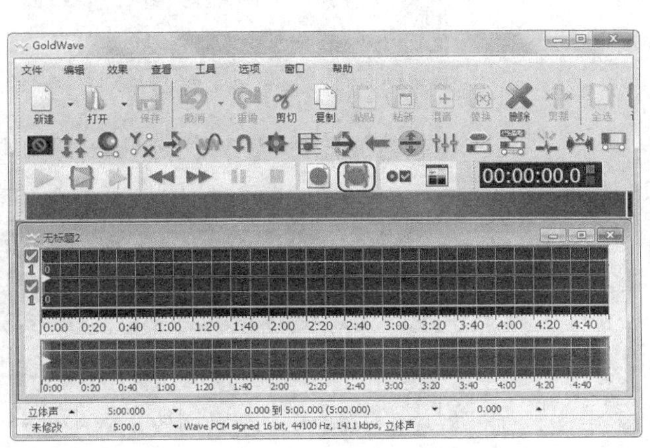

图 7-42　新建的音频文件

（6）确认计算机已与麦克风相连接，然后单击控制器栏中的“在当前选区内开始录制”按钮开始录制声音，此时编辑显示窗口中将显示一些波形，表示录制成功，如图 7-43 所示。

（7）录制结束后单击控制器栏中的“结束录制”按钮，然后选择【文件】/【保存】菜单命令或单击工具栏中的“保存”按钮，打开“保存声音为”对话框。

（8）选择音频文件保存位置，设置音频文件保存名称为“录音 1”，在“保存类型”下拉列表框中可选择“Wave（*.wav）”选项，单击保存(S)按钮，如图 7-44 所示。

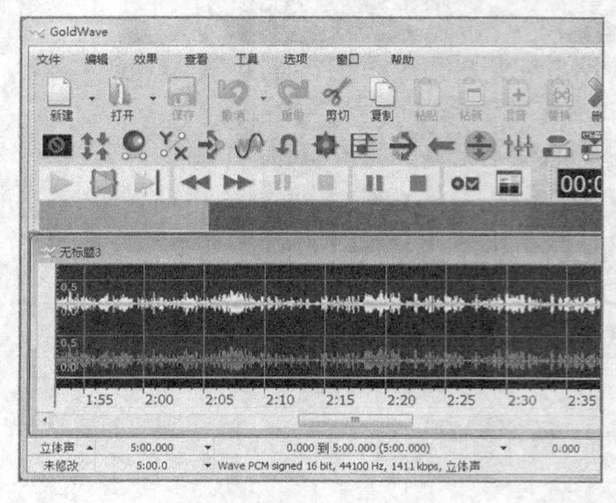

图 7-43　正在录制音频

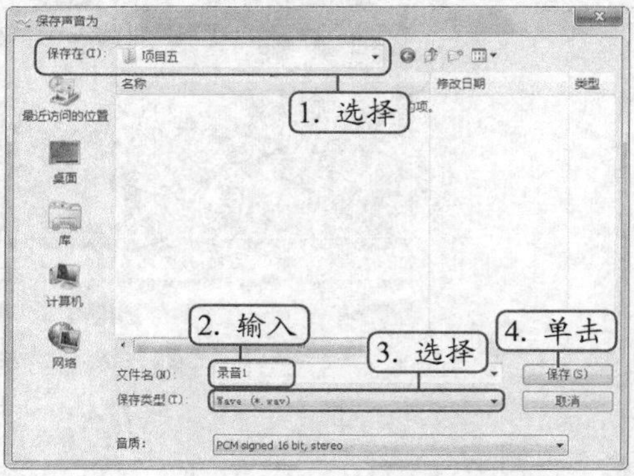

1. 选择
2. 输入
3. 选择
4. 单击

图 7-44　保存音频文件

（二）剪裁音频文件

微课视频

剪裁音频文件

音频文件录制好后，根据需要可对其进行剪裁处理，用该方法也可提取已有音频文件中的部分音频。下面将对前面录制好的音频“录音 1.wav”进行剪裁处理，其具体操作如下。

（1）将鼠标光标移到编辑显示窗口的右侧边缘，当鼠标光标变为形状时，按住鼠标左键不放向左侧进行拖动，选取需要保留的音频波形部分，选取的音频波形将以蓝底状态高亮显示，未选中部分将以黑底状态显示，如图 7-45 所示。

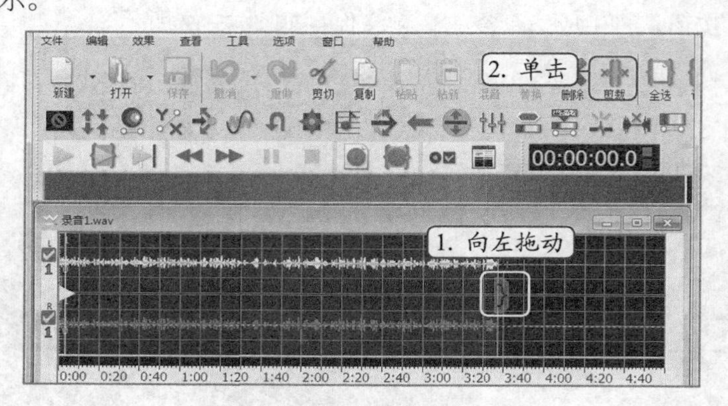

图 7-45　选择要保留的音频文件

（2）单击控制器栏中的按钮，可只播放选取的部分音频，通过该过程可以确认要保留的音频部分，若不合适可重新进行选择。

（3）选择需要保留的音频波形后，单击工具栏中的“剪裁”按钮，剪裁掉黑底状态显示的部分，此时将只保留选取的音频波形，如图 7-46 所示。如果单击“删除”按钮，则删除选取的部分，完成后保存音频文件。

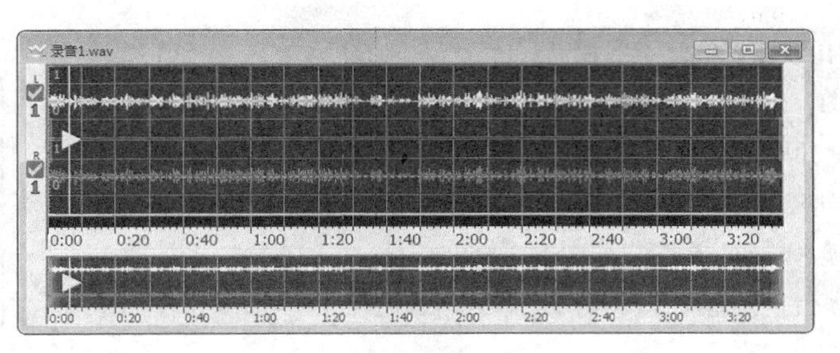

图 7-46　裁剪效果

波形的选择

用 GoldWave 处理波形前都应先选择波形，默认情况下是全部选择，拖动选择将会取消选择，可先从右往左拖动取消选择所有音频，从左往右拖动则可选择所需的波形。

（三）更改音量

更改音量主要包括调整音频的音量大小、设置淡入和淡出音量效果等。下面更改前面裁剪的“录音 1.wav”音频的音量，包括增大录制音频文件的音量，然后为开始的一段音频添加淡入效果，其具体操作如下。

（1）保持选取所有音频部分，然后选择【效果】/【音量】/【更改音量】菜单命令，打开“更改音量”对话框。

（2）选择一个数值，这里正数表示增大音量，负数表示减小音量，在“预置”栏的下拉列表框中选择“两倍”选项，增大音量，单击右侧的 ▶ 按钮可试听增大音量后的效果，如图 7-47 所示。

（3）单击 确定 按钮，关闭对话框并使设置生效，在编辑窗口中可看出音频波形的幅度会增大。

（4）在编辑显示窗口中选取开始处的一小段音频部分，然后选择【效果】/【音量】/【淡入】菜单命令，打开“淡入”对话框。

（5）在“预置”下拉列表框中选择“50% 到完全音量，直线型”选项，单击右侧的 ▶ 按钮可试听效果，如图 7-48 所示，单击 确定 按钮，确认设置。

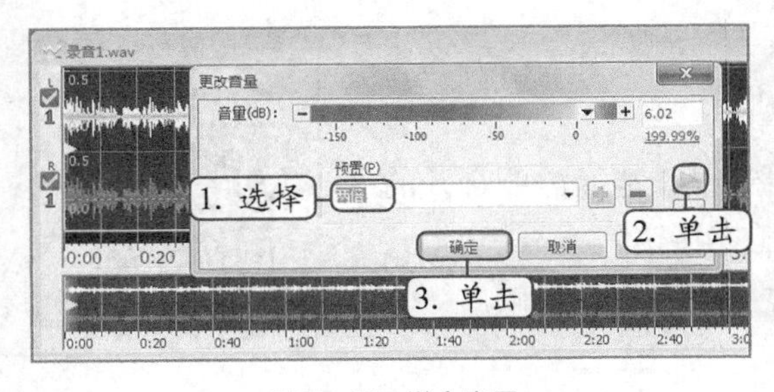

图 7-47　增大音量

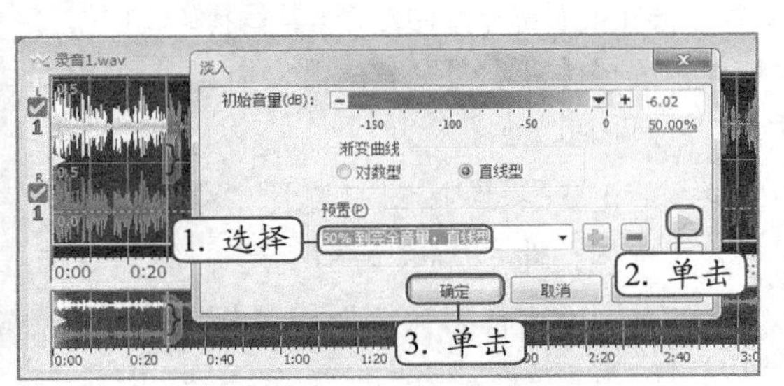

图 7-48　设置淡入效果

（四）降噪和添加音效

微课视频

降噪和添加音效

在 GoldWave 中可以对声音的效果进行特效处理，如录制的音频有比较大的噪音时，可以利用GoldWave提供的降噪功能对其进行处理，并且可对处理后的音频添加回声和组合音效等，下面在录制的“录音1.wav”音频中降噪和添加音效，其具体操作如下。

（1）选择全部音频，再选择【效果】/【滤波器】/【降噪】菜单命令，打开“降噪”对话框。

（2）在“预置”下拉列表框中选择“初始噪音”选项，可有效地降低噪音，单击右侧的▶按钮即可进行试听，如图 7–49 所示，然后单击 确定 按钮使设置生效。

（3）选择最后一小段音频，选择【效果】/【回声】菜单命令，打开“回声”对话框。

（4）分别调整“延迟”“音量”“反馈”等各项参数，对回声的效果进行设置，也可以直接在“预置”下拉列表框中选择 GoldWave 预置的一些常见的回声效果，这里选择“混响”选项，如图 7–50 所示。

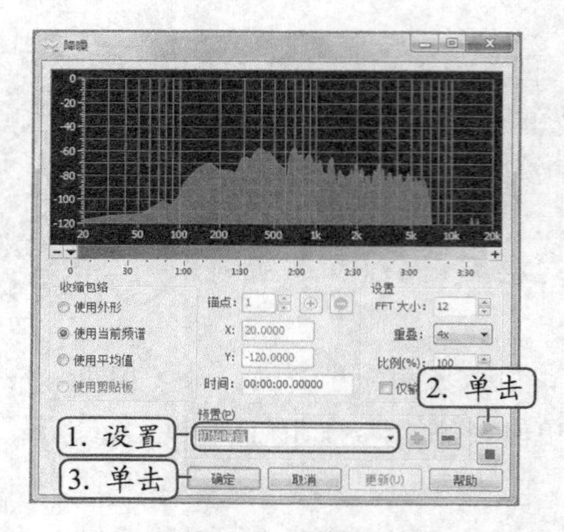

图 7–49　设置降噪

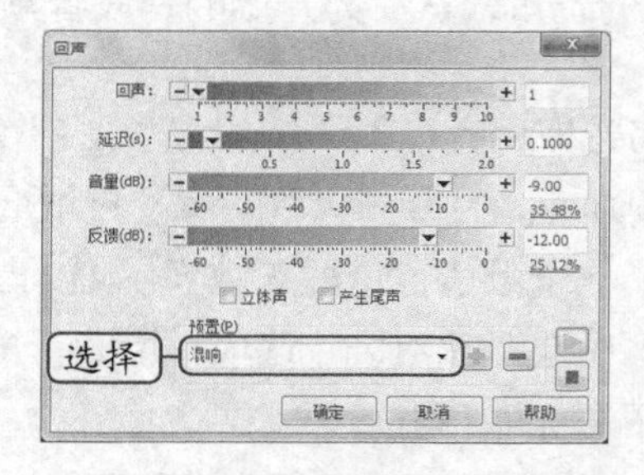

图 7–50　设置回声

（5）单击右侧的▶按钮即可进行试听，满意后单击 确定 按钮可使设置生效，然后保存音频文件（最终效果参见：效果文件 \ 项目七 \ 任务三 \ 录音 1.wav）。

（五）合并音频文件

合并音频文件是指将多个音频文件合成一个音频文件，并保存成新的音频文件。下面将对计算机中的“婚礼预告 .mp3”和“开场 .mp3”（素材参见：素材文件 \ 项目七 \ 任务三 \ 开场 .mp3）两个音频文件进行合并，其具体操作如下。

微课视频

合并音频文件

（1）选择【工具】/【文件合并器】菜单命令，打开“文件合并器”对话框。

（2）单击 添加文件... 按钮，打开“添加文件”对话框，选择需要合并的音频文件，如图 7–51 所示，然后单击 添加 按钮。

（3）返回“文件合并器”对话框，可以结合需要调整合并的顺序，然后单击 合并... 按钮，如图 7–52 所示。

（4）打开“保存声音为”对话框，选择保存合并后声音文件的位置、类型、文件名，再单

击 保存(S) 按钮，开始合并且同时保存音频文件，完成后打开音频文件即可查看合并后的效果（最终效果参见：效果文件 \ 项目七 \ 任务三 \ 合并的开场音乐 .mp3）。

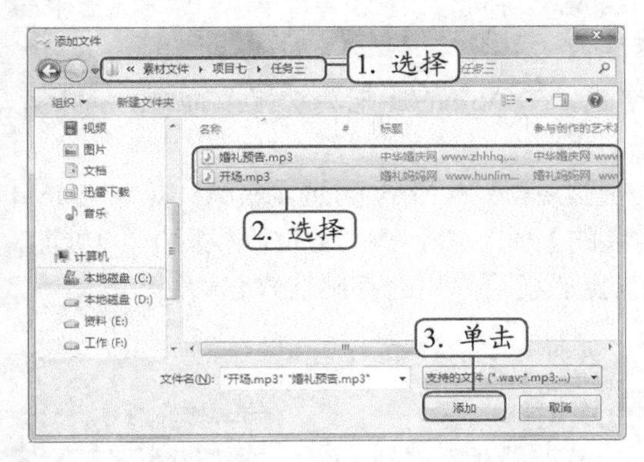

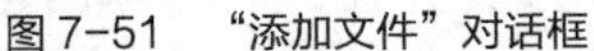
图 7-51 “添加文件”对话框

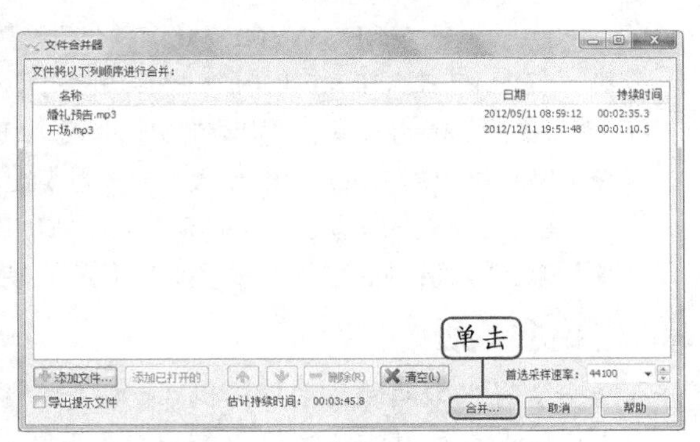

图 7-52 “文件合并器”对话框

任务四 使用友锋电子相册制作软件制作视频

友锋电子相册制作软件可以方便地将用户的照片制作成电子相册，还能对电子相册设置密码，方便用户收藏、管理大量相片。该软件操作简单，既可以生成 AVI、MPG、WMV、MP4、MOV 等格式的高清视频和超清视频文件，也可以生成 VCD/SVCD/DVD 规格 MPG 视频文件，生成的视频可以在计算机、电视、手机中播放。

一、任务目标

本任务的目标是掌握将数码相机中的照片导入到计算机，然后在友锋电子相册制作软件中导入照片，快速生成视频等操作。通过本任务的学习，掌握使用友锋电子相册制作软件制作视频相册的基本操作。本例最终效果如图 7-53 所示。

图 7-53 最终效果

二、相关知识

随着数字化的视频后期剪辑技术的不断发展，用于存储影像的视频格式多种多样，下面针对常见的 5 种格式进行简单介绍。

- **AVI 格式（Audio/Video Interleave）**：音频视频交错格式，可将视频和音频交织在一起进行同步播放。其优点是兼容性好、调用方便、图像质量佳。
- **MPEG 格式（Motion Picture EXPertS Group）**：运动图像专家组格式，日常生活中常见的 VCD、SVCD、DVD 便是这种格式。
- **NAVI 格式（newAVI）**：一种新的视频格式，由 ASF 的压缩算法修改而来，拥有比 ASF 更高的帧率，为非网络版本的 ASF。
- **WMV 格式**：Microsoft 开发的一组数位视频编解码格式的通称，ASF（Advanced Systems Format）是其封装格式。ASF 封装的 WMV 档具有“数位版权保护”功能。
- **MOD 格式**：MOD 格式是 JVC 生产的硬盘摄录机所采用的存储格式名称。

三、任务实施

（一）导入数码照片至计算机

将数码相机与计算机连接，通过复制粘贴的方式将数码相机上的图片文件导入计算机，其具体操作如下。

（1）将数码相机数据线一端与计算机的 USB 接口连接，另一端与数码相机连接。

（2）打开数码相机，选择默认的“拍摄”模式，按数码相机上的“OK”键。此时的数码相机就成为了数码摄像机。

（3）打开“计算机”窗口，在该窗口中可看到新添加的可移动磁盘，如图 7-54 所示，双击该磁盘进入并查看存储的内容，如图 7-55 所示。

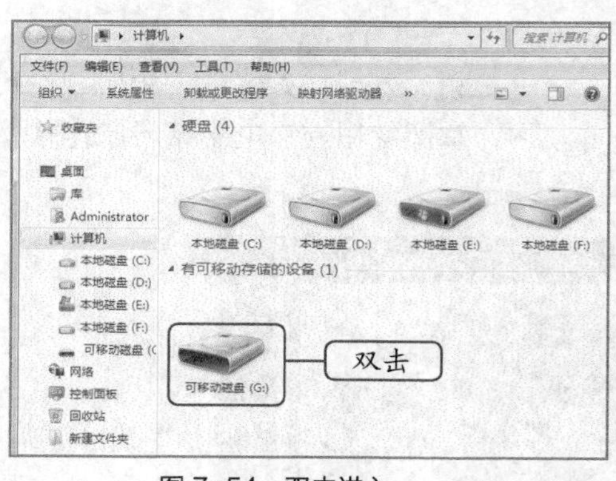

图 7-54　双击进入

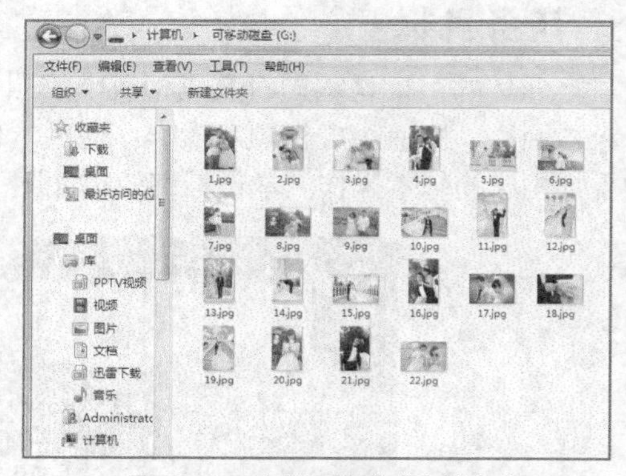

图 7-55　查看可移动磁盘的内容

（4）选中需要导入到计算机中的图片文件，按【Ctrl+C】组合键复制。

（5）打开存储图片文件的文件夹，按【Ctrl+V】组合键粘贴。

（二）制作视频相册

将数码相机中图片导入到计算机后，就可将其导入到友锋电子相册制作软件中，然后根据向导快速完成视频相册的制作，其具体操作如下。

（1）选择【开始】/【所有程序】/【友锋电子相册制作】菜单命令，启动友锋电子相册制作软件。在工具面板中单击按钮，如图 7-56

所示。

（2）在打开的对话框中选择要导入的图片（素材参见：素材文件\项目七\任务四），单击 打开(O) 按钮导入图片，如图 7-57 所示。

图 7-56　执行添加相片操作

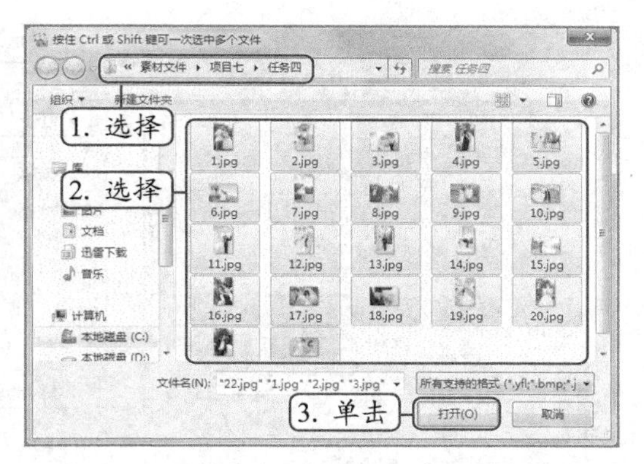

图 7-57　选择要导入的图片

（3）导入照片后，在工具面板中单击“生成视频”按钮，在打开的下拉列表中选择“根据模板生成视频”选项，如图 7-58 所示。

（4）打开“根据模板生成相册”对话框，单击“视频格式相册模板”选项卡，在中间的列表框中选择“书本翻页”模板，单击 确定(T) 按钮，如图 7-59 所示。

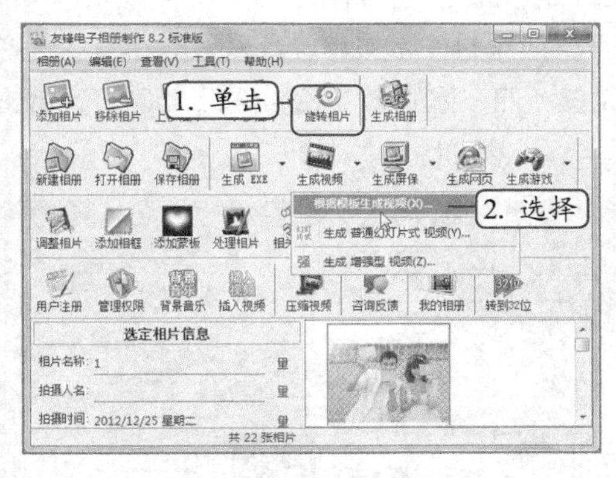

图 7-58　打开生成视频向导

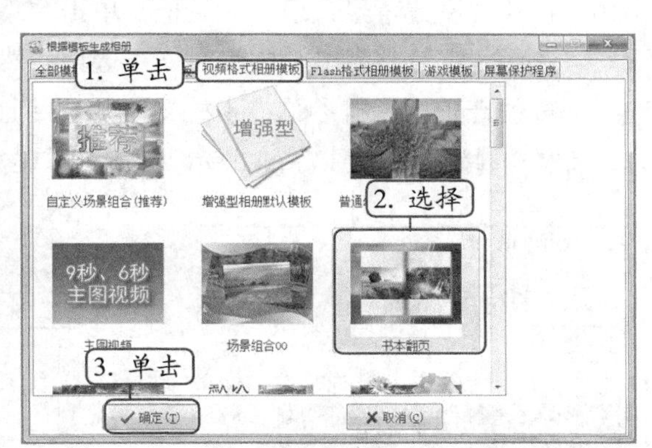

图 7-59　选择视频模板

不同格式的电子相册

在打开的“根据模板生成相册”对话框中有多个选项卡，分别用于制作不同格式的电子相册，如 EXE 格式、Flash 格式，其操作方法相似。

（5）打开“请选择画面比例”对话框，设置画面比例，单击选中 16:9 单选项，单击 确定(T) 按钮，如图 7-60 所示。

（6）打开“设置视频尺寸”对话框，保持默认即可，然后单击 下一步(N) 按钮。

（7）打开“设置相册标题”对话框，在“相册标题”文本框中输入标题，然后单击选中 ☑在相册播放窗口中显示相册标题 复选框，在下方设置字体格式、颜色和字型等，最后单击 下一步(N) 按钮，如图 7-61 所示。

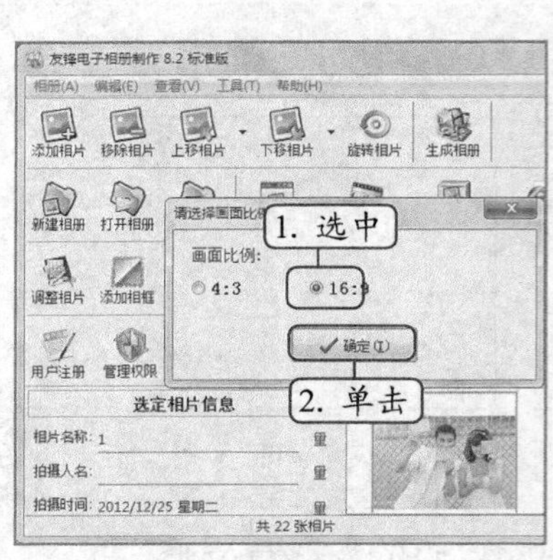

图 7-60　设置画面比例

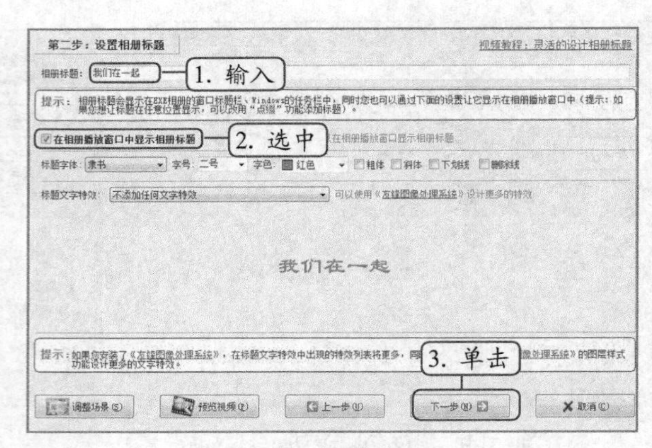

图 7-61　设置相册标题

（8）打开“设置片头”对话框，保持默认设置，单击 下一步(N) 按钮，不添加片头。

（9）打开“设置相册背景”对话框，单击选中 ☑使用背景图片或动画 复选框，使用背景图片和背景，然后单击 下一步(N) 按钮，如图 7-62 所示。

（10）打开“设置背景音乐”对话框，单击“添加音乐文件”超链接，在打开的下拉列表中选择“浏览整台电脑中的文件”选项，然后在打开的“添加背景音乐”对话框中选择背景音乐（素材参见：素材文件 \ 项目七 \ 任务四 \ 你的名字我的姓氏 .mp3），单击 打开(O) 按钮，如图 7-63 所示，完成后单击 下一步(N) 按钮。

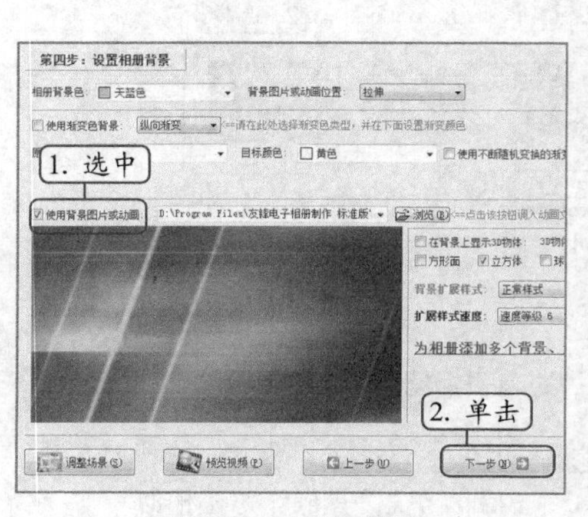

图 7-62　设置相册背景

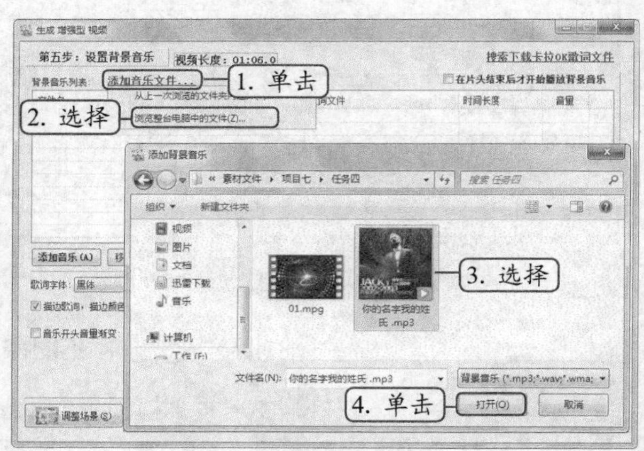

图 7-63　设置背景音乐

（11）在打开的第六步、第七步、第八步对话框中，保持默认设置即可，依次单击 下一步(N) 按钮。

（12）打开“相片名称及描述”对话框，设置相册名称等内容，然后单击 下一步(N) 按钮，如图 7-64 所示。

（13）在打开的第十步对话框中保持默认设置不变，然后单击 下一步(N) 按钮。

（14）打开“设置片尾”对话框，撤销选中☐显示片尾复选框，不显示片尾，然后单击 下一步 按钮，如图 7-65 所示。

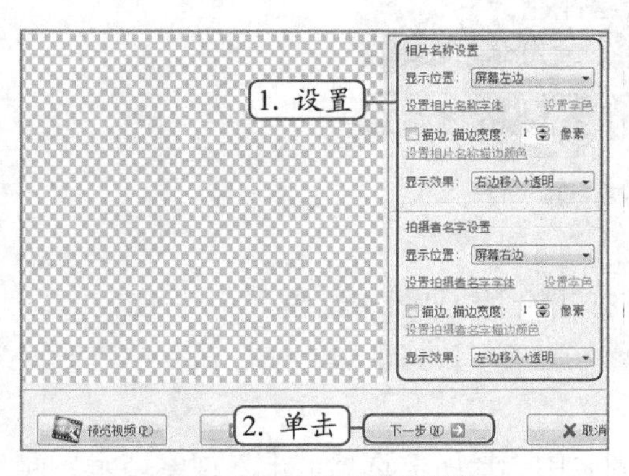

图 7-64 相片名称及描述

图 7-65 撤销显示片尾

（15）打开“生成视频”对话框，单击选中☑为视频文件添加背景音乐和☑音乐比视频长时删除多余的音乐 复选框，然后单击 生成视频 按钮，在打开的下拉列表中选择需要的视频格式，这里选择“生成 MP4 格式视频”选项，如图 7-66 所示。

（16）打开“另存为”对话框，设置视频保存位置和名称，单击 保存(S) 按钮，如图 7-67 所示，然后在打开的对话框中单击 确定 按钮（最终效果参见：效果文件\项目七\任务四\我们在一起 .mp4）。

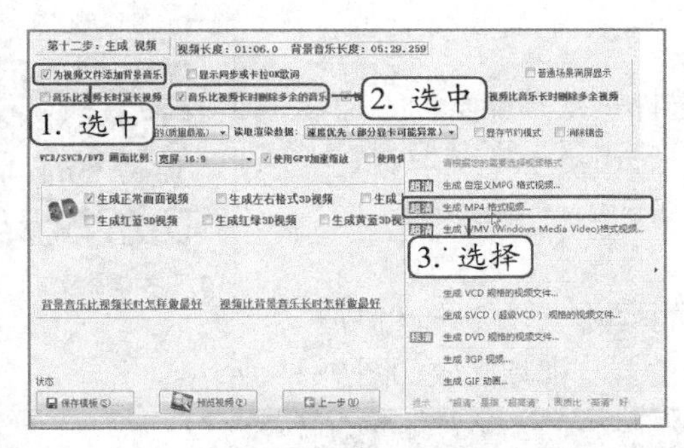

图 7-66 设置视频格式

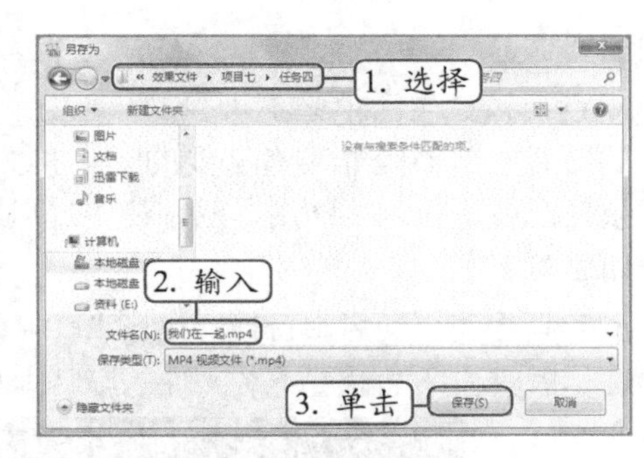

图 7-67 导出视频

实训一 制作手机铃声

微课视频

制作手机铃声

【实训要求】

本实训要求使用百度音乐搜索并下载“暗涌 .mp3”音乐文件，然后截取音乐部分音频制作成手机铃声（最终效果参见：效果文件 / 项目七 / 实训一 / 铃声 .mp3）。

【实训思路】

本实训将使用百度音乐和 GoldWave 工具软件实现。首先启动百度音乐，搜索并下载“暗涌”音乐文件，然后通过 GoldWave 打开下载的音乐文件，裁剪副歌部分，保存为手机铃声使用，如图 7-68 所示。

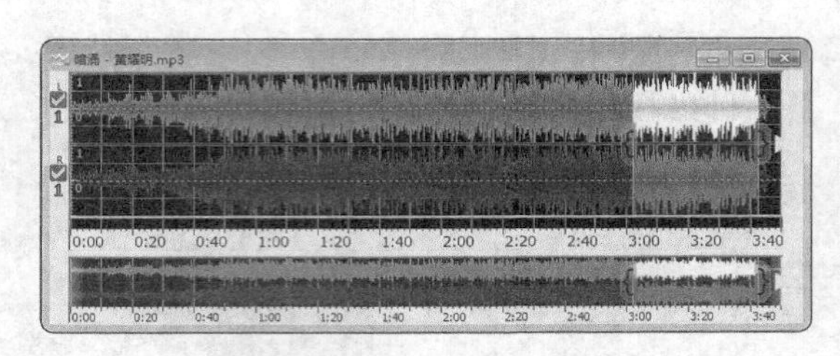

图 7-68　裁剪效果

【步骤提示】

（1）启动百度音乐，在工具栏中单击按钮，在打开的下拉列表中选择“设置”选项。

（2）在打开的“设置”对话框中单击“下载设置”选项卡，将下载的文件保存位置设置为常用文件夹中。

（3）在搜索框中输入“暗涌”，在打开的下拉列表中选择所需选项，进入搜索结果界面，在歌曲选项上单击鼠标右键，在弹出的快捷菜单中选择“下载”命令，下载歌曲。

（4）下载完成后，启动 GoldWave，打开“暗涌”音乐文件。

（5）在编辑窗口中拖动鼠标选取保留的副歌部分，单击工具栏中的“剪裁”按钮，剪裁音频文件，最后将截取的音频文件保存为“铃声 .mp3”。

实训二　观看视频并设置下载

【实训要求】

观看视频是生活中必不可少的一部分，选择一款功能全面、操作简单的影音播放器是非常有必要的。本实例将使用暴风影音搜索、观看视频并设置下载，帮助用户熟练使用暴风影音。

微课视频

观看视频并设置下载

【实训思路】

本实训将使用暴风影音搜索电影“肖申克的救赎”，再选择“高清”视频进行播放，然后设置下载文件的默认保存位置。视频播放如图 7-69 所示。

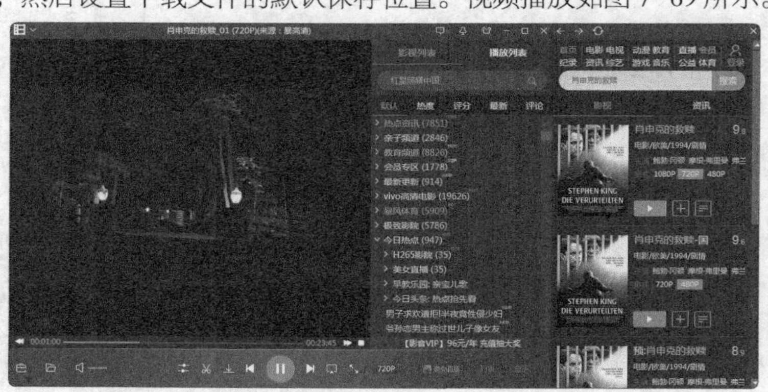

图 7-69　观看视频

【步骤提示】

（1）启动暴风影音，打开视频盒子，在搜索框中输入“肖申克的救赎”，按【Enter】键。

（2）在搜索结果的视频选项中单击 720P 图标，选择高清视频，然后单击按钮播放视频。

（3）在工具栏中单击“工具箱”按钮，选择“下载管理”选项，打开“下载管理”对话框。

（4）单击“下载设置”选项卡，在“默认文件夹”栏中设置下载文件的保存位置。

实训三 制作电子相册

【实训要求】

本实训要求使用友锋电子相册制作软件导入计算机中保存的照片（素材参见：素材文件 \ 项目七 \ 实训三 \ 桌面图片），将其制作成电子相册。

【实训思路】

启动友锋电子相册制作软件后，先导入图片素材，然后根据设置向导制作出电子相册。本实训的参考效果如图 7-70 所示。

图 7-70 最终效果

【步骤提示】

（1）启动友锋电子相册制作软件，导入图片。

（2）单击“生成视频”按钮，在打开的下拉列表中选择“根据模板生成视频”选项。

（3）打开“根据模板生成相册”对话框，单击“EXE 格式相册模板”选项卡，在中间的列表框中选择“书本型相册”模板。

（4）然后根据向导提示设置生成 EXE 格式电子相册（最终效果参见：效果文件 \ 项目七 \ 实训三 \ 桌面背景 .exe）。

课后练习

练习 1：试听音乐观看影片

练习在百度音乐中浏览并选择喜欢的歌单播放，然后启动暴风影音，搜索喜欢的电影或娱乐项目进行播放观看。

练习 2：录制音频

练习使用 GoldWave 录制一段音频文件，然后根据实际情况对音频文件进行裁剪，最后降低噪音和添加音效。

练习 3：制作视频

练习将自己保存在计算机中或拍摄的照片导入到友锋电子相册制作软件中，然后生成任意格式的视频文件。

技巧提升

1. 设置百度音乐“皮肤”

设置百度音乐的“皮肤”是指设置百度音乐播放器的外观效果。方法是，在工具栏中单击“设置皮肤”按钮，在打开的下拉列表框中选择喜欢的外观效果选项即可，如图 7-71 所示。

图 7-71 设置百度音乐“皮肤”

2. 使用百度音乐转换音频格式

百度功能具有音频格式转换的功能，其具体操作方法如下。

（1）在百度音乐的工具栏中单击“小工具”按钮，在打开的下拉列表中选择“格式转换”选项，打开“歌曲格式转换”对话框。

（2）单击添加文件按钮，打开“打开”对话框，选择音频文件添加，返回“歌曲格式转换”对话框，单击更改目录按钮，更改文件保存位置，在“输出格式”下拉列表框中选择转换输出的音频格式，然后单击开始转换按钮转换文件格式，如图 7-72 所示。

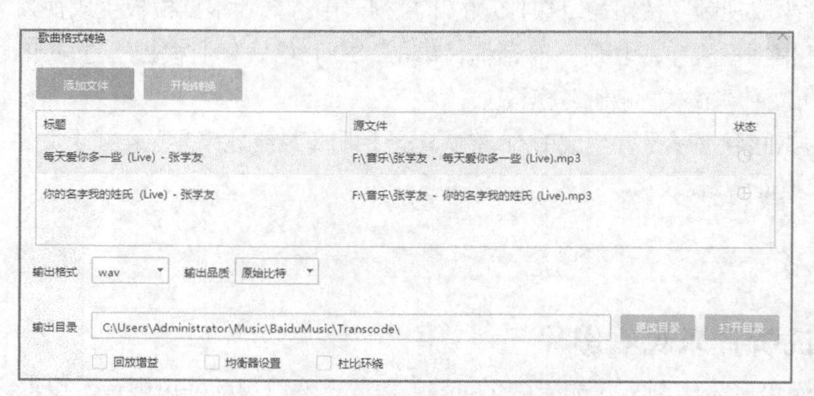

图 7-72 转换音频格式

PART 8

项目八 网络通信工具

情景导入

老洪：米拉，你去查看下公司的邮箱里有没有什么重要的邮件。

米拉：老洪，公司有那么多邮箱，一个一个登录并查看需要很长的时间。

老洪：这个问题很容易解决啊，你可以下载 Foxmail 邮件客户端，将所有的邮箱账号都添加进去，就可以直接查看所有的未读邮件，这样能节省很多时间。

米拉：原来有这么便捷的软件呀，那我一会儿把重要的邮件拿 U 盘拷给你。

老洪：不需要拷给我，你可以使用 QQ 的文件助手传给我，如果我不在，直接使用离线传送就行了，记得给我发条信息。

米拉：好的，我现在就去。

学习目标

- 掌握使用 Foxmail 邮件客户端收发电子邮件的方法
- 掌握使用腾讯 QQ 即时通信的操作方法

技能目标

- 能使用 Foxmail 邮件客户端进行邮箱登录、收发邮件、管理邮件等操作
- 能使用腾讯 QQ 进行添加好友、交流信息、收发文件等操作

任务一　使用 Foxmail 收发邮件

Foxmail 是由华中科技大学（原华中理工大学）张小龙开发的一款优秀的国产电子邮件客户端软件，通过和 U 盘的授权捆绑形成了安全邮和随身邮等一系列产品，中文版使用人数超过 400 万，使用英文版的用户遍布 20 多个国家，名列“十大国产软件”，被太平洋电脑网评为五星级软件。2005 年 3 月 16 日被腾讯收购，成为腾讯旗下的一个邮件软件，域名“foxmail.com”，现在已经发展到 7.2.7 版本。Foxmail 可以看做是 QQ 邮箱的一个别名，QQ 邮箱的用户可以为 QQ 邮箱设置一个 Foxmail 的别名。

一、任务目标

本任务首先创建并登录 Foxmail 的账号，然后使用 Foxmail 7.2.7 邮件客户端来接收和回复邮件，并了解地址簿和管理邮件的相关操作。通过本任务的学习，掌握使用 Foxmail 收发电子邮件的基本操作。

二、相关知识

电子邮件又称 E-mail，它可以快捷、方便地通过网络跨地域地传递和接收信息。电子邮件与传统信件相比，主要有以下 5 个特点。

- **使用方便**：收发电子邮件都是通过计算机完成的，且收发电子邮件无地域和时间限制。
- **速度快**：电子邮件的发送和接收通常只需要几秒钟的时间。
- **价钱便宜**：电子邮件比传统信件的成本更低，距离越远越能体现这一优点。
- **投递准确**：电子邮件按照全球唯一的邮箱地址进行发送，保证准确无误。
- **内容丰富**：电子邮件不仅可以传送文字，还可以传送多媒体文件，如图片、声音、视频等。

三、任务实施

（一）创建并登录邮箱账户

邮件客户端是指使用 IMAP/APOP/POP3/SMTP/ESMTP 协议收发电子邮件的软件。用户不需要登入不同的邮箱网页就可以收发邮件。在使用 Foxmail 邮件客户端收发电子邮件之前，需要先创建相应的邮箱账号，其具体操作如下。

（1）安装 Foxmail 邮件客户端后，双击桌面上的快捷图标，启动该程序并打开“新建账号”对话框。

（2）在“E-mail 地址”文本框中输入要打开的电子邮箱账号，这里输入“xlydesaman @163.com”，然后在“密码”文本框中输入对应密码，单击 创建 按钮创建账户，如图 8-1 所示。

（3）显示设置成功后，再单击 完成 按钮，即可使用 Foxmail 邮件客户端登录设置好的邮箱。

（4）单击主界面右上角的按钮，在弹出的下拉菜单中选择“账号管理”命令，打开“系统设置”对话框，如图 8-2 所示。

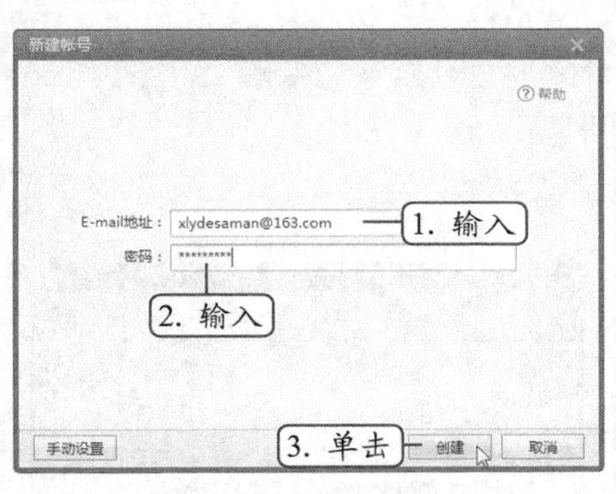

图 8-1 创建账号

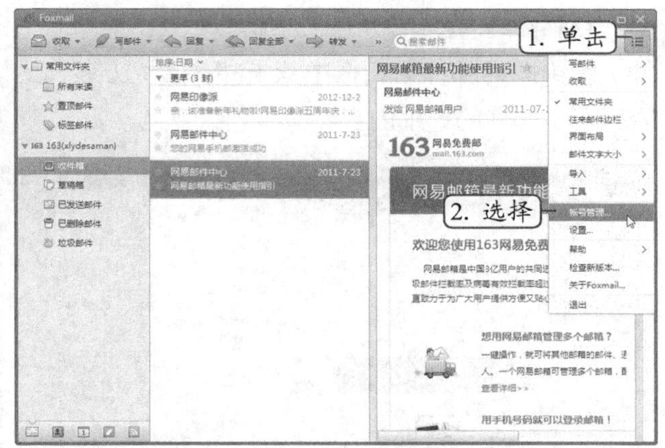

图 8-2 Foxmail 邮件客户端

（5）单击 新建 按钮，打开“新建账号”对话框，按照相同的方法进行设置，即可添加多个电子邮箱账号并依次显示在主界面的左侧，方便用户查看。

（6）在窗口中选择要设置的账号，然后在右侧选择 设置 选项卡，在其中可以设置 E-mail 账号和密码、显示名称、收信时间间隔等，如图 8-3 所示。

（7）选择列表中的任一账号，单击 删除 按钮，打开“信息”提示框对话框，依次单击 是(Y) 按钮，即可删除该账号的所有信息，如图 8-4 所示。

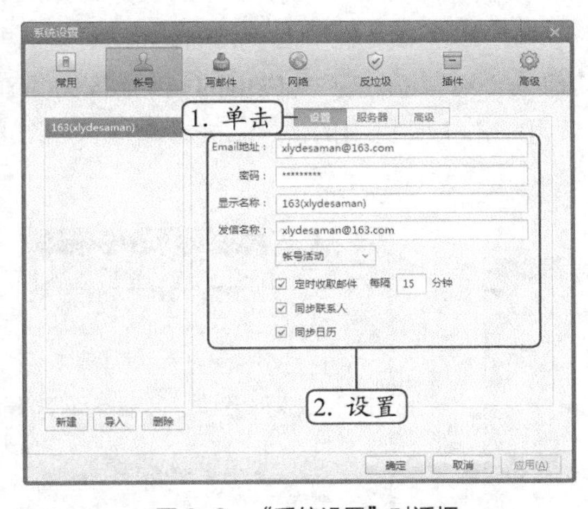

图 8-3 “系统设置”对话框

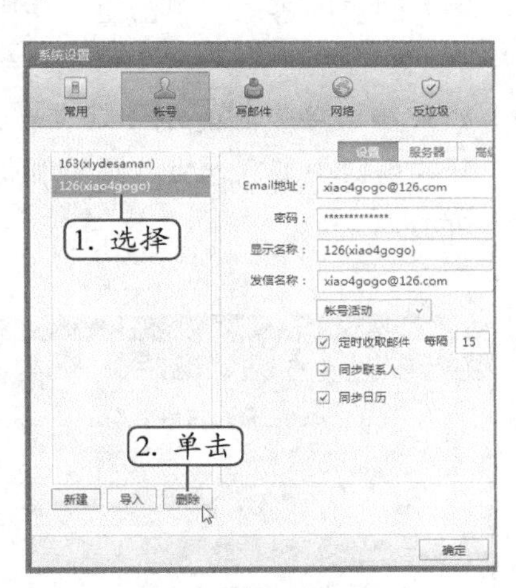

图 8-4 删除账号信息

（二）接收和回复邮件

使用 Foxmail 邮件客户端来接收和发送邮件是最基本和最常用的操作，下面将使用 Foxmail 接收邮件，并查看已接收邮件的具体内容，其具体操作如下。

（1）在打开的 Foxmail 邮件客户端主界面左侧的邮箱列表框中选择要收取邮件的邮箱账号，这里选择“1729839949@qq.com”，然后选择账号下的“收件箱”选项，此时右侧列表框中将显示该邮箱中的所有邮件，其中●图标表示该邮件未阅读，●图标表示该邮件已阅读。选择“立方装饰邀请函”选项，在其右侧的列表框中将显示

该邮件的内容，如图 8-5 所示。

（2）在中间的邮件列表框中双击邮件“立方装饰邀请函”，打开图 8-6 所示的窗口，显示了该邮件的详细内容。

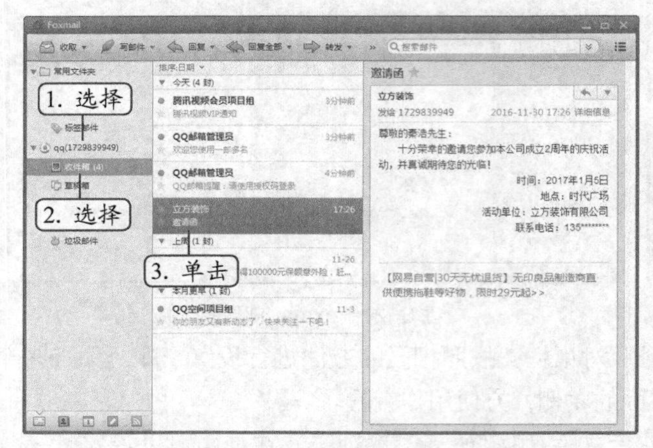

图 8-5　阅读邮件

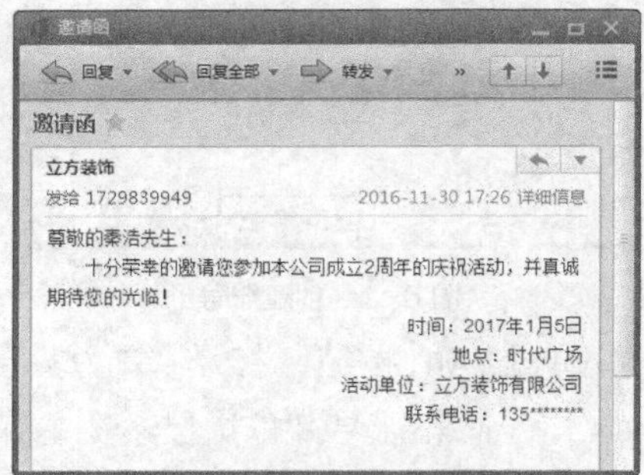

图 8-6　查看邮件的详细内容

（3）完成阅读后，单击工具栏中的回复按钮进行回复操作，在打开的窗口中，程序已经自动填写了“收件人”和“主题”，并在编辑窗口中显示原邮件的内容。根据需要输入回复内容后，单击工具栏中的发送按钮，即可完成回复邮件的操作，如图 8-7 所示。

（4）如果要将接收到的电子邮件转发给其他人，可以单击工具栏上的转发按钮，在打开的窗口中填写转发人地址和信息后，再单击工具栏中的发送按钮即可，如图 8-8 所示。

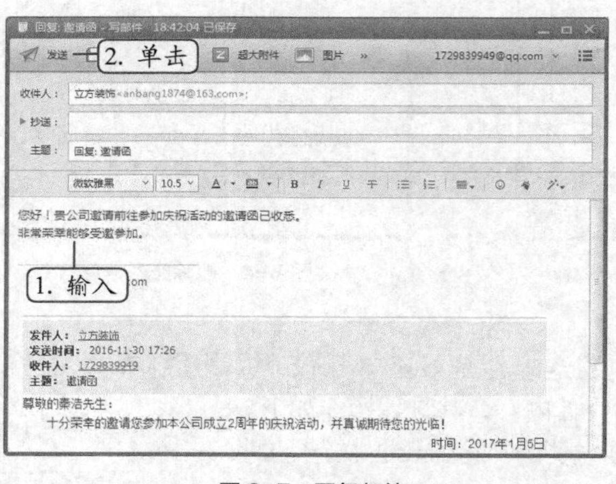

图 8-7　回复邮件

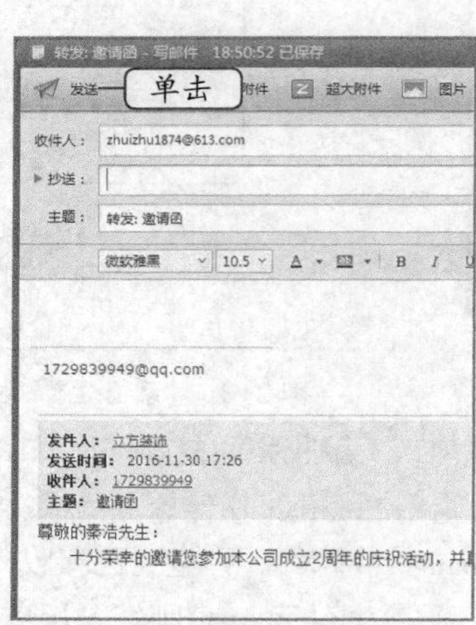

图 8-8　转发邮件

（三）管理邮件

在 Foxmail 邮件客户端中可以对邮件进行复制、移动、删除、保存等管理操作，使邮件的存放更符合用户的需求。其具体操作如下。

（1）在 Foxmail 邮件客户端主界面的邮件列表框中选择需复制的邮件，这里选择“立方装饰邀请函”，然后单击鼠标右键，在弹出的快捷菜单中选择“移动到”命令，在子菜单中选择“复制到其他文件夹”命令，如图 8-9 所示。

（2）打开“选择文件夹”对话框，在“请选择一个文件夹”列表框中选择目标文件夹，这里选择 126 账号下的“收件箱”文件夹，单击 确定(O) 按钮即可将该邮件复制到所选文件夹中，如图 8-10 所示。

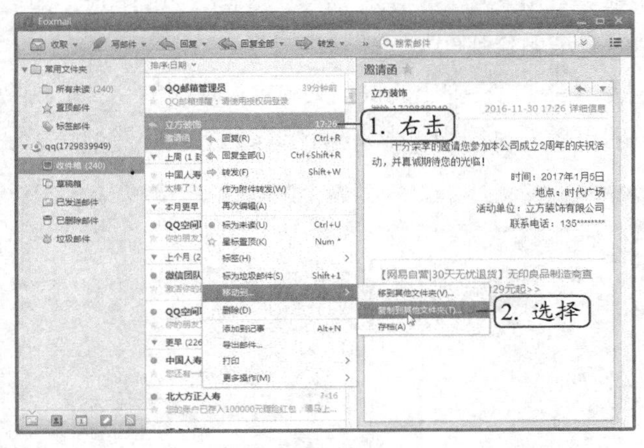

图 8-9 复制到其他文件夹

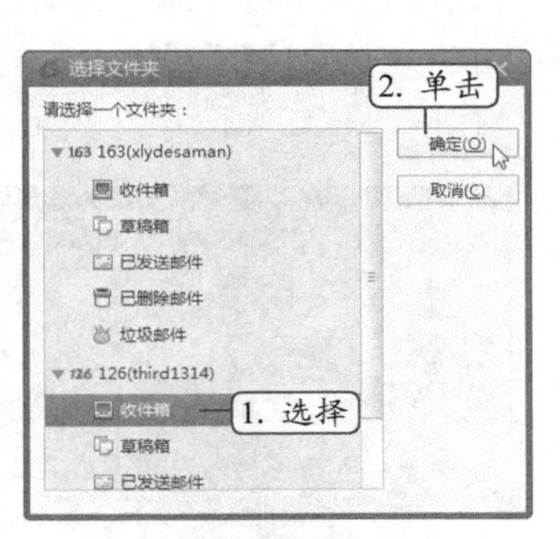

图 8-10 复制到文件夹

（3）在邮件列表框中选择需要移动的邮件，这里按住【Ctrl】键选择多个邮件，然后按住鼠标左键不放并拖曳鼠标指针，当鼠标指针变成形状时，将其移至目标邮件夹后再释放鼠标，这里将其移至左侧邮箱列表框中账号下的“垃圾邮件”文件夹，如图 8-11 所示。

（4）移动完成后，原来的邮件会自动消失，如图 8-12 所示。

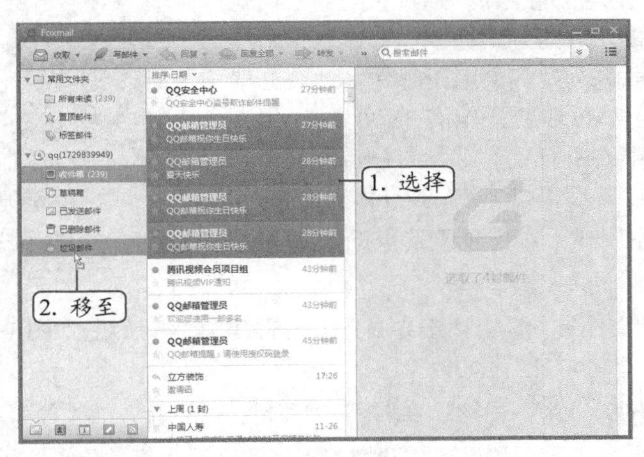

图 8-11 移动邮件

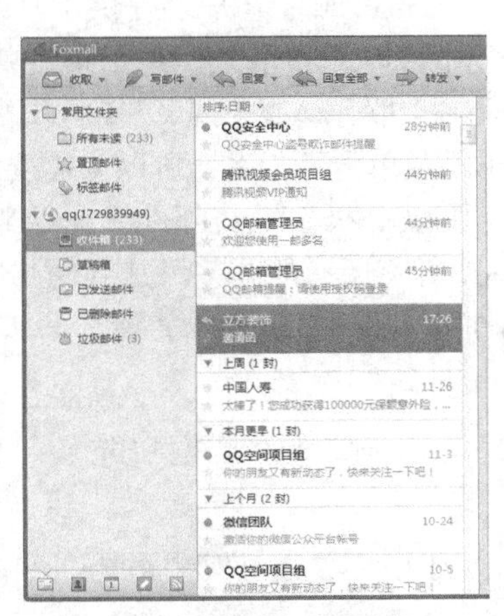

图 8-12 原邮件消失

右键移动邮件

在Foxmail邮件客户端主界面的邮件列表框中选择需移动的邮件，然后单击鼠标右键，在弹出的快捷菜单中选择“移动到”命令，在子菜单中选择“移动到其他文件夹”命令，打开“选择文件夹”对话框，在“请选择一个文件夹”列表中选择目标文件夹后，单击 确定(O) 按钮即可将该邮件移动到所选文件夹中。

（5）在邮件列表框中选择需要删除的邮件，然后按键盘上的【Delete】键或在需要删除的邮件上单击鼠标右键，在弹出的快捷菜单中选择“删除”命令，如图8-13所示，即可将该邮件移动至左侧邮箱列表框中的“已删除邮件”文件夹。

（6）在“已删除邮件”文件夹上单击鼠标右键，在弹出的快捷菜单中选择“清空‘已删除邮件’”命令，如图8-14所示，在打开的对话框中单击 确定(O) 按钮，将邮件彻底删除。

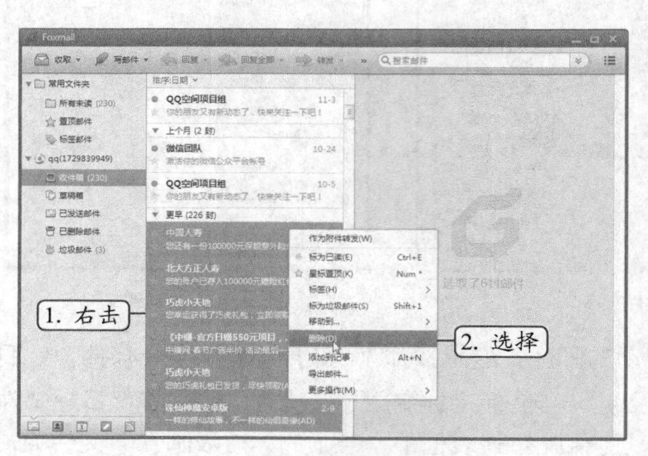

图8-13　删除邮件

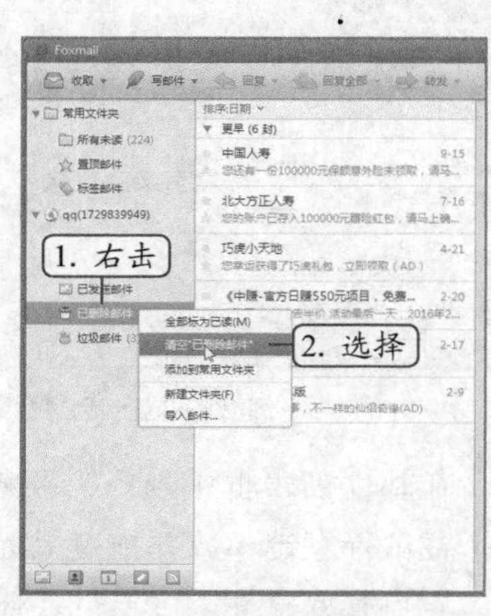

图8-14　清空“已删除邮件”

（四）使用地址簿发送邮件

Foxmail邮件客户端提供了功能强大的地址簿，通过它能够方便地管理邮箱地址和个人信息。地址簿以名片的方式存放信息，一张名片对应一个联系人的信息，其中包括联系人姓名、电子邮件地址、电话号码以及单位等内容。可以为需要经常联系的用户创建的专门一个组，这样可以一次性地将邮件发送给组中的所有成员。下面将新建一个联系人，并将所有的同事添加到新组中，然后群发邮件，其具体操作如下。

（1）在Foxmail邮件客户端主界面左侧邮箱列表框底部单击“地址簿”选项卡，切换到“地址簿”界面。

（2）在左侧邮箱列表框中选择“本地文件夹”选项，单击界面左上角的 新建联系人 按钮，如图8-15所示。

（3）打开“联系人”对话框，其中包括“姓”“名”“邮箱”等项目，这里输入前3项即可，然后单击 保存 按钮，如图8-16所示，如果还需要填写更多的联系人相关信息，可以单击“编辑更多资料”超链接，在展开的对话框中输入信息。

图 8-15　新建联系人

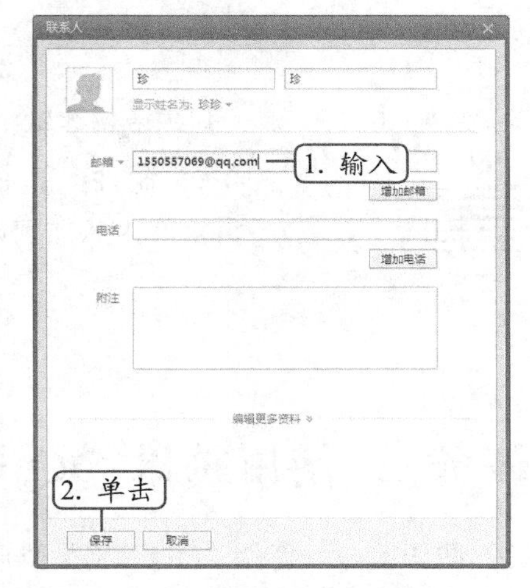

图 8-16　编辑联系人信息

（4）单击 新建联系人 按钮右侧的 新建组 按钮，或单击鼠标右键，在弹出的快捷菜单中选择“新建联系人”命令。

（5）打开“联系人”对话框，其中包括“组名”和“成员”两项，这里输入组名“同事”，然后单击 添加成员 按钮，如图 8-17 所示。

（6）打开“选择地址”对话框，在“地址簿”列表中显示了“本地文件夹”的所有联系人信息，选择需添加到“同事”组中的联系人，单击 → 按钮或在联系人上双击鼠标，此时，右侧的“参与人列表”列表框中就会自动显示添加的联系人，单击 确定 按钮确认，如图 8-18 所示。若要移除已添加的成员，只需选择需移除的联系人，再单击对话框中间的 ← 按钮即可。

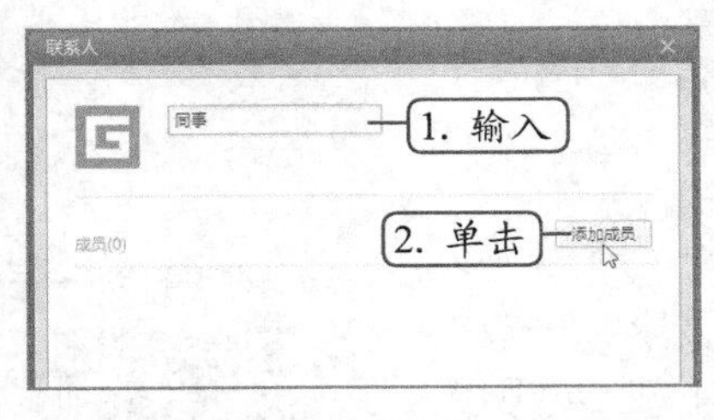

图 8-17　创建“同事”组

图 8-18　添加成员

（7）返回“联系人”对话框，在“成员”列表框中将显示所添加的联系人，最后单击 保存 按钮完成组的创建操作。

（8）成功创建联系人组后，选择同事组，单击 写邮件 按钮，如图 8-19 所示，打开“写邮件”窗口，程序将自动添加收件人地址，编辑剩下的内容再单击 发送 按钮，即可群发邮件。

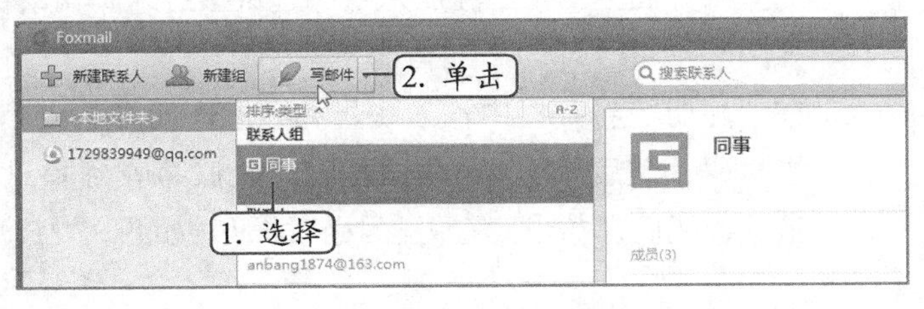

图 8-19　添加成员

右键添加联系人

利用鼠标右键可快速将收件箱中的联系人添加到地址簿中，方法为，在选择的邮件上单击鼠标右键，然后在弹出的快捷菜单中选择【更多操作】/【将发件人添加到地址簿】菜单命令，再在弹出的子菜单中选择地址簿文件夹即可。

任务二 使用腾讯 QQ 即时通信

腾讯 QQ（简称“QQ”）是腾讯公司开发的一款基于 Internet 的即时通信软件。QQ 支持在线聊天、视频聊天、语音聊天、点对点断点续传文件、共享文件、网络硬盘、自定义面板、QQ 邮箱等多种功能，并可与移动通信终端等多种通信方式相连。已经有上亿在线用户，是中国目前使用最广泛的即时通信软件之一。

一、任务目标

本任务首先需注册账号，然后通过“查找”按钮添加好友，最后与好友进行信息交流和文件的传送。通过本任务的学习，掌握 QQ 的使用方法。

二、相关知识

即时通信软件是一种基于 Internet 的即时交流软件，最初是三个以色列人开发的，命名为 ICQ，也称网络寻呼机。该类软件使得人们可以通过 Internet 计算机用户随时跟另外一个在线用户交谈，甚至可以通过视频看到对方的实时图像。

三、任务实施

（一）注册账号

若需要使用 QQ 进行即时通信交流，需先申请一个 QQ 号码，QQ 号码的申请分为付费和免费两种形式，除非有特殊要求，一般申请免费的 QQ 号码即可（在 http://im.qq.com/ 中可免费下载 QQ 聊天软件），其具体操作如下。

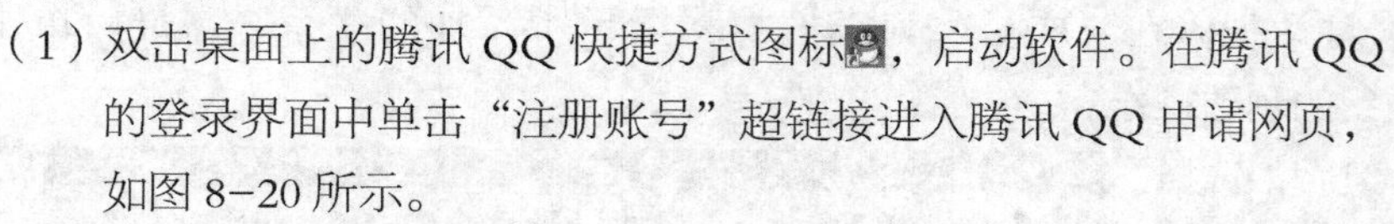

（1）双击桌面上的腾讯 QQ 快捷方式图标，启动软件。在腾讯 QQ 的登录界面中单击“注册账号”超链接进入腾讯 QQ 申请网页，如图 8-20 所示。

（2）在“注册账号”栏中输入账号和登录密码等基础信息，申请账号时需要输入自己的手机号码，然后单击获取短信验证码按钮，稍后将收到腾讯 QQ 发送的验证码短信，如实输入该验证码后，单击立即注册按钮即可，如图 8-21 所示。

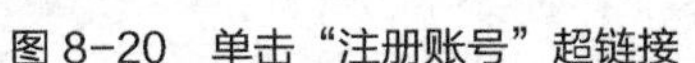
图 8-20 单击“注册账号”超链接

图 8-21 填写申请信息并注册申请

（3）申请成功后，会在网页中显示一个号码，记住这个号码，它就是登录的 QQ 的账号。

知识补充

QQ 账号申请提示

有时候申请 QQ 号码并不一定一次就能成功，可能会因为服务器繁忙或者申请过于频繁而导致不能成功申请 QQ 号码，这时可以稍等片刻或者改天申请。

（二）登录 QQ 并添加好友

申请 QQ 账号后，首先需要登录 QQ 将日常好友或同事、客户等添加为好友，之后才能在 QQ 中通信。下面登录 QQ 并添加好友，其具体操作如下。

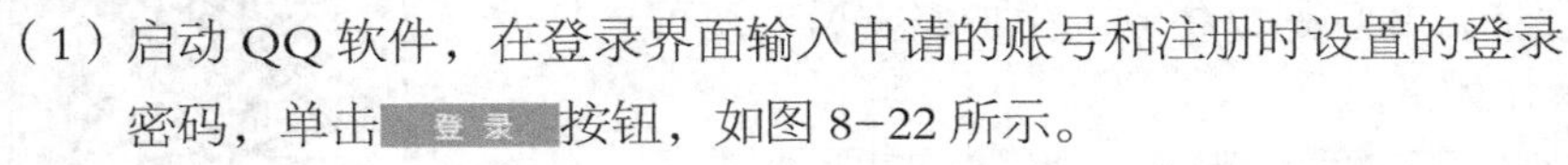

（1）启动 QQ 软件，在登录界面输入申请的账号和注册时设置的登录密码，单击 登 录 按钮，如图 8-22 所示。

（2）登录后，在 QQ 主界面下方单击 查找 按钮，打开“查找”对话框，在“查找”文本框中输入同事或客户的 QQ 账号，按【Enter】键查找，在下方的界面中将显示搜索到的 QQ 账号，单击 +好友 按钮，如图 8-23 所示。

图 8-22 登录 QQ

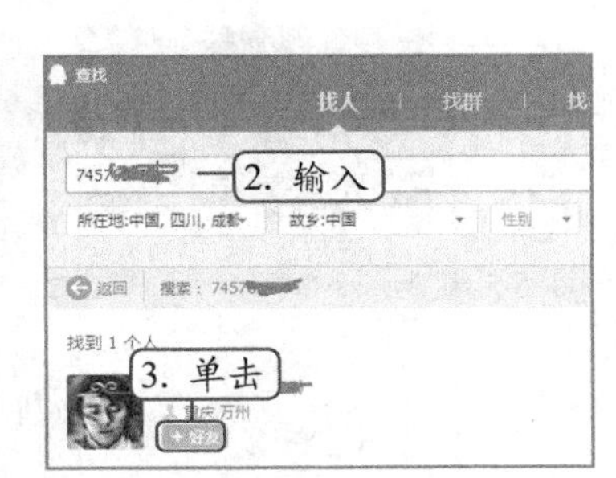

图 8-23 查找、添加好友

操作提示

记住密码与自动登录

在登录界面单击选中 记住密码 复选框，将记住账号的密码，单击选中 自动登录 复选框后，启动计算机进入系统后将自动登录 QQ。

（3）在打开对话框的“请输入验证信息”文本框中输入验证信息，在工作中要注明是某公司的某某，被添加者才会确认添加，单击下一步按钮，如图 8-24 所示。

（4）在打开对话框的“备注姓名”文本框中输入对方的备注信息，然后单击“新建分组”超链接，在打开对话框的“分组名称”文本框中输入分组名称，如输入“客户”，用于存放客户的账号，单击确定按钮，再单击下一步按钮，如图 8-25 所示。

（5）请求发出后，如果对方在线并同意添加好友，则会收到一个系统消息，单击任务栏通知区域的闪动的好友 QQ 图标，将打开 QQ 对话框并看到提示已成功添加，此时在 QQ 主界面的“客户”组中可看到添加的 QQ 好友，如图 8-26 所示。

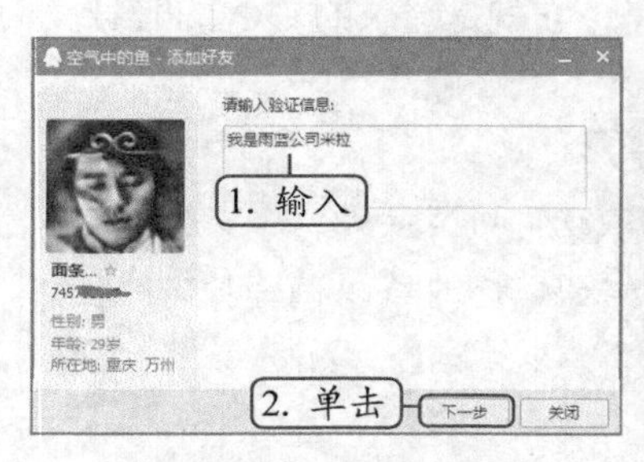

图 8-24 输入验证信息

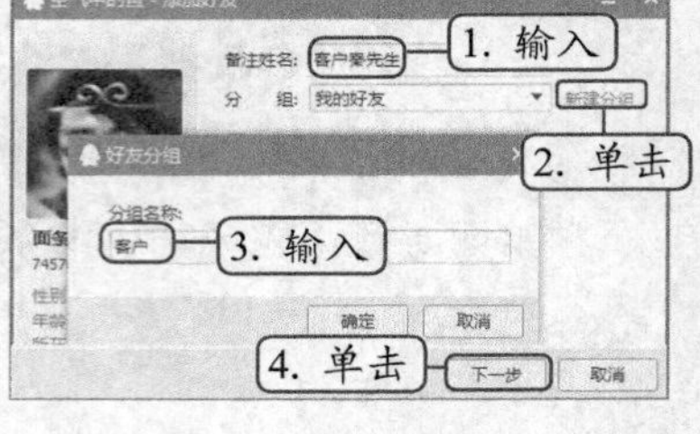

图 8-25 好友分组

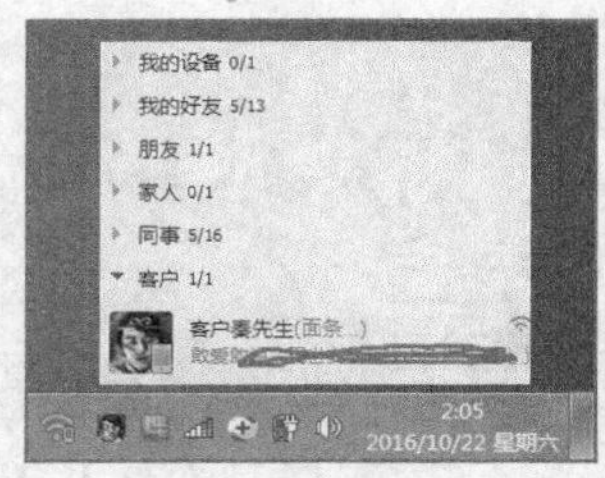

图 8-26 查看添加的好友

（三）信息交流

QQ 最重要的功能便是与好友进行信息交流，在日常生活与工作中这种方式比电话更便捷，并且是免费的。添加好友后，便可与其进行信息交流，其具体操作如下。

（1）在 QQ 界面的组别中双击好友选项，如图 8-27 所示。

（2）打开 QQ 对话框，在下方文本框中输入内容，然后单击发送(S)按钮发送信息，如图 8-28 所示。

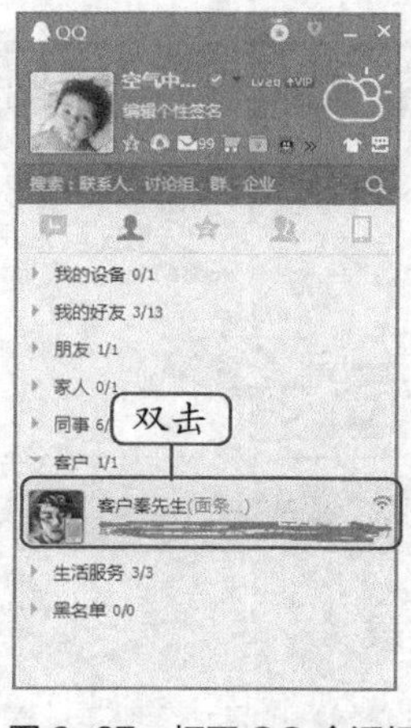

图 8-27 打开 QQ 会话框

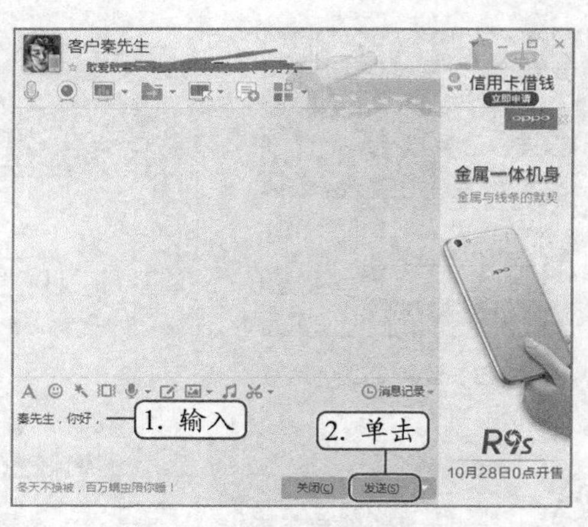

图 8-28 发送消息

（3）发送的信息显示在上方的窗格中，对方回复信息后，内容同样显示在上方的窗格中，如图 8-29 所示。

(4) 为了使对话的氛围变得轻松，可单击 QQ 对话框工具栏中的“选择表情”图标☺，在打开的列表框选择需要的表情图标进行发送，如图 8-30 所示。

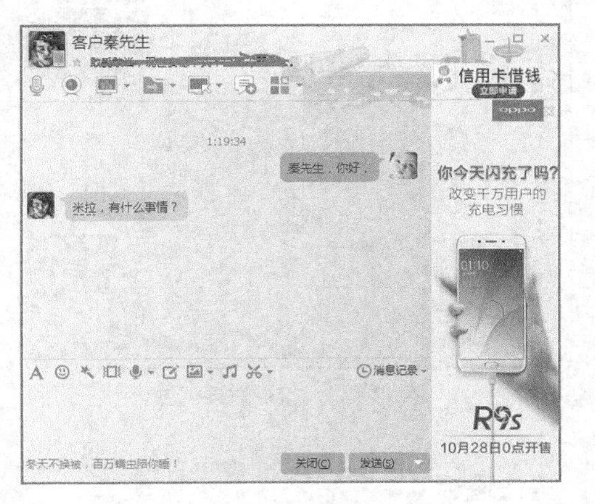

图 8-29 查看接收的信息

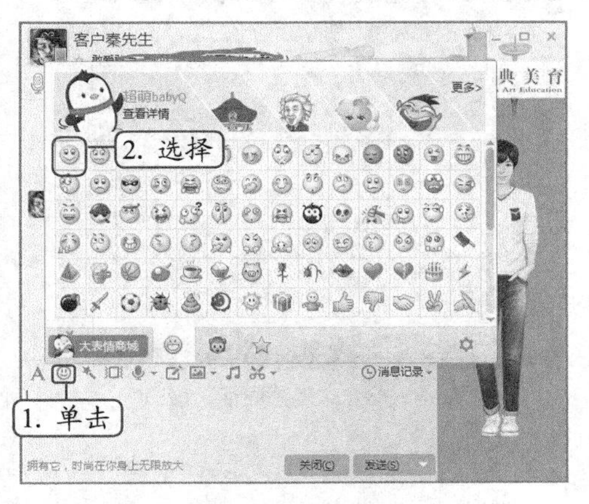

图 8-30 发送表情

(5) 在办公中有时需要通过截图说明内容，首先需打开要进行截图的文件窗口，然后在工具栏中单击“截图”按钮✂，拖动鼠标选择截图范围，如图 8-31 所示。单击✓完成按钮或双击截图区域，将图片添加到文本框中，如图 8-32 所示，单击发送(S)按钮发送。

图 8-31 截图

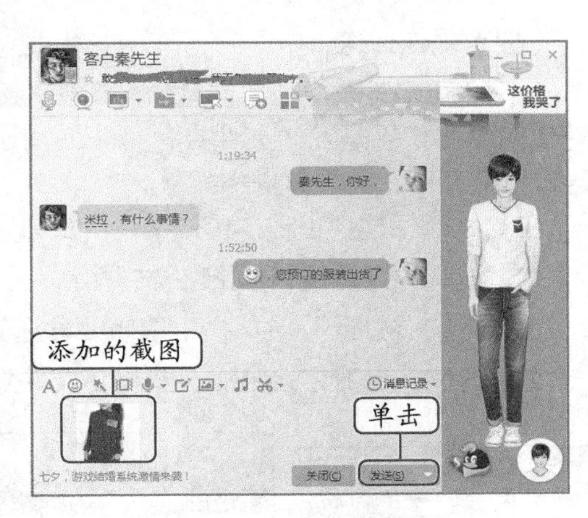

图 8-32 发送截图图片

操作提示

按快捷键发送信息

在 QQ 对话框的工具栏中单击发送(S)按钮右侧的▾按钮，在打开的下拉列表中选择“按 Enter 键发送消息”选项，可通过按【Enter】键实现单击发送，选择“按 Ctrl+Enter 键发送消息”选项，可通过按【Ctrl+Enter】组合键发送。

(6) 单击对话框上方的“开始视频通话”按钮◉，打开“视频通话”窗口，等待的同时会向好友发送一个视频邀请，如图 8-33 所示。当好友向自己发送视频邀请时，单击✓接受按钮后，如图 8-34 所示，即可通过视频直接进行交流。

图 8-33　“视频通话”窗口

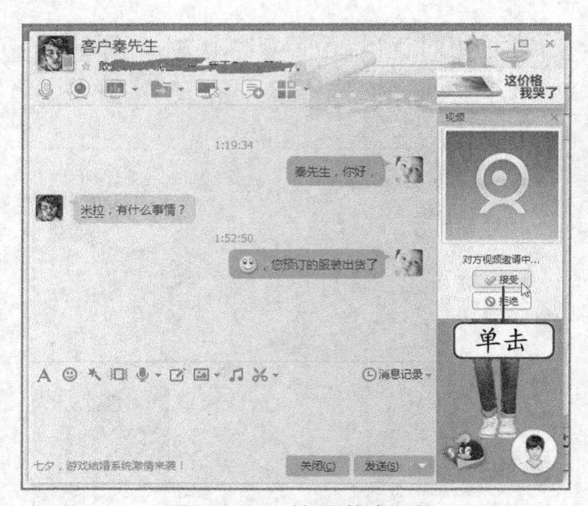

图 8-34　接受邀请视频

语音通话

单击对话框上方的“开始语音通话”按钮，便能与好友进行语音交流。语音通话和视频通话的区别是：没有图像，所以占用的网络资源和计算机内存更少，适合没有摄像头或不能使用视频的环境。

（四）文件传送

除了使用 QQ 进行文字信息的交谈外，还可进行文件的传送。在发送文件中，如果是发送文件夹，可先使用压缩软件压缩文件，然后发送该压缩文件，其具体操作如下。

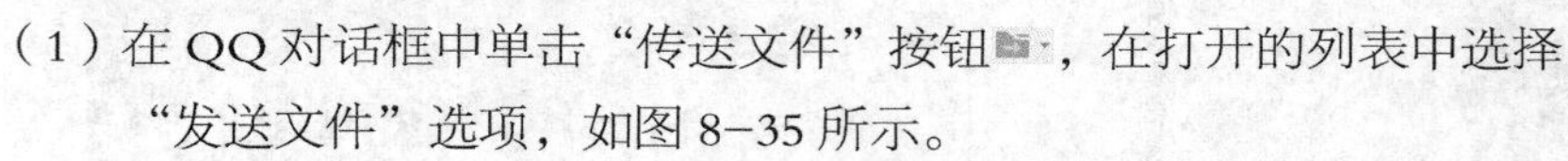

（1）在 QQ 对话框中单击“传送文件”按钮，在打开的列表中选择“发送文件”选项，如图 8-35 所示。

（2）在打开的“打开”对话框中选择要发送的文件，单击 打开(O) 按钮，如图 8-36 所示，添加发送文件。对方接收后，将显示文件发送和接收成功的信息提示，如图 8-37 所示。

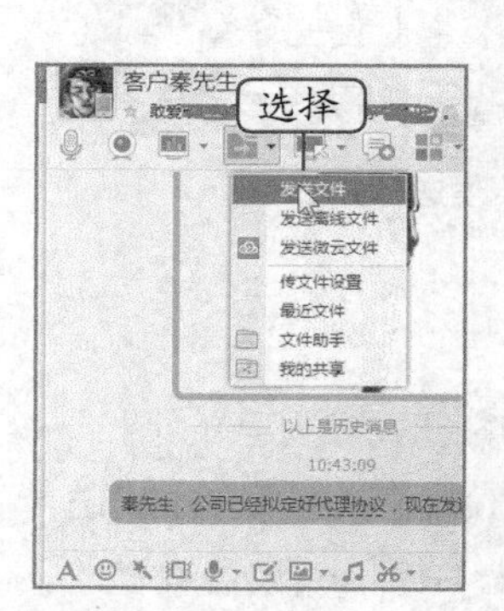

图 8-35　执行“发送”命令

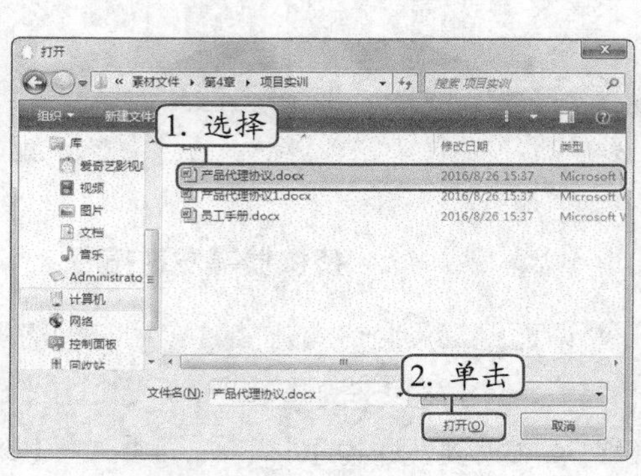

图 8-36　添加发送文件

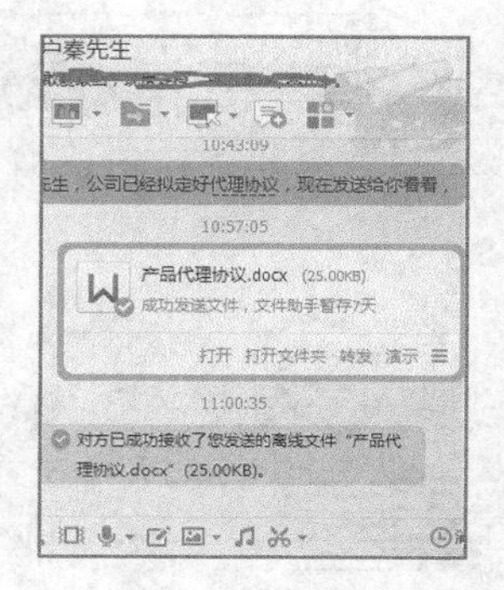

图 8-37　发送成功

（3）当好友发来文件后，在“传送文件”窗格中单击“另存为”超链接，然后在打开的“另存为”对话框中选择文件保存位置，单击 保存(S) 按钮接收文件，如图 8-38 所示。

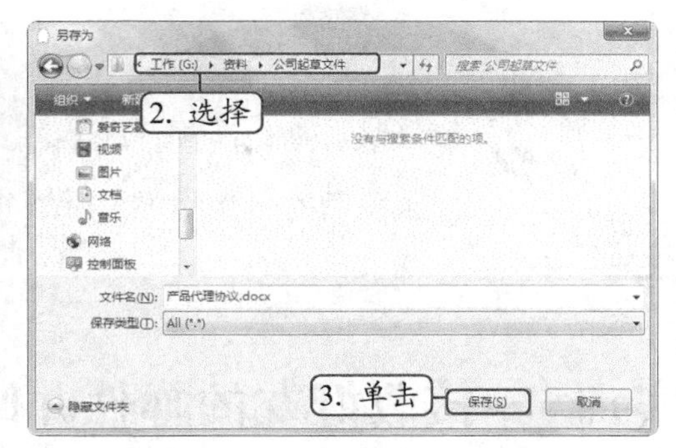

图 8-38　接收文件

文件离线传送

如果好友不在线上，无法单击“接收”或“另存为”超链接回应操作，发送者可单击进度条下方的“转离线发送”超链接，即可将要传送的文件上传至服务器暂时保存。好友下次登录 QQ 时，系统会自动以消息的方式提示，好友只需单击消息图标打开聊天窗口，单击其中的超链接即可接收文件，也可以通过“文件助手”下载离线文件。

（五）远程协助

在日常工作中如遇到不懂的操作，可通过 QQ 发送远程协助请求，邀请好友通过网络远程控制自己的计算机系统，由对方对系统进行操作，同时，也可接受好友的远程协助请求，来控制好友的计算机进行系统操作。如下面在 QQ 中邀请好友协助办公，其具体操作如下。

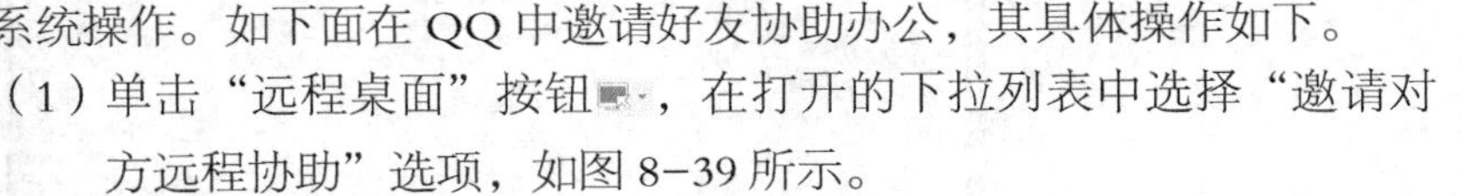

（1）单击“远程桌面”按钮，在打开的下拉列表中选择“邀请对方远程协助”选项，如图 8-39 所示。

（2）对方接受邀请后，在对方的 QQ 对话框中显示自己的系统桌面，然后好友可对自己的系统进行操作，如图 8-40 所示。如果请求控制对方计算机，待对方接受邀请后，在自己的 QQ 对话框中显示对方计算机系统桌面，然后即可操作对方的系统。

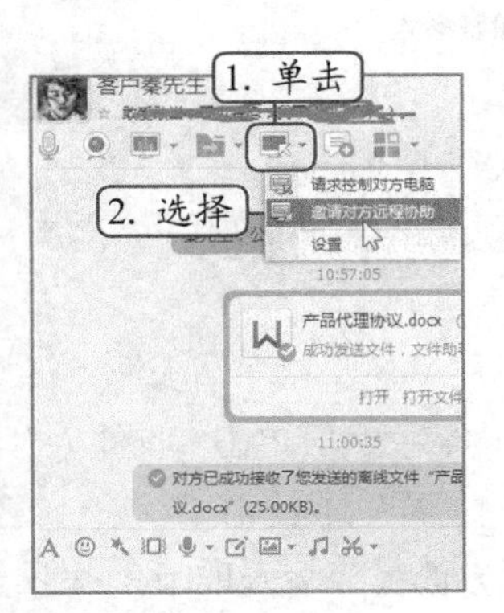

图 8-39　发送协助邀请

图 8-40　进行远程控制

远程协助信息安全

在使用远程控制技术时，应先确定对方的身份，特别是在进行涉及商业机密的交流时，更应做好保密工作，以确保重要信息的安全。

实训一 接收好友的邮件并回复

微课视频

接收好友的邮件并回复

【实训要求】

本实训要求使用 Foxmail 邮件客户端来接收好友的邮件并进行回复。通过本实训的操作可以巩固使用 Foxmail 邮件客户端收发电子邮件的方法。

【实训思路】

本实训的操作思路如图 8-41 所示，可运用前面所学的使用 Foxmail 邮件客户端收发邮件的知识来进行操作。先创建并登录 Foxmail 邮件客户端邮箱，然后在收件箱中查看邮件，并通过 回复 按钮对该邮件进行回复，最后再将邮件通过地址簿转发给“同事”组中的成员。

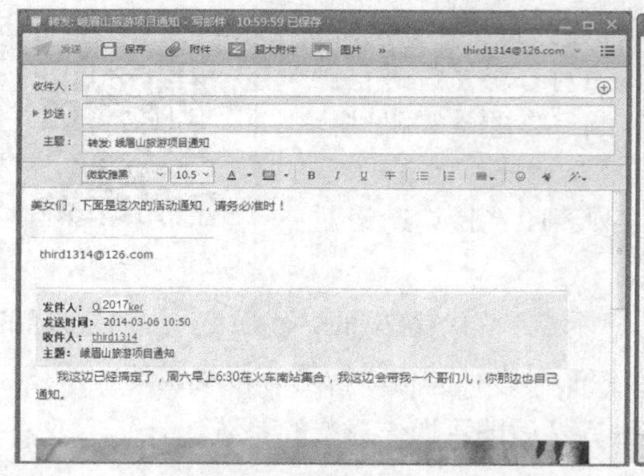

①编辑邮件

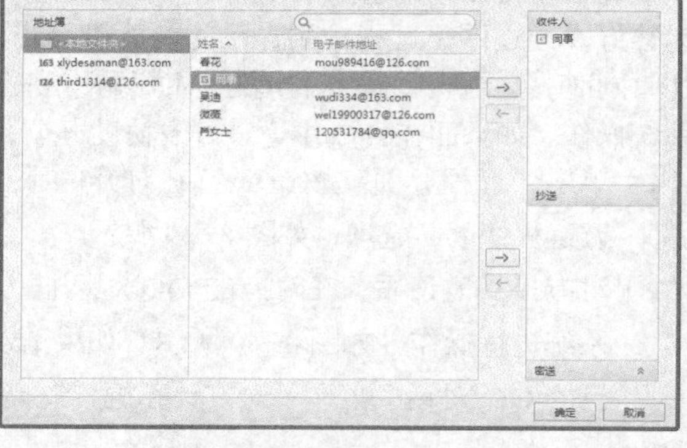

②添加联系人

图 8-41 转发邮件

【步骤提示】

（1）创建并登录 Foxmail 邮件客户端，选择邮箱账号下的“收件箱”选项，接收邮件，然后单击未读邮件，在右侧查看邮件内容。

（2）单击顶部的 回复 按钮，对该邮件进行回复。

（3）回到主界面，单击 转发 按钮，打开“转发”窗口，编辑要发送的内容，然后单击“收件人”文本框中的“添加”按钮⊕。

（4）打开“选择地址”对话框，将“同事”组通过 → 按钮添加到“发件人”文本框中，单击 确定 按钮完成设置。

实训二 使用 QQ 与好友聊天

【实训要求】

本实训要求使用聊天工具软件 QQ 与好友聊天。通过本实训的操作可以熟悉聊天软件的操作方法。

【实训思路】

本实训的操作思路如图 8-42 所示，先登录到 QQ 主界面，然后与好友进行文字聊天，最后离线传送文件。

① QQ 登录

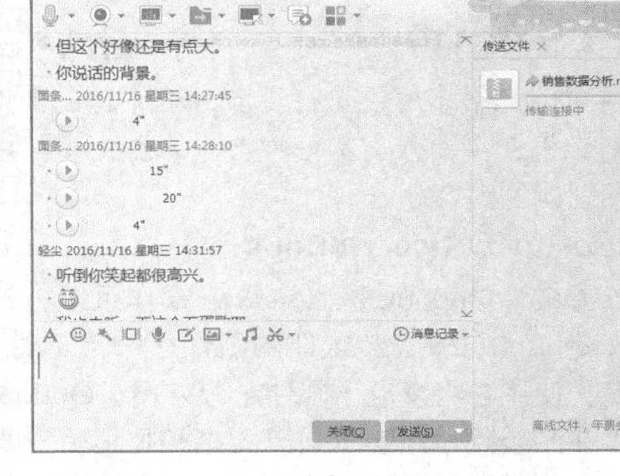

②离线发送文件

图 8-42 使用 QQ 聊天

【步骤提示】

（1）双击桌面的快捷图标，打开 QQ 的登录窗口，单击选中记住密码复选框。

（2）输入账号密码登录 QQ，然后双击好友头像，并在聊天窗口中输入相应文字。

（3）发送聊天信息，然后添加文件进行离线发送。

课后练习

练习 1：使用 Foxmail 管理邮件

下面创建并登录 Foxmail 邮件客户端进行邮件管理。

操作要求如下。

- 选择“收件箱”选项，接收并查看邮件内容。
- 将所有发送邮件的邮件地址设置成“联系人”后再添加到“朋友”组中。
- 向“朋友”组中的成员群发邮件。
- 清空邮件箱。

练习 2：添加 QQ 好友并交流

下面登录 QQ，添加好友进行语言交流并发送文件。

操作要求如下。

- 输入账号和密码登录 QQ，查找并添加好友。
- 双击好友头像，进入聊天窗口，向好友发送消息并邀请好友进行视频通话。
- 向好友发送离线文件。

技巧提升

1．Foxmail 同类软件

世界上有很多种著名的邮件客户端。国外客户端主要有 Windows 自带的 Outlook，Mozilla Thunderbird、The Bat！、Becky！、Outlook 的升级版 Windows Live Mail；国内客户端有 Dreammail 和 Koomail。

2．查看 QQ 消息记录

使用 QQ 同时与很多好友进行交流，难免忘记交流的重点内容，此时，打开与好友进行交流的 QQ 对话框，在输入文本框中上方单击消息记录按钮，可打开“消息记录”窗口，查看与该客户近期交谈的内容。

3．Microsoft Office Outlook

Microsoft Office Outlook 是 Windows 操作系统的一个收、发、写、管理电子邮件的自带软件，是 Microsoft Office 套装软件的组件之一，它对 Windows 自带的 Outlook Express 的功能进行了扩充，使用它收发电子邮件十分方便。Outlook 的界面如图 8-43 所示。如果是用其他邮箱，通常在某个网站注册了自己的电子邮箱后，要收发电子邮件，需登录该网站，进入电邮网页，输入账户名和密码，然后进行电子邮件的收、发、写操作。

4．设置 QQ 头像

为了让 QQ 更加具有辨识度，可以设置 QQ 头像，其方法为：在 QQ 主界面的头像图表上单击鼠标右键，在弹出的快捷菜单中选择“更换头像”命令，打开“更换头像”对话框，如图 8-44 所示，在“自定义”选项卡中可上传自己的照片设置为头像，或在“经典头像”“动态图像”选项卡中选择 QQ 软件内置的头像。

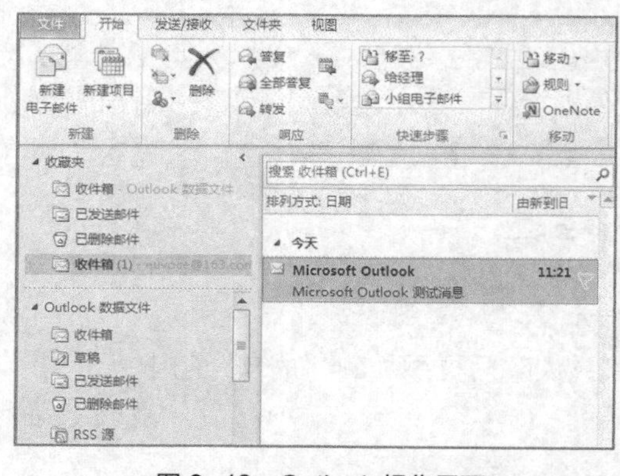

图 8-43　Outlook 操作界面

图 8-44　更改头像

PART 9

项目九 文件传输工具

情景导入

老洪：米拉，我用百度网盘分享了迅雷软件安装程序给你，你记得下载文件。

米拉：好的，但是百度网盘是什么，文件该怎样下载呢?

老洪：百度网盘是网络中的文件传输工具，使用它首先需要登录百度网盘，然后执行一系列操作。

米拉：那我马上用百度网盘下载你分享的迅雷软件。

老洪：那你知道迅雷软件有什么用途吗?

米拉：我知道啊！迅雷软件是一款非常流行的下载软件，主要用于文件的下载操作。

学习目标

- 掌握使用迅雷下载软件的操作方法
- 掌握使用“百度网盘”进行文件传输的操作

技能目标

- 能熟练使用迅雷下载需要的软件
- 能运用“百度网盘”上传、下载和管理文件

任务一 使用迅雷下载网络资源

计算机中没有安装专业的下载工具软件时，要从网页中下载软件和资料只能通过浏览器的默认下载方式进行。但这种下载方式渐渐不能满足需求，一旦网络中断，就必须重新进行下载，而专业的下载软件则不会出现这种问题。迅雷就是目前最流行的下载软件之一，下面进行详细介绍。

一、任务目标

本任务的目标是利用迅雷 9 下载网上的资源并管理下载任务。通过本任务的学习，掌握使用迅雷 9 下载软件的基本操作。

二、相关知识

迅雷是一款基于 P2SP（Peer to Server&Peer，点对服务器和点）技术的免费下载工具软件，能够将网络上存在的服务器和计算机资源进行整合，构成独特的迅雷网格，各种数据文件能以最快的速度在迅雷网格中进行传递。该软件还具有病毒防护功能，可以同杀毒软件配合使用，以保证下载文件的安全性。图 9-1 所示为迅雷 9 的操作界面。

图 9-1 迅雷 9 的操作界面

三、任务实施

（一）在迅雷中启动下载

通过迅雷资源搜索功能来搜索并下载所需文件是最常用的下载方式。本操作将通过迅雷 9 中提供的资源搜索下载“暴风影音”，其具体操作如下。

（1）启动迅雷，在搜索框中输入需搜索的内容，这里输入“暴风影音”，在其右侧的下拉列表框中选择“迅雷下载”选项，然后单击全网搜按钮，如图 9-2 所示。

（2）在打开页面右侧的资源对话框显示了相关的搜索资源列表，在其中选择需要下载的暴风影音选项，如图 9–3 所示。

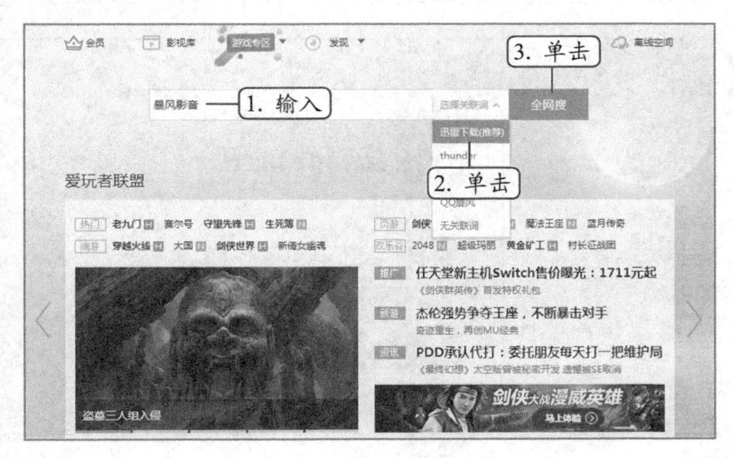

图 9–2　搜索资源

19
已完成全网资源搜索
重新搜索
选择
2016-11-03_10Baofeng5-5.50.0630.exe

图 9–3　展开资源列表

（3）在打开的页面中显示了软件的相关信息，单击“下载”按钮，如图 9–4 所示。

（4）打开“新建任务”对话框，单击按钮，在打开的“浏览文件夹”对话框中选择文件要保存的位置，单击确定按钮返回“新建任务”对话框，单击立即下载按钮，即可下载该软件，如图 9–5 所示。

图 9–4　单击下载链接

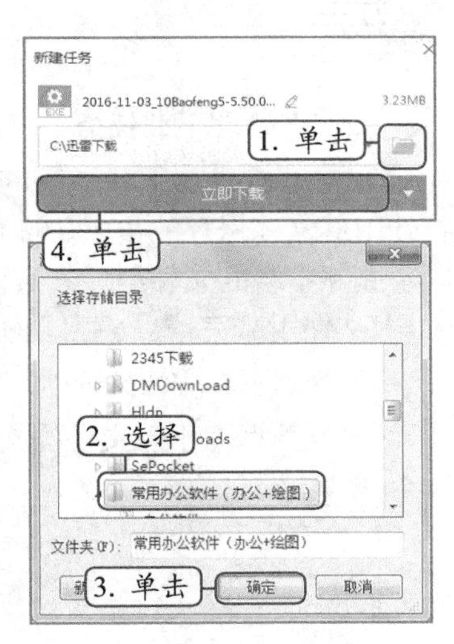

图 9–5　下载资源

（二）在网页中启动下载

安装迅雷后，在浏览网页时，单击鼠标右键会自动将迅雷的相关命令添加到列表中，便于随时使用迅雷建立下载任务，其具体操作如下。

（1）在网页资源的下载链接或下载按钮上单击鼠标右键，在弹出的快捷菜单中选择“使用迅雷下载”命令，如图 9–6 所示。

（2）打开迅雷软件的“新建任务”对话框，默认保持上一次设置的保存位置，或单击按钮更改保存位置，然后单击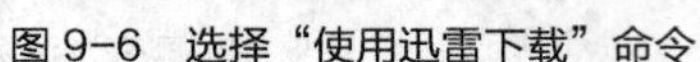按钮，如图 9-7 所示，即可下载该软件。

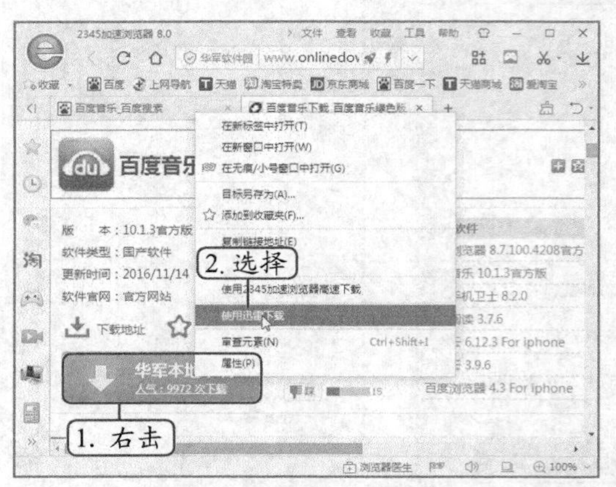

图 9-6　选择“使用迅雷下载”命令

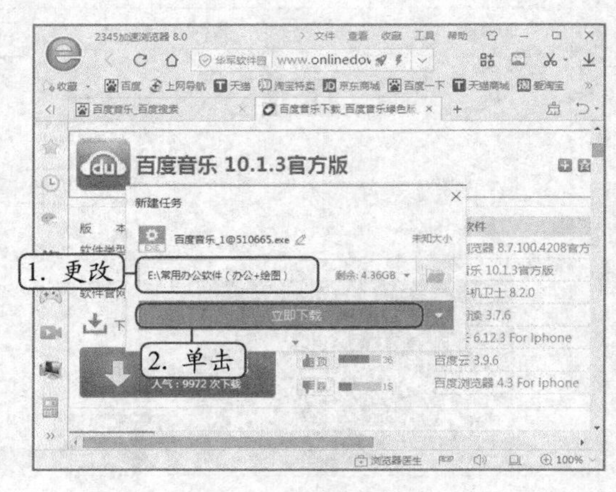

图 9-7　开始下载软件

直接单击启动迅雷下载

在某些网页中，直接单击资源的下载链接，将默认启动迅雷软件并打开“新建任务”对话框，然后进行下载。

（三）管理下载任务

利用迅雷成功下载所需的文件后，可对下载的文件进行管理，如打开下载文件保存的目录、打开或运行已下载的文件、继续下载任务，以及删除下载的文件等。其具体操作如下。

（1）文件下载完成后将自动跳转到“已完成”选项卡，在该选项卡中选择需下载的任务选项，单击工具栏中的“打开文件夹”按钮，可打开保存下载文件的文件夹，如图 9-8 所示。

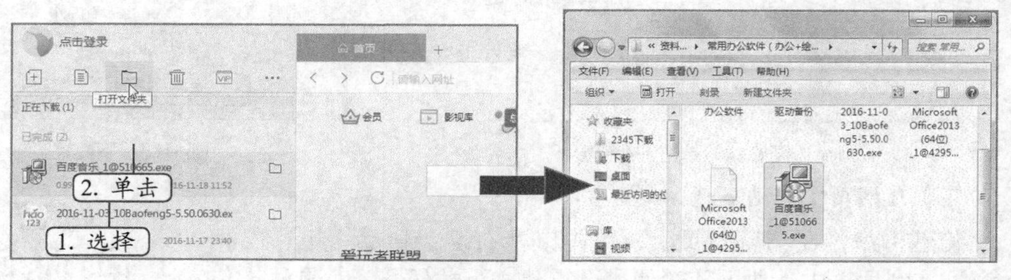

图 9-8　查看下载的文件

（2）返回迅雷 9，在“已完成”选项下选择下载任务，单击工具栏中的“打开文件”按钮，如图 9-9 所示，自动运行下载的软件。

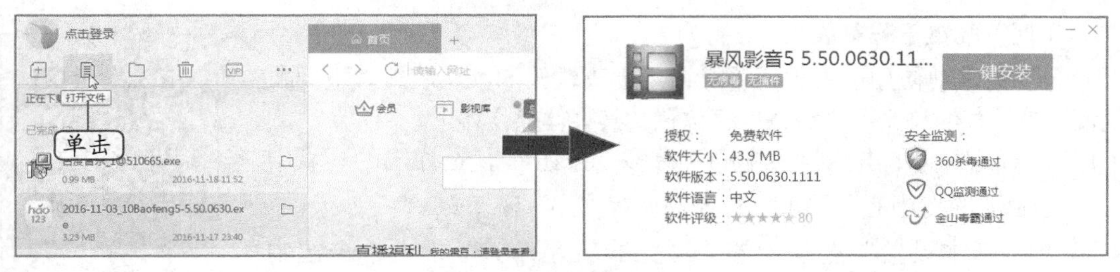

图 9-9　运行下载文件

（3）单击“正在下载”选项卡，在其中选择未下载完成且已暂停的选项，单击工具栏中的“下载”按钮 或双击该下载选项，继续进行下载操作，完成后将切换到“已完成”选项卡，如图 9-10 所示。

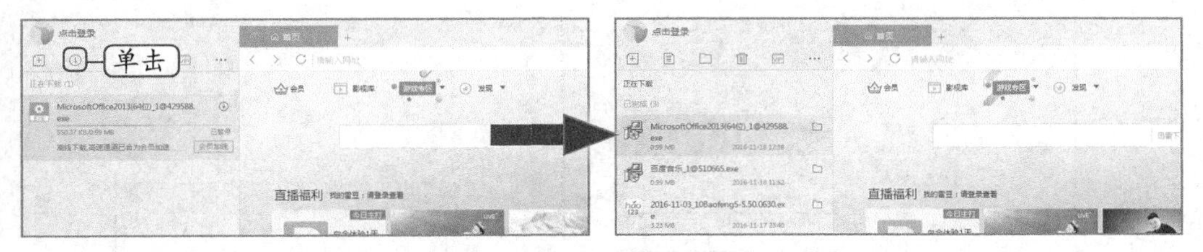

图 9-10　继续下载任务

右键执行操作

在任务选项上单击鼠标右键，在弹出的快捷菜单中选择相应命令，也可执行打开文件夹、打开文件、继续下载、删除等操作。

（4）选择下载任务选项，单击工具栏中的“更多”按钮 ···，在打开的下拉列表中选择“彻底删除任务”选项，打开“删除”对话框，单击选中 ☑ 同时删除文件(D) 复选框，然后单击 确定 按钮，如图 9-11 所示，可同时删除下载任务和下载的文件。

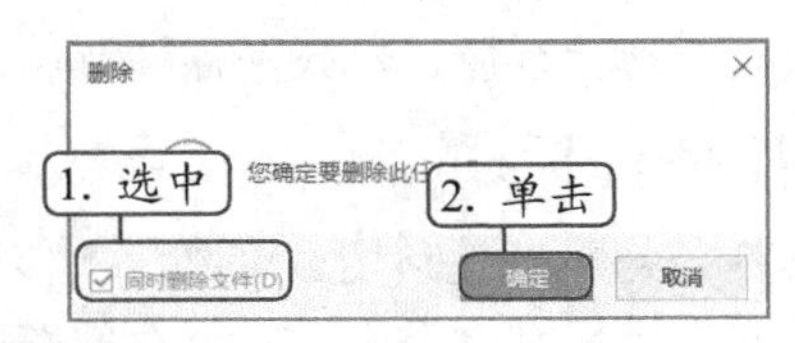

图 9-11　删除任务和文件

删除任务

选择下载任务，在工具栏中单击“删除”按钮 ，只能将任务删除到迅雷的垃圾箱，要想彻底删除，需在“垃圾箱”选项卡中再次执行删除操作。

（四）配置下载参数

微课视频

配置下载参数

为了更好地使用迅雷进行下载，可更改软件的默认配置。下面将设置迅雷下载的浏览器的默认保存位置，其具体操作如下。

（1）启动迅雷，单击工具栏中的“更多”按钮…，在弹出的列表中选择“设置中心”选项，打开“设置中心”窗口。

（2）在“基本设置”选项卡的“浏览器新建任务”栏中单击选中☑响应全部浏览器按钮，在下方选中所有浏览器对应的复选框，解决使用任意浏览器浏览网页时，右键菜单中没有出现迅雷相关命令的问题，如图9-12所示。

（3）在“下载目录”栏中单击选择目录按钮，打开“浏览文件夹”对话框，更改默认下载保存位置，单击确定按钮，如图9-13所示。

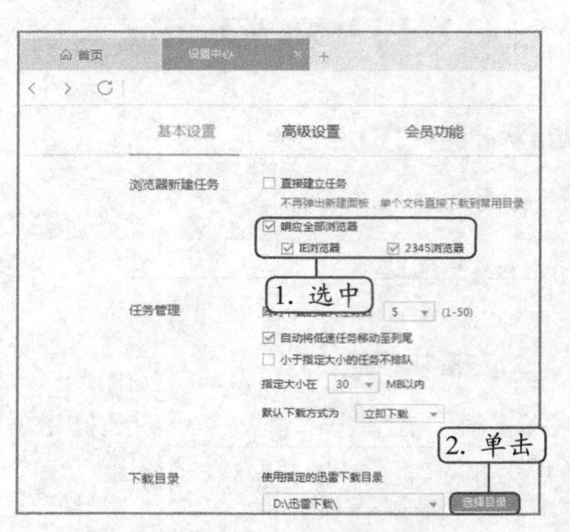

图9-12 设置响应浏览器

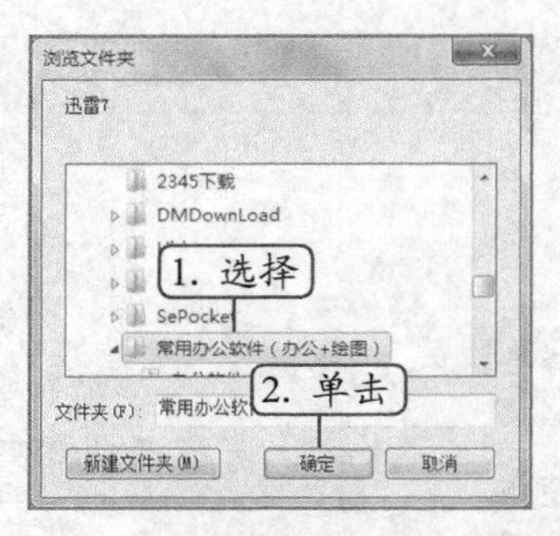

图9-13 设置默认下载保存位置

任务二 运用百度网盘进行文件传输

网盘，又称网络U盘或网络硬盘，它是由网络公司推出的在线存储服务，主要向用户提供文件的存储、访问、备份、共享等。网盘支持独立文件的上传下载和批量文件的上传下载，同时还具有超大容量、永久保存等特点，随着网络的发展，网盘的使用将更为广泛。

一、任务目标

本任务的目标是利用百度网盘上传和下载文件。首先需要登录百度网盘，然后将本地计算机的文件上传到网盘中，并将存放在网盘中的文件下载到本地计算机中，再对网盘文件进行分享和管理。

二、相关知识

百度网盘可以在网页端中操作，也可以使用客户端进行操作。

（一）网页端

启动浏览器，在地址栏输入网址“http://pan.baidu.com/”，按【Enter】键打开百度网盘的网站页面，如图9-14所示，在其中输入百度账号进行登录，其方法与百度音乐相同，百度网盘页面如图 9–15 所示。

图 9–14　登录账号

图 9–15　百度网盘网页主页面

（二）客户端

在使用百度网盘过程中，可以下载百度网盘的客户端进行文件的传输管理。首先在计算机中安装百度网盘软件，然后选择【开始】/【所有程序】/【百度网盘】/【百度网盘】命令，启动百度网盘，进入登录界面，输入百度账号或通过 QQ 账号登录账户，进入主界面，如图 9–16 所示，主要包含功能选项卡、切换窗格、工具栏和文件显示区等部分。

百度网盘的客户端主界面与网页端页面的组成框架和结构相似，其操作方法也是相同的，这里主要讲解使用百度网盘的客户端进行文件传输与管理的相关知识。

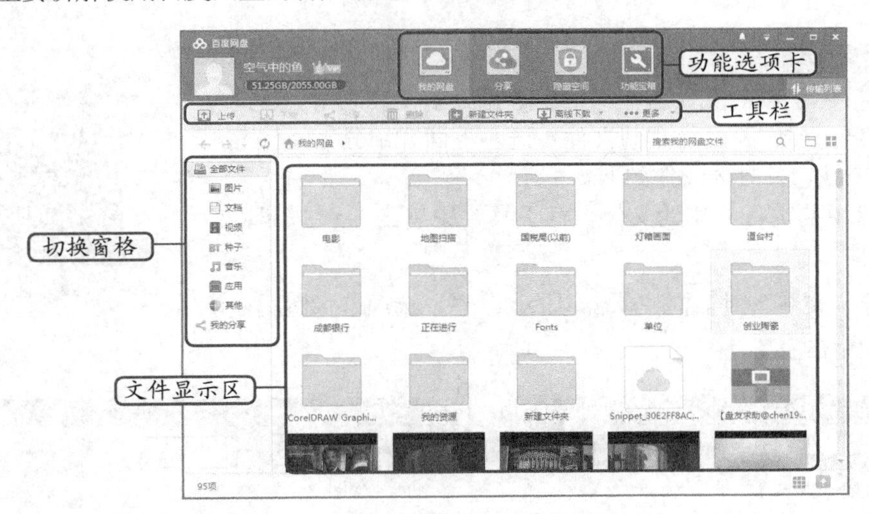

图 9–16　百度网盘客户端主界面

三、任务实施

（一）上传文件

登录百度网盘，即可将本地计算机中的资料上传到网盘中进行存储，下面详细介绍在百度网盘中上传文件，其具体操作如下。

（1）在百度网盘客户端的工具栏中单击 上传 按钮，打开“请选择文件/文件夹”对话框，在其中选择上传的文件，然后单击 存入百度网盘 按钮，如图 9–17 所示。

（2）打开“正在上传”窗口，显示了文件的上传进度，如图 9-18 所示。

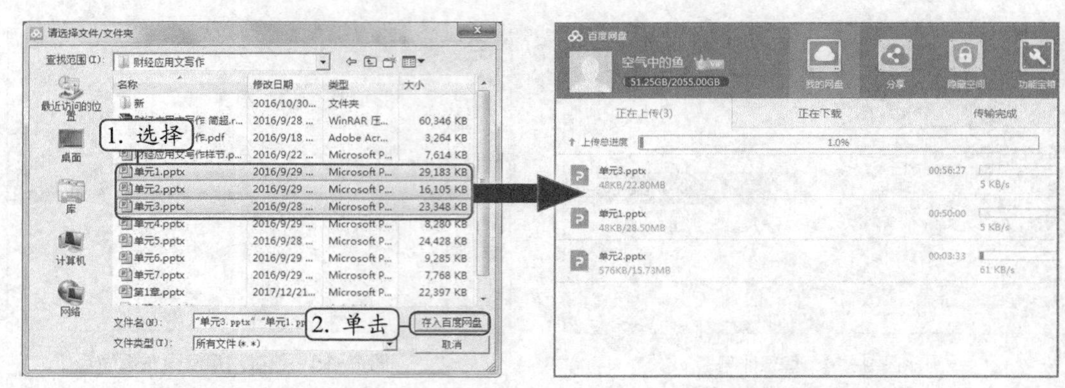

图 9-17　选择文件并上传　　　　图 9-18　正在上传文件

上传文件夹

在上传时，如果选择文件夹进行上传，将依次上传文件夹中包含的所有文件。

（二）分享文件

上传到百度网盘中的文件可在网络中进行分享，其他用户通过分享链接，可下载上传的文件，实现文件传送。下面介绍分享文件、创建分享链接的方法，其具体操作如下。

（1）选择网盘中要进行分享的文件，在工具栏中单击“分享”按钮，如图 9-19 所示。

（2）打开“分享文件”对话框，单击“私密分享”选项卡，然后在该选项卡中单击“创建私密链接”按钮，如图 9-20 所示。

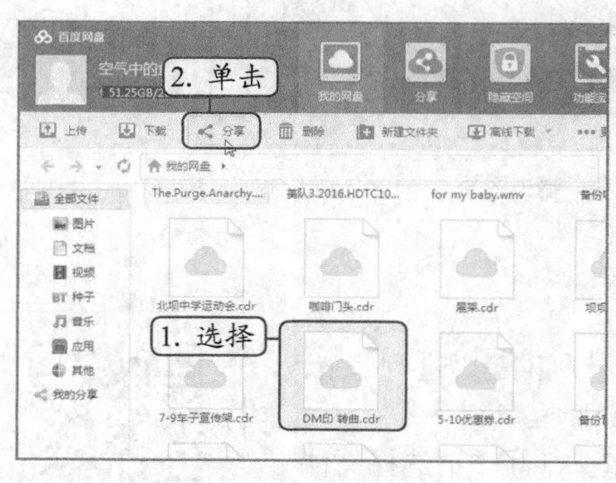

图 9-19　分享文件

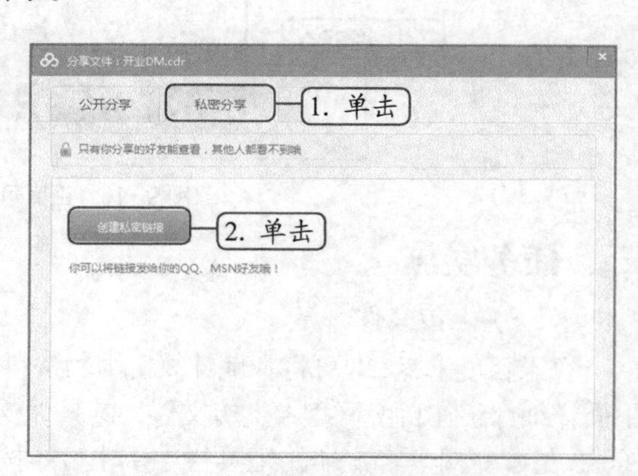

图 9-20　创建私密链接

（3）此时将自动创建分享链接和密码，如图 9-21 所示。单击“复制链接及密码”按钮，将密码通过 QQ

等方式发送给好友，好友将通过链接打开网页，如图 9-22 所示，在下载时需要输入密码才能进行下载操作。

图 9-21 复制链接和密码

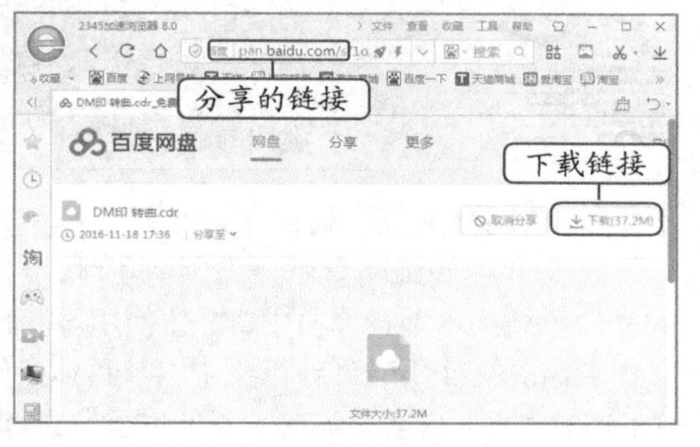

图 9-22 分享网页页面

公开分享

打开“分享文件”对话框后，选择“公开分享”选项卡，然后 创建公开链接 按钮，将新建一个链接，好友通过单击该链接可打开下载页面进行下载。

（三）下载文件

下载文件的操作包含两方面，一方面是指将网络中的网盘资源下载到自己的网盘中存储，另一方面是指将存储在自己网盘中的文件下载到计算机中。

1. 将网络资源下载到网盘

通过网盘下载网络资源与使用迅雷下载网络资源有相似之处，区别在于使用的下载工具不同。下面介绍如何将网络中分享的网盘资源下载到自己的网盘中，其具体操作如下。

（1）在浏览器中打开网盘分享文件的页面，选择要保存的文件，在工具栏中单击 保存到网盘 按钮，如图 9-23 所示。

（2）打开“保存到网盘”对话框，设置保存位置，这里保持默认设置，单击 确定 按钮，如图 9-24 所示。保存成功后，将显示成功保存提示信息。

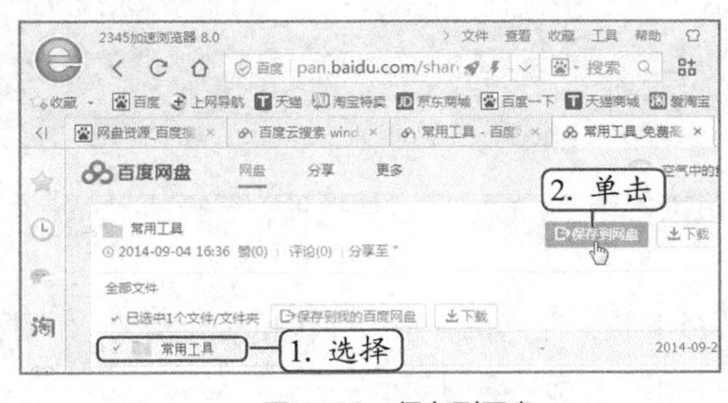

图 9-23 保存到网盘

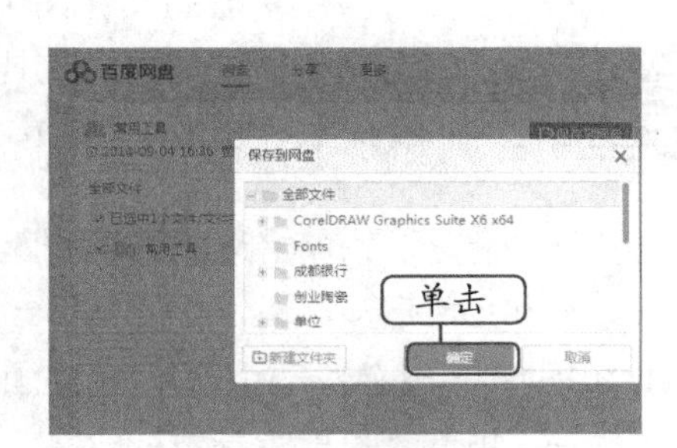

图 9-24 设置保存位置

操作提示

直接下载到计算机中

在文件分享网页中单击下载按钮，如果已登录百度网盘，将直接打开客户端的“设置下载存储路径”对话框，如果未登录，则提示需要登录百度网盘，然后直接下载文件到本地计算机中。

2. 将网盘资源下载到计算机

将文件存储到网盘后，需要使用时，可通过下载的方法将网盘内的文件下载到本地计算机中，方便使用。下面将网盘中的“常用工具”文件夹中的文件下载到计算机中，其具体操作如下。

（1）在百度网盘客户端的“我的网盘”选项卡中双击“常用工具”文件夹，打开该文件夹，如图 9-25 所示。

（2）在打开的文件夹中选择要下载的文件，单击下载按钮，如图 9-26 所示。

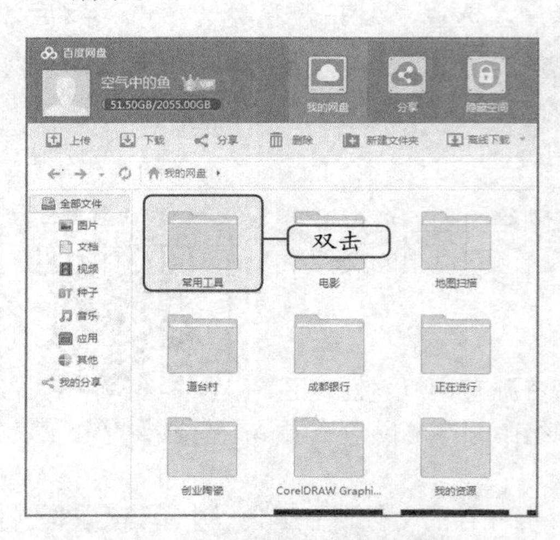

图 9-25 打开网盘中的文件夹

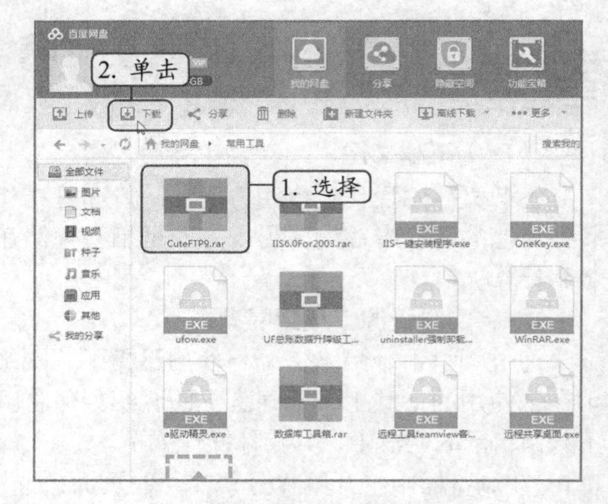

图 9-26 下载文件

上传到网盘的文件夹中

在网盘的文件夹中单击“上传文件”图标，打开“请选择文件/文件夹”对话框，在其中选择上传的文件，然后单击存入百度网盘按钮，可将文件上传到该文件夹中。

（3）打开“设置下载存储路径”对话框，单击选中默认此路径为下载路径复选框，然后单击浏览按钮，如图 9-27 所示。

（4）打开“浏览文件夹”对话框，在其中选择下载文件的保存位置，单击确定按钮，如图 9-28 所示，返回“设置下载存储路径”对话框，单击下载按钮。

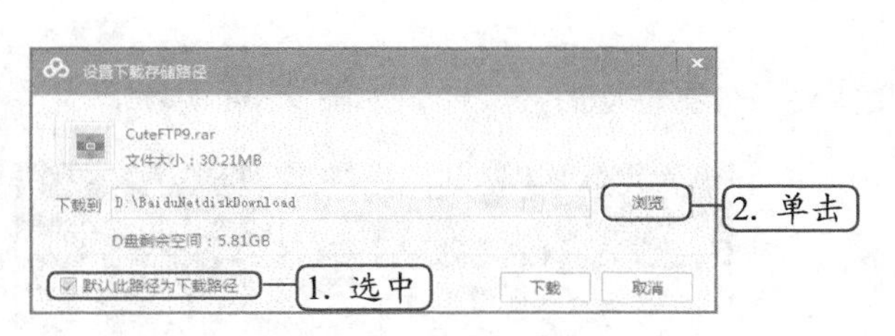

图 9-27 设置下载

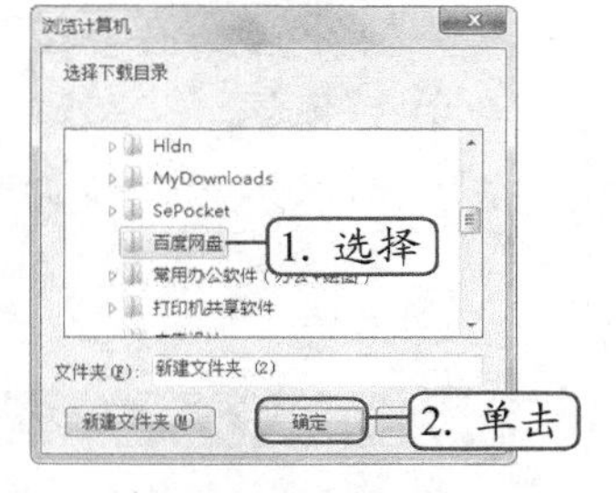

图 9-28 设置保存位置

（5）打开“正在下载”窗口，其中显示了下载文件的进度，如图 9-29 所示。

（6）下载完成后，在“传输完成”选项卡中单击“打开所在文件夹”按钮🗀可快速打开文件的保存位置，如图 9-30 所示。

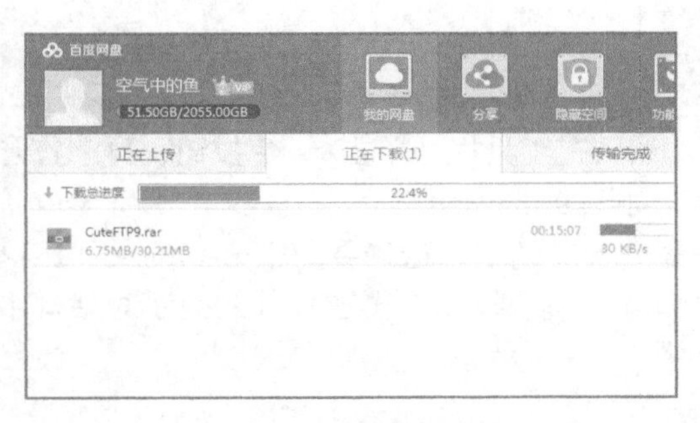

图 9-29 显示下载进度

图 9-30 查看下载的文件

（四）管理网盘文件

用户可以像在计算机中管理文件一样管理网盘中的文件，如新建文件夹、整理归类文件、重命名文件、删除文件等。下面将在网盘中新建“广告文件”文件夹用于存放其中的“广告.cdr”文件，然后删除不再需要的文件，最后取消文件分享，其具体操作如下。

（1）在“我的网盘”选项卡的“全部文件”窗口中单击工具栏中的 新建文件夹 按钮，新建文件夹，在下方文本框输入“广告文件”文件夹名称，如图 9-31 所示。

（2）在工具栏中单击“切换到列表模式”按钮，切换视图模式，然后在文件列表中选择要移动的文件，单击鼠标右键，在弹出的快捷菜单中选择“移动到”命令，如图 9-32 所示。

图 9-31 新建文件夹

图 9-32 执行移动命令

（3）打开“选择网盘保存路径”对话框，选择“广告文件”文件夹选项，然后单击 确定 按钮，如图 9-33 所示。

（4）完成后，打开“广告文件”文件夹，查看移动后的文件，如图 9-34 所示。

图 9-33　设置保存位置　　　　图 9-34　移动后的效果

（5）在“广告文件”文件夹中选择文件选项，然后在工具栏中单击 删除 按钮，再在打开的提示对话框中单击 确定 按钮，删除文件，如图 9-35 所示。

（6）单击“我的分享”选项卡，打开“我的分享”对话框，选择要取消分享的文件，这里单击选中 分享文件 复选框选择所有文件，单击 取消分享 按钮，再在打开的提示对话框中单击 确定 按钮，取消所有文件的分享，如图 9-36 所示。

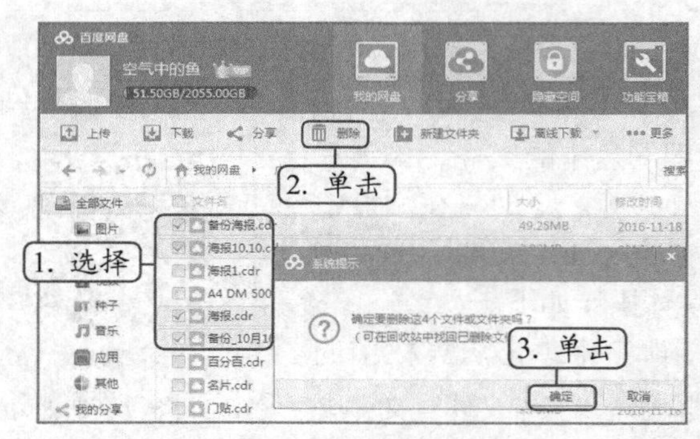

图 9-35　删除网盘文件

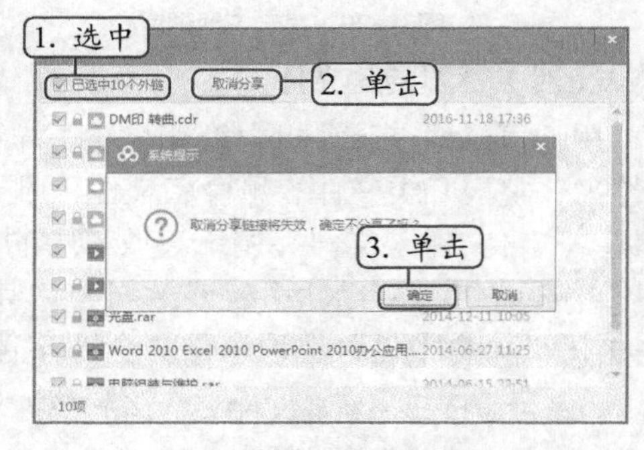

图 9-36　取消文件分享

知识补充

复制、剪切和重命名文件

在网盘中选择文件或文件夹，单击鼠标右键，在弹出的快捷菜单中选择“复制”“剪切”或“重命名”命令，可对文件进行复制、剪切和重命名操作。

（五）网盘选项设置

微课视频

网盘选项设置

对网盘选项进行设置，能够帮助用户更加便捷有效地使用网盘。下面将对网盘选项进行设置，其具体操作如下。

（1）在网盘客户端主界面的标题栏中单击“设置”按钮，在打开的下拉列表中选择“设置”选项。打开“设置”对话框，在“基本”

选项卡中单击选中☑开机时启动百度网盘(推荐)复选框，如图 9–37 所示。

（2）选择“传输”选项卡，在“下载文件位置选择”栏中设置保存位置，然后单击选中☑默认此路径为下载路径复选框，单击 确定 按钮，如图 9–38 所示。

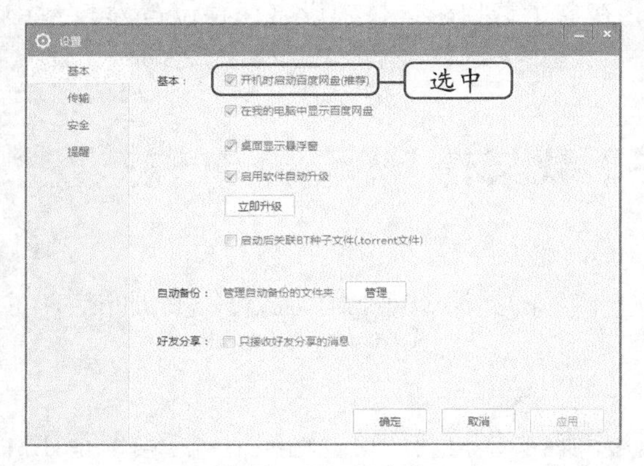

图 9–37 开机启动

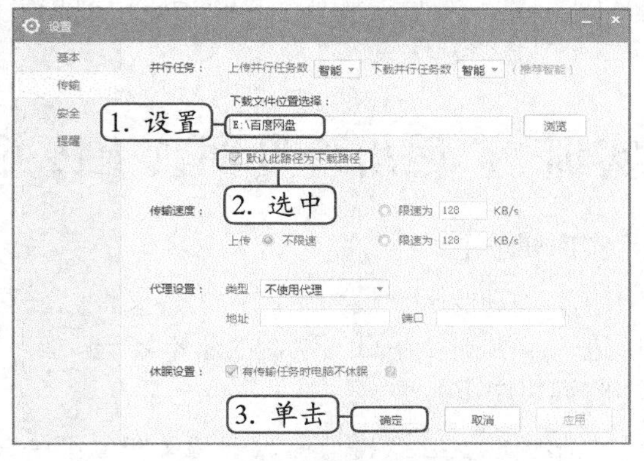

图 9–38 设置默认保存位置

实训一 使用迅雷下载 WinRAR 软件

【实训要求】

本实训要求使用迅雷 9 下载压缩软件 WinRAR 的安装程序，然后将文件保存位置设置为 D 盘，如图 9–39 所示。需要注意的是，在搜索软件的网页中常常会有多个搜索结果，用户要根据需要选择适合的版本。

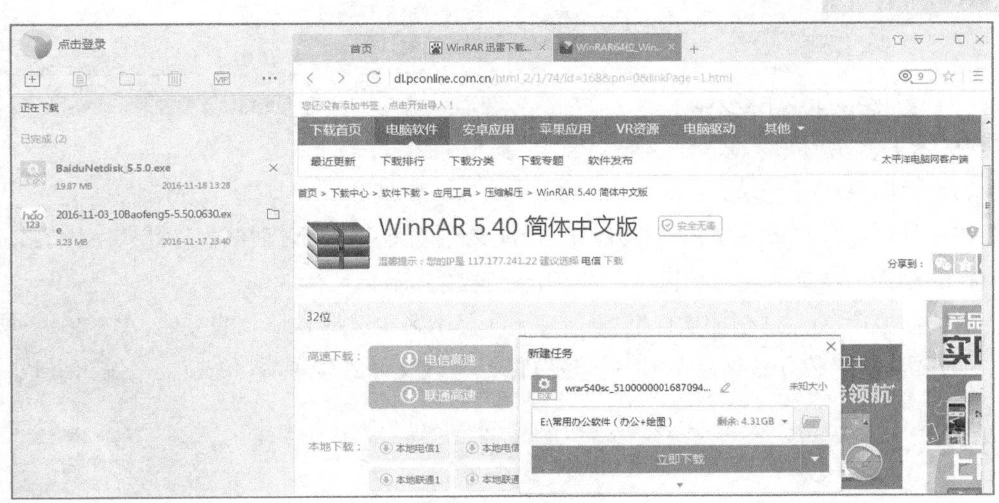

图 9–39 下载 WinRAR

【实训思路】

本实训首先使用迅雷 9 搜索下载压缩软件 WinRAR 的安装程序，然后设置迅雷下载文件的默认保存位置。

【步骤提示】

（1）启动迅雷 9 软件，在搜索框中输入“WinRAR”，然后单击全网搜按钮，进行搜索。

（2）在打开的页面中选择适合的版本进行下载。

（3）下载完成后，打开“设置中心”对话框，在“下载目录”栏中设置保存位置为 D 盘中的某个文件夹。

实训二　运用百度网盘上传并下载文件

【实训要求】

本实训要求使用百度网盘上传文件，并对上传后的文件进行下载。通过本实训的操作可以进一步巩固使用百度网盘的基本知识。

【实训思路】

用户可以尝试将计算机中的文件上传至百度网盘中，再利用百度网盘下载之前保存在百度网盘中的文件到计算机中。图 9-40 所示为上传文件操作，图 9-41 所示为下载文件操作。

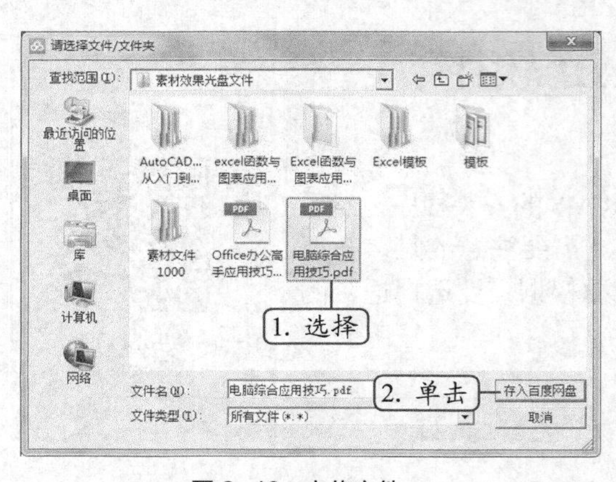

图 9-40　上传文件

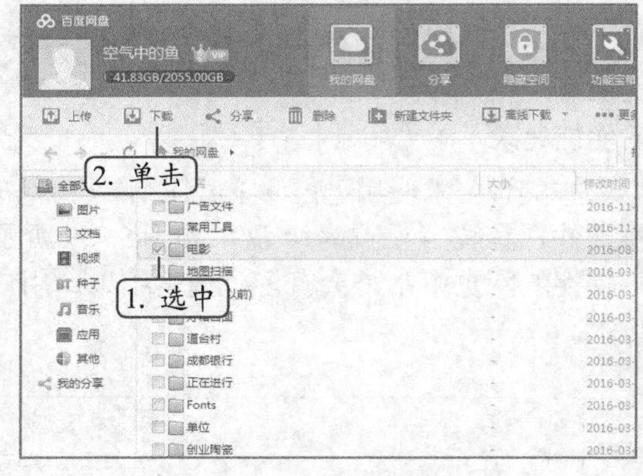

图 9-41　下载文件

【步骤提示】

（1）启动百度网盘并登录。

（2）在工具栏中单击上传按钮，打开“请选择文件 / 文件夹”对话框，打开要上传的文件保存的路径，选择需要上传的文件，单击存入百度网盘按钮。

（3）上传完成后，单击“全部文件”选项卡，文件显示区中选择要下载的文件，单击下载按钮。

（4）打开“设置下载存储路径”对话框，设置保存下载文件的位置后，单击下载按钮下载文件。

课后练习

练习 1：下载所需工具软件

下面将练习根据情况使用迅雷下载所需工具软件。

操作要求如下。

- 启动迅雷软件，搜索下载 360 手机助手。

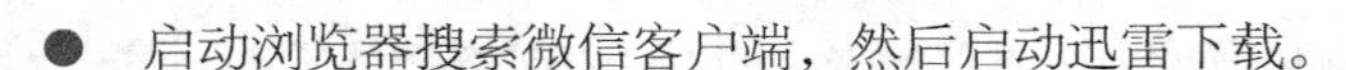

- 启动浏览器搜索微信客户端，然后启动迅雷下载。

练习 2：分享文件

下面将练习使用百度网盘分享迅雷软件的安装程序文件。

操作要求如下。

- 登录百度网盘客户端，上传迅雷软件的安装程序文件。
- 选择网盘中的软件安装程序文件，创建私密分享链接和密码。
- 将分享链接和密码通过 QQ 发送给好友。

技巧提升

1．迅雷同类型的软件

与迅雷软件类似的下载软件还有 QQ 旋风、网际快车、BT 下载器等，这些软件都是比较常见的下载工具。

2．提升迅雷下载速度

启动迅雷，单击工具栏中的“更多”按钮 ⋯ ，在打开的下拉列表中选择“设置中心”选项，打开“设置中心”窗口。选择“高级设置”选项卡，在“磁盘缓存”栏中可设置缓存大小，其中缓存越大，下载速度越快，但占用资源越多，因此要求计算机的配置越高，如图 9-42 所示。

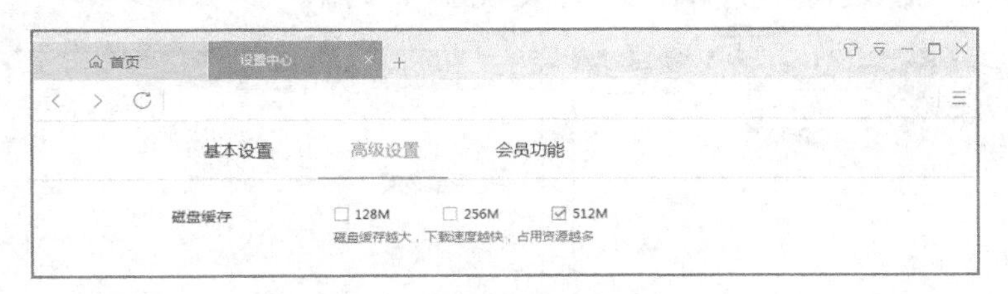

图 9-42　提升迅雷下载速度

3．使用迅雷软件悬浮窗

在迅雷软件中打开“设置中心”窗口，在“悬浮窗显示设置”栏中单击选中 ⊙ 显示悬浮窗 单选项，如图 9-43 所示，将会显示悬浮窗。在悬浮窗中单击鼠标右键，在弹出的快捷菜单中提供了几个常用命令供用户选择，如图 9-44 所示。在右键菜单中选择相应的菜单命令，即可对下载任务和软件本身进行设置和管理。

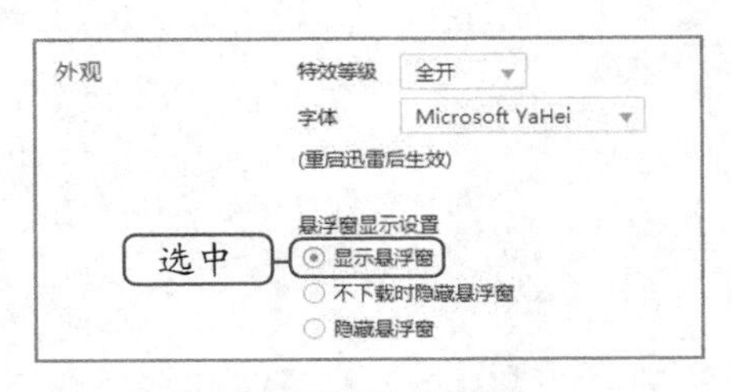

图 9-43　显示悬浮窗

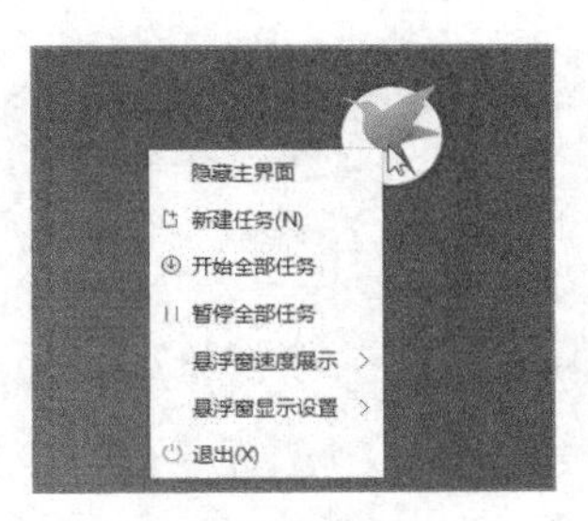

图 9-44　悬浮窗命令

4．拖动文件上传到百度网盘

打开百度网盘客户端主界面，在“计算机”窗口中选择需上传的文件，然后按住鼠标左键不放，往文件显示区空白处拖动，如图 9-45 所示，可直接上传文件。

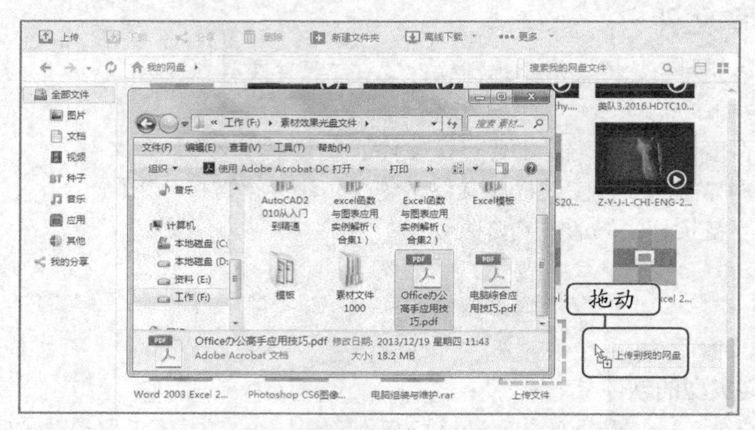

图 9-45　拖动文件上传到百度网盘

5．还原或删除百度网盘回收站文件

在百度网盘客户端中删除的文件被存放在回收站中，单击“设置”按钮，在打开的下拉列表中选择“进入回收站”选项，将在网页中打开百度网盘的回收站窗口，在其中选择文件，单击鼠标右键，在弹出的快捷菜单中选择“还原”命令，可将文件还原到百度网盘的原位置；选择“彻底删除”命令，将彻底删除文件，如图 9-46 所示。

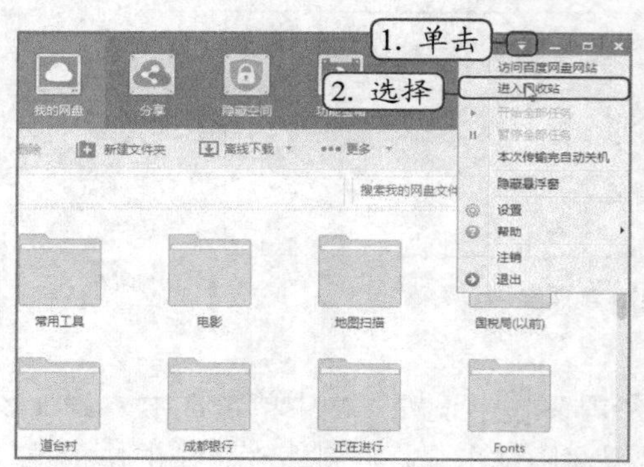

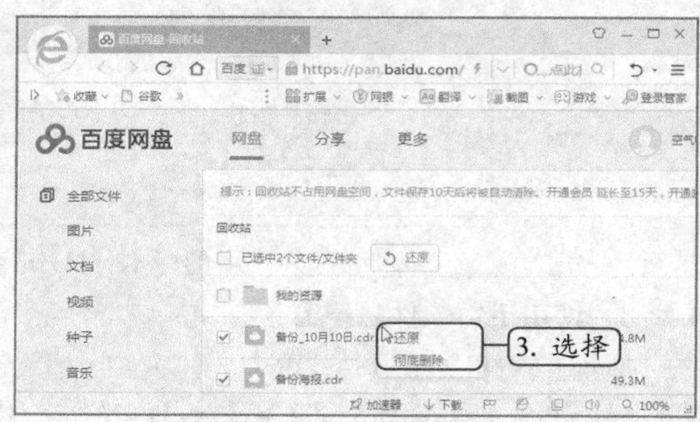

图 9-46　还原或删除百度网盘回收站文件

PART 10

项目十 智能辅助工具

情景导入

米拉：老洪，我新买的手机，还没有用多久就变得很卡了，真让人不舒服。

老洪：别着急，一定是你手机中存放了大量无用的东西，你可以使用360手机助手进行全面整理，让手机恢复神速。

米拉：还有这么好的软件，我怎么不早一点发现。老洪，我的微信和QQ经常收到一些宣传文案，相当漂亮，不知道是怎么制作出来的。

老洪：制作这类宣传文案并不困难，有专门的H5场景制作工具，比如易企秀，用户通过简单的操作，便可制作出相当专业的宣传文案。

米拉：原来如此，比我想象的简单多了！

学习目标

- 掌握使用360手机助手管理手机的操作
- 掌握使用微信客户端聊天的操作方法
- 掌握使用易企秀制作文案的基本操作方法

技能目标

- 能使用360手机助手管理手机
- 能使用微信客户端进行文字交流和文件传输
- 能使用易企秀快速编辑场景，并进行发布和分享

任务一 使用 360 手机助手

进入信息时代以来，智能手机几乎成为人们生活不可缺少的一部分，通过智能手机可实现搜索网上资源、查看资讯，以及进行网上购物和网上支付等操作，但是带来便利的同时也存在着安全隐患，通过 360 手机助手可对智能手机进行辅助管理，不仅能够消除安全隐患，还提供了视频、电子书、音乐等娱乐资源的搜索，并对手机中安装的程序和存放的图片、信息等内容进行整理等操作，实现手机的高效安全管理。

一、任务目标

本任务将连接手机并使用 360 手机助手管理手机中的软件、图片、视频、音乐，包括对手机进行体检，管理手机中的软件，管理手机中的图片、音乐、视频，清理微信等。通过本任务的学习，可以掌握 360 手机的基本操作，同时对 360 手机助手的功能有一个基本的认识。

二、相关知识

360 手机助手是一款智能手机的资源获取平台，操作界面如图 10-1 所示。

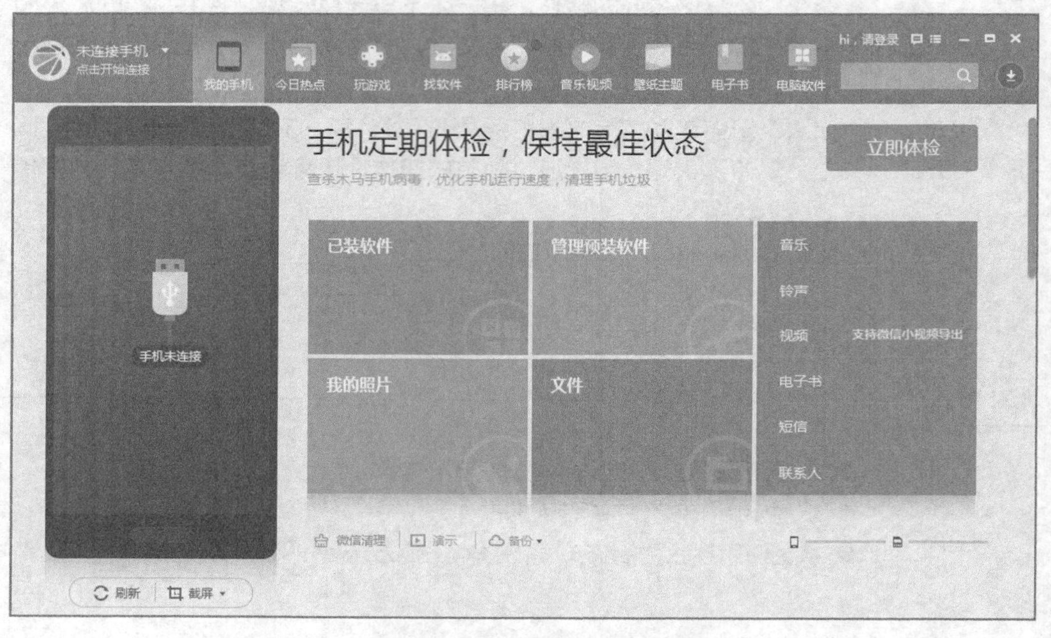

图 10-1　360 手机助手操作界面

下面对主要功能分别进行介绍。

- **海量资源，一键安装**：360 手机助手除自有软件、游戏宝库外，还与多家应用商店进行合作，提供了大量手机资源，不耗费手机流量，一键下载安装。
- **绿色无毒，安全无忧**：360 手机助手提供的所有信息资源都经过 360 安全检测中心的审核认证，可提供一个安全、放心的手机资源获取平台。
- **应用程序，方便管理**：360 手机助手提供应用程序卸载、安装、升级等操作。
- **一键备份，轻松还原**：通过 360 手机助手可以一键备份短信、联系人信息，并且能方便快捷地进行还原。

- **便捷的存储卡管理**：通过手机助手可轻松管理存储卡文件，对其进行添加、删除等操作。
- **实用工具，贴心体验**：通过手机助手能快速地添加、删除手机资源，设置来电铃声、壁纸，进行手机截图。
- **手机安全，一键体检**：只需单击立即体检按钮，便可自动关闭消耗系统资源的后台程序，清理系统运行过程中产生的垃圾文件，扫描并查杀手机里的恶意扣费软件。

三、任务实施

（一）连接手机

在使用 360 手机助手时需要将手机与计算机建立有效连接，其具体操作如下。

（1）将手机数据线一端与计算机的USB接口相连，另一端与手机相连，计算机将自动安装智能手机的驱动程序。

（2）选择【开始】/【所有程序】/【360 安全中心】/【360 手机助手】/【360 手机助手】菜单命令，或通过在 360 安全卫士中单击“手机助手”按钮，启动 360 手机助手软件。

（3）首次连接，360 手机助手将打开提示对话框，要求用户在手机的“开发者选项”中开启“USB 调试”，如图 10-2 所示，根据提示在手机中进行操作即可。

（4）开启“USB 调试”功能后，在 360 手机助手主界面的左上角将显示成功连接，并读取到手机当前打开的屏幕内容，如图 10-3 所示。

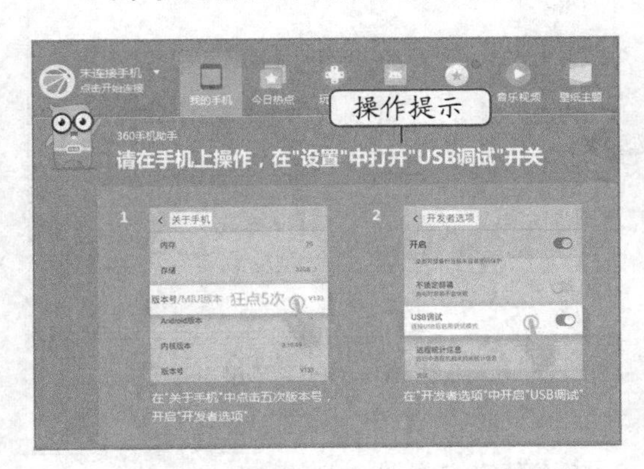

图 10-2 根据提示开启“USB 调试”功能

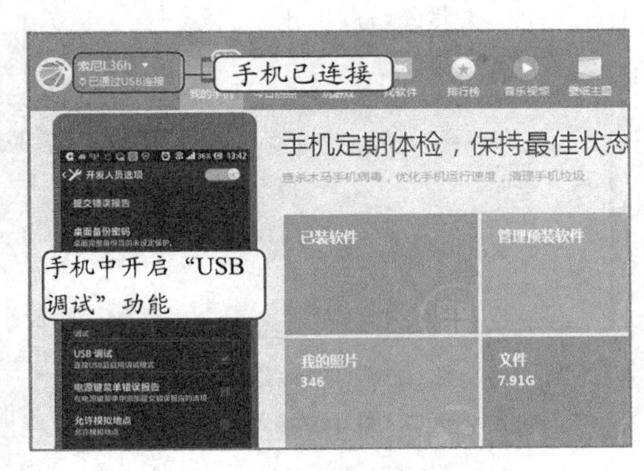

图 10-3 连接成功

使用手机助手的前提条件和连接的其他方法

使用手机助手的前提条件是，在手机中需安装手机助手软件。进入“手机助手”界面的方法除上面讲的方法外，还可通过以下方式：下载并安装“360 手机助手”到计算机，在桌面上双击“360 手机助手”图标，进入“360 手机助手”界面后，左上角会显示“尚未连接手机”，使用数据线将手机与计算机连接，单击点击开始连接按钮即可。

（二）对手机进行体检

通过 360 手机助手可对手机进行体检，然后根据扫描结果进行一键处理，其具体操作如下。

（1）在“我的手机”选项卡中单击 立即体检 按钮，如图 10-4 所示。

（2）手机助手开始下载手机卫士，并对手机进行体检，如图 10-5 所示。

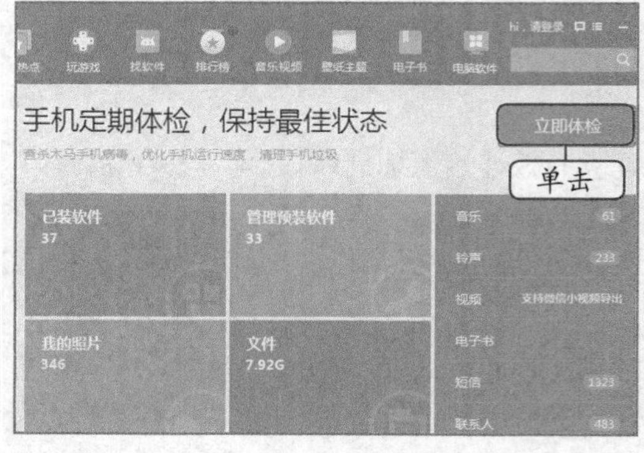

图 10-4　执行体检操作

正在进行手机体检，请稍候...
手机提速
手机清理

图 10-5　体检扫描

（3）扫描完成后，将显示扫描结果信息，单击 一键修复 按钮，如图 10-6 所示。360 手机助手开始开始修复手机中的问题，如图 10-7 所示。

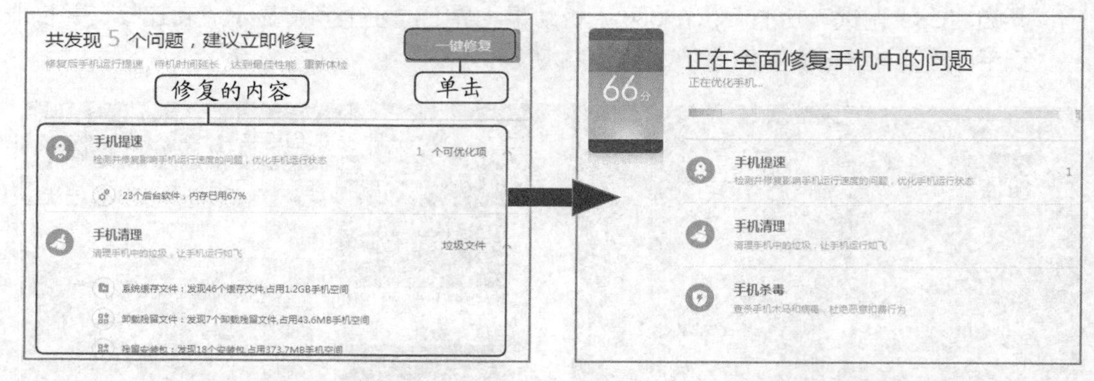

图 10-6　执行修复操作

图 10-7　修复手机中的问题

（三）管理手机中的软件

微课视频
管理手机中的软件

使用 360 手机助手可对手机中的软件程序进行快速有效的管理，包括软件卸载、软件更新、软件下载等。下面将卸载手机中不常用的程序，并关闭预装软件的开机启动，然后搜索下载“开心消消乐”游戏程序，其具体操作如下。

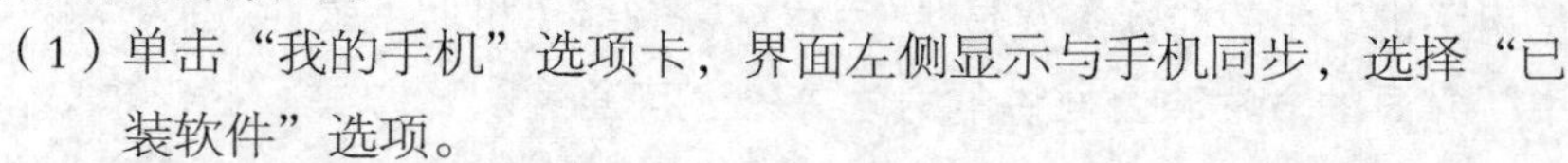

（1）单击“我的手机”选项卡，界面左侧显示与手机同步，选择“已装软件”选项。

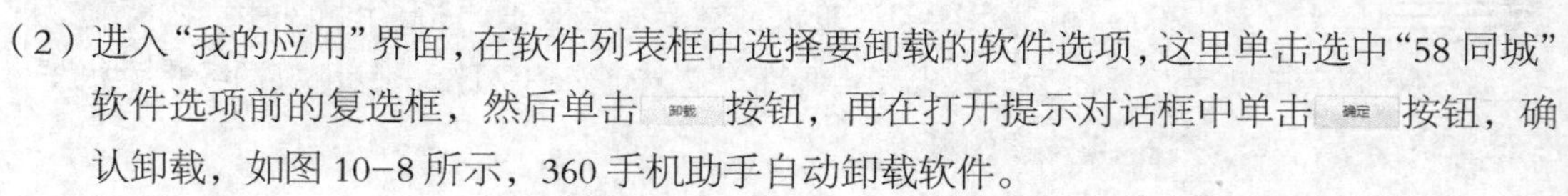

（2）进入“我的应用”界面，在软件列表框中选择要卸载的软件选项，这里单击选中“58 同城”软件选项前的复选框，然后单击 卸载 按钮，再在打开提示对话框中单击 确定 按钮，确认卸载，如图 10-8 所示，360 手机助手自动卸载软件。

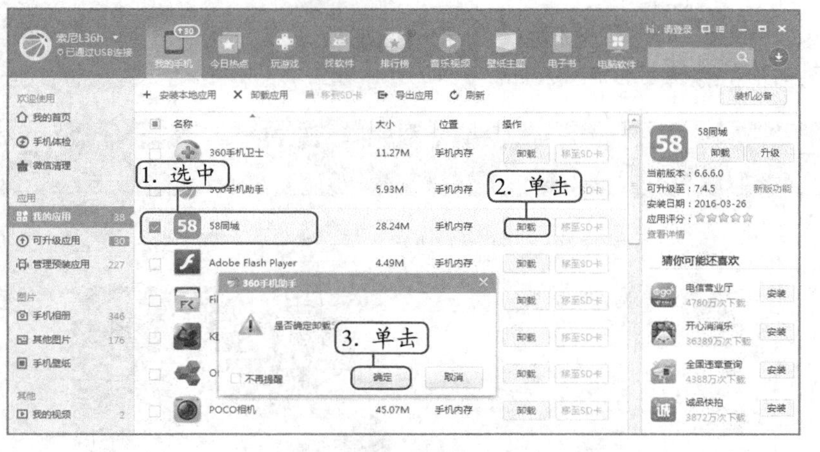

图 10-8　卸载已安装软件

取消提示对话框和批量卸载

首次卸载软件，在打开的提示对话框中单击选中 ☑ 不再提醒 复选框，以后将不再打开提示对话框，直接卸载软件。单击选中多个需卸载的软件选项，在界面上方单击 × 卸载应用 按钮可进行批量卸载。

（3）在界面左侧窗格中单击“管理预装应用”选项卡，进入“管理预装应用”界面，在软件对应的“是否开机启动”项中对启动项进行设置，以及在“操作”项中单击 卸载 按钮，进行“卸载”操作，如图 10-9 所示。

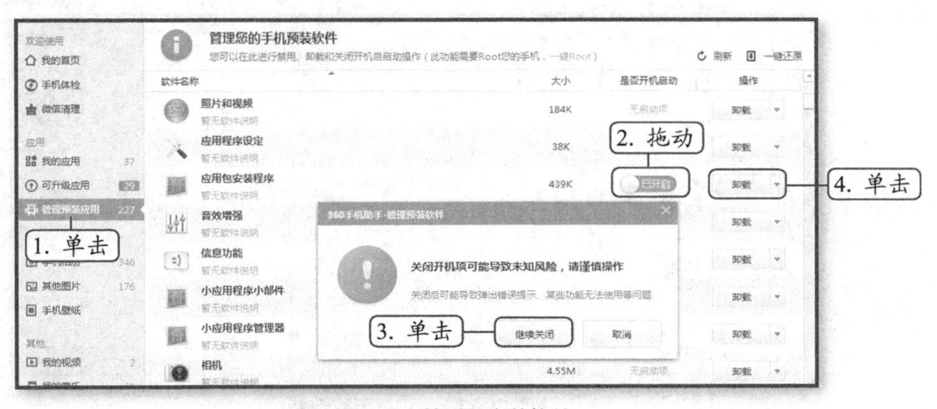

图 10-9　管理预安装软件

取消开机启动和卸载预装应用注意事项与还原操作

取消开机启动和卸载预装应用时，需谨慎进行操作，如果错误设置或卸载了系统相关程序应用，将导致手机出现问题。若手机出现问题时，也可启动 360 手机助手，在“管理预装应用”界面单击 一键还原 按钮还原预装软件程序的设置。

（4）在360手机助手的搜索框中输入“开心消消乐”，单击右侧的按钮，打开搜索结果界面，单击其对应的一键安装按钮，如图10-10所示。

图10-10　搜索软件执行安装操作

（5）开始下载软件程序，单击右上角的按钮，打开“下载管理”对话框，其中显示了下载任务和下载进度，下载完成后将自动进行安装，如图10-11所示。

图10-11　正在下载安装

知识补充

找软件

为便于查找安装，手机助手对软件进行了很细化的分类，单击360手机助手上方的“找软件”选项卡，进入“找软件”界面，用户可根据自身需要在右侧单击“排行榜”“软件分类”和“聊天通信”等选项卡，然后选择满意的软件进行下载安装。

（四）管理手机中的图片、音乐、视频

通过手机助手还可管理手机中的图片、音乐、视频等文件，如导入、导出以及删除，其具体操作如下。

（1）在360手机助手主界面选择“我的照片”选项，默认打开“手机相册”界面，手机助手右侧显示了手机中的相册，并按时间先后排序，单击选中日期前的复选框，选择该日期下手机存放的所有照片。

（2）单击 导出选中图片 按钮，打开“浏览文件夹”对话框，选择保存位置，单击 确定 按钮，如图10-12所示，将手机中的照片导入计算机中保存。

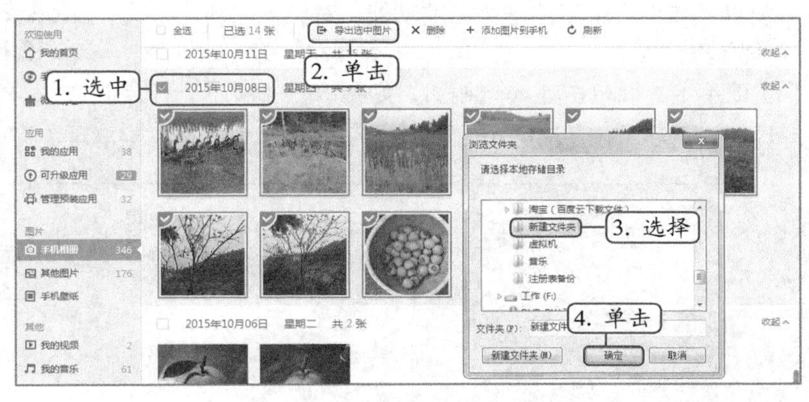

图10-12　导出手机中的照片

删除与导入照片

在“手机相册”界面上方单击 × 删除 按钮，可删除选中的手机照片。单击 + 添加图片到手机 按钮，则可将计算机中保存的照片导入到手机中，其操作方法与导出手机照片相同。

（3）在左侧窗格中单击“我的音乐”选项卡，在打开界面的音乐文件列表中单击选中音乐选项前的复选框，单击上方的 发送到电脑 按钮，打开“浏览文件夹”对话框，可导出音乐文件到设置的计算机文件夹中，如图10-13所示。

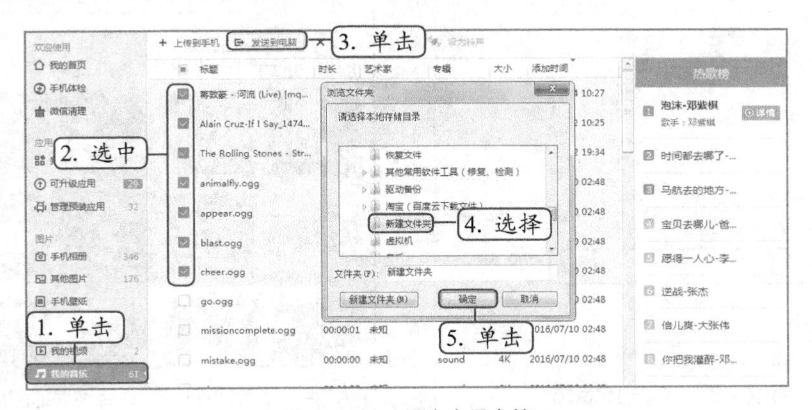

图10-13　导出音乐文件

删除与导入音乐及视频管理

在“我的音乐”界面上方单击+上传到手机或×删除按钮，可将计算机中的音乐文件导入手机，或删除音乐文件。单击“我的视频”选项卡，进入该界面，同样可执行视频的导入、导出和删除操作。

（五）清理微信

随着手机的普及，微信用户日益增多，长期使用微信，导致微信的相关信息，如微信语音、微信动图、微信小视频等，占用越来越多的手机空间，360 手机助手专门开辟了清理微信的功能，对微信内容进行选择性的清理，其具体操作如下。

（1）在 360 手机助手主界面单击微信清理按钮，如图 10-14 所示，打开微信处理界面，然后单击立即扫描按钮，如图 10-15 所示，扫描微信清理内容。

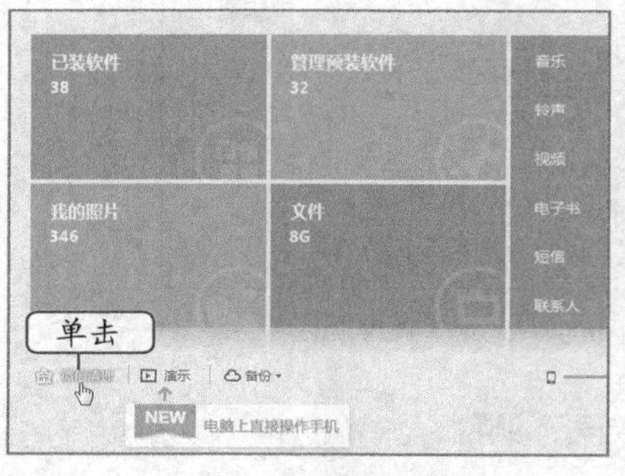

图 10-14　执行清理操作

图 10-15　扫描垃圾

（2）扫描完成后，默认只选中“微信垃圾”复选框，需手动选择“聊天图片”和“聊天视频”。这里单击选中“聊天图片”项目下的“小图片”选项，如图 10-16 所示。

（3）在打开的界面中将显示所有微信聊天过程中发送和接收的图片，先单击选中上方的小尺寸图片复选框，选中所有图片，再在不用清除的图片上单击鼠标取消选中该张图片，如图 10-17 所示。

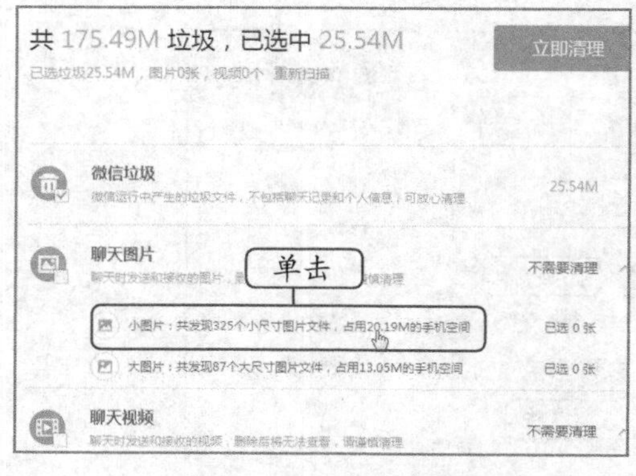

图 10-16　手动选择选项

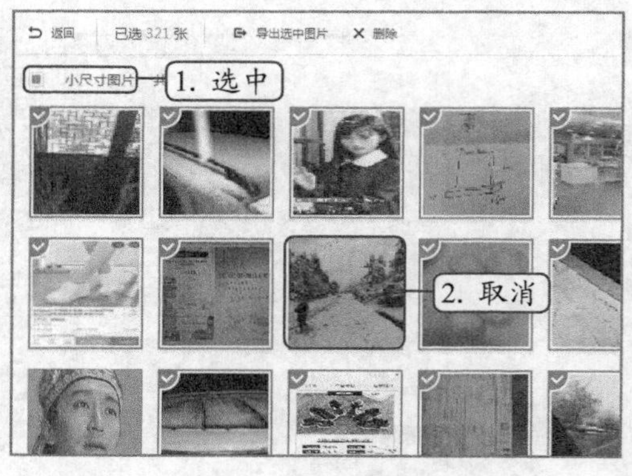

图 10-17　选择清理的图片

（4）单击 ⮌ 返回 按钮，返回清理界面，使用相同的方法，选中要清理的大图片和视频，如图 10-18 所示。再次单击 ⮌ 返回 按钮，返回清理界面，单击 立即清理 按钮即可。

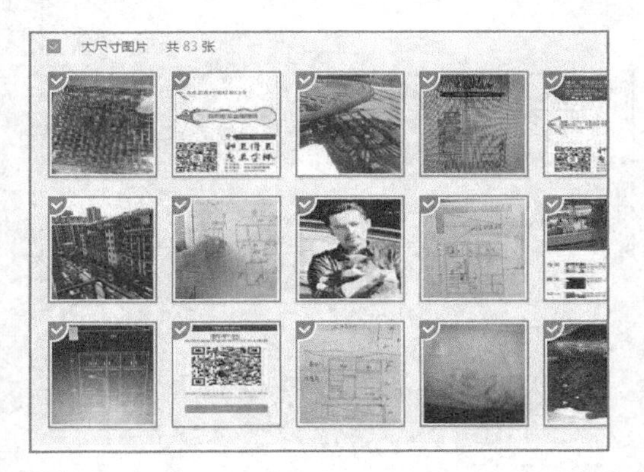

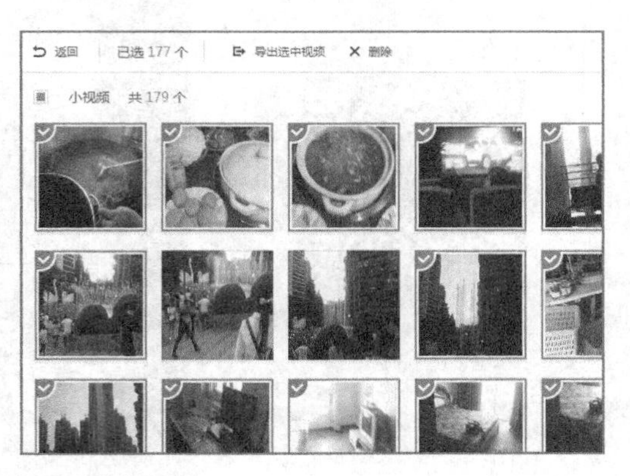

图 10-18 选中要清理的图片和视频

清理某个选项

在文件列表中，将鼠标光标移动到某张图片或视频上，单击“删除”按钮，再在打开的对话框中单击 直接删除 按钮，可删除该张图片或视频。

任务二 使用微信客户端

微信是大多数用户不会感到陌生的手机应用，所谓微信客户端即为微信的电脑版，可以使用户像使用 QQ 软件一样方便。

一、任务目标

本任务的目标是利用微信电脑版 2.2 进行即时聊天和文件传输。通过本任务的学习，掌握使用微信客户端的基本操作。

二、相关知识

微信客户端是专为微信用户开发的一款 PC 微信版本。最初的版本是微信网页版，随之升级为客户端的形式，也就是说它是一种最新网页版的形式。微信官方版需要用户用手机在计算机端扫码登录，无需输入账号、密码，然后手机上单击 登录 按钮即可在计算机端登录微信，确保微信账号安全，如图 10-19 所示，好友列表中将显示最近进行过会话的好友，和使用 QQ 类似，收到消息即时弹出提醒，不会漏掉任何信息。新版微信客户端的功能如下。

- 可以发送文字、图片、文件，播放朋友发来的小视频和动画表情。
- 查看公众号文章和资讯。
- 可以查看和搜索通讯录中的联系人。

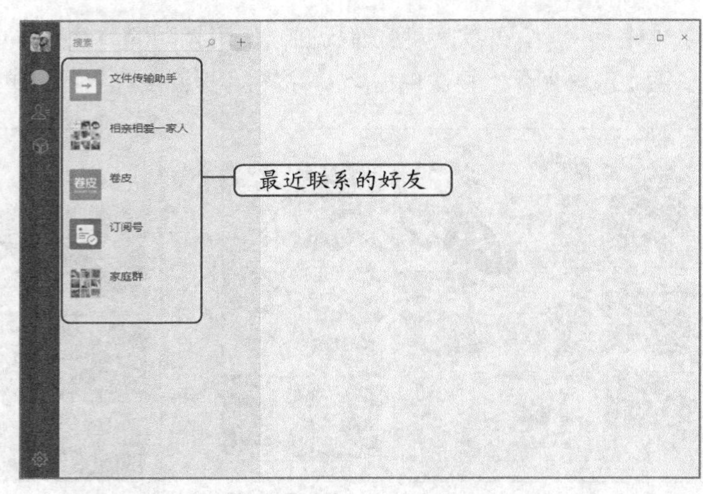

图 10-19　登录微信客户端

三、任务实施

（一）即时聊天

通过微信客户端可以进行即时聊天，其方法与使用 QQ 相似，通过微信客户端还可以实现发送文字、截图以及视频通话等功能，其具体操作如下。

（1）选择【开始】/【所有程序】/【微信】/【微信】菜单命令，启动微信客户端，手机扫描登录账号。

（2）在微信主界面的工具栏中单击"通讯录"按钮，在通讯录微信好友列表栏中选择好友，然后在右侧界面单击发消息按钮，如图 10-20 所示。

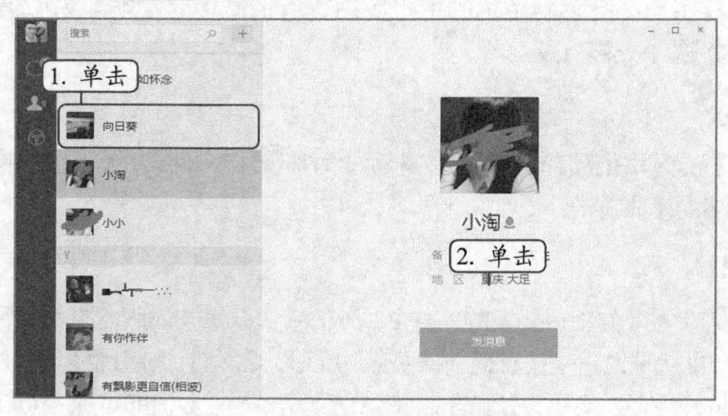

图 10-20　选择好友进行聊天

搜索微信好友

可在微信客户端的搜索框中输入微信账号、备注名等搜索好友，然后快速打开对话框。

（3）打开微信好友对话框，在文本框中输入对话内容，单击 发送(S) 按钮，发送信息，如图 10-21 所示。

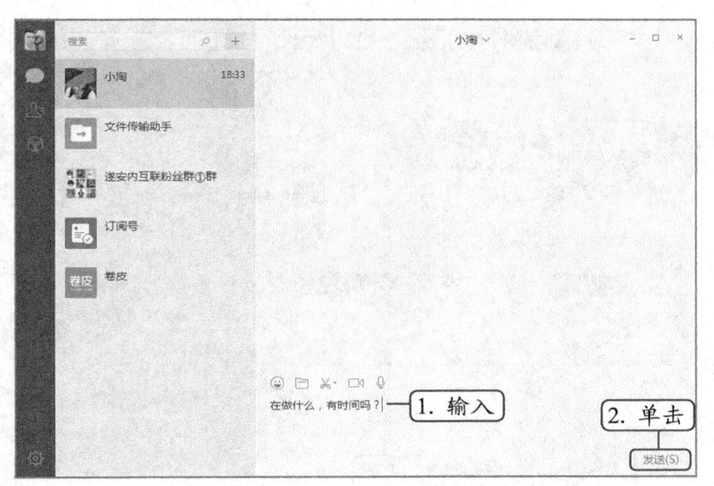

图 10-21　发送文字信息

（4）当有好友发送信息时，计算机任务栏中的微信图标将闪烁提示，将鼠标光标移到该图标上，将弹出悬浮框，单击好友选项，可查看好友回复的信息。

（5）在对话框的工具栏中单击“表情”按钮，在打开的表情下拉列表中可选择并发送表情，如图 10-22 所示。

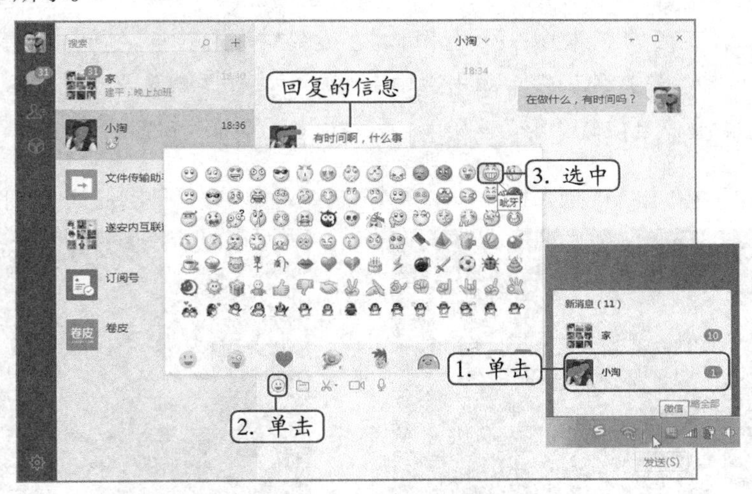

图 10-22　查看回复信息并发送表情

操作提示

忽略对话

将鼠标光标移动到通知区域的微信图标上，在弹出的悬浮框中单击“忽略全部”超级链接，可忽略所有对话，不进行查看。

（6）打开图片保存位置，在对话框的工具栏中单击“截图”按钮，在打开的窗口截图，完成后在截图窗口中双击鼠标或单击弹出工具栏中的按钮，可把截图添加到对话框中，然后单击发送(S)按钮发送截图，如图10-23所示。

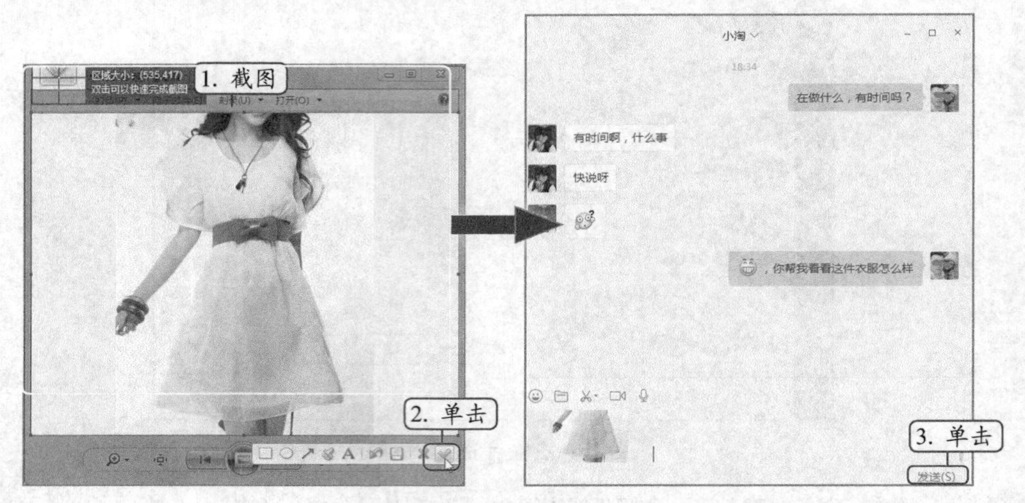

图10-23　发送截图

截图设置

如果对截图不满意，可在弹出的工具栏中单击按钮取消此次截图，然后重新截取窗口画面即可。在截图前可先单击按钮右侧的下拉按钮，在打开的列表中单击选中截图时隐藏聊天窗口单选项，在截图时将隐藏会话框，防止会话框遮挡住截图窗口。

（7）在会话框中单击“视频”按钮，待好友接收后可进行视频通话，如图10-24所示。

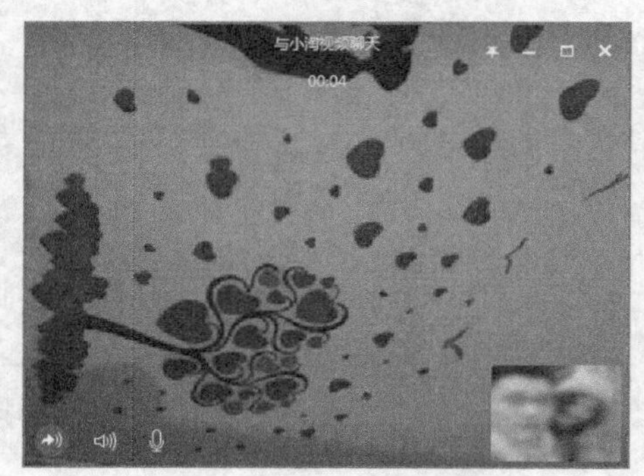

图10-24　视频通话

（二）文件传输

微信客户端可以进行文件传输，下面通过微信客户端发送和接收文件，其具体操作如下。

（1）在好友对话框工具栏中单击按钮，打开“打开”对话框，在其中选择要发送的文件，单击打开(O)按钮，如图10-25所示，将文件添加到文本框中，单击 发送(S) 按钮发送文件。

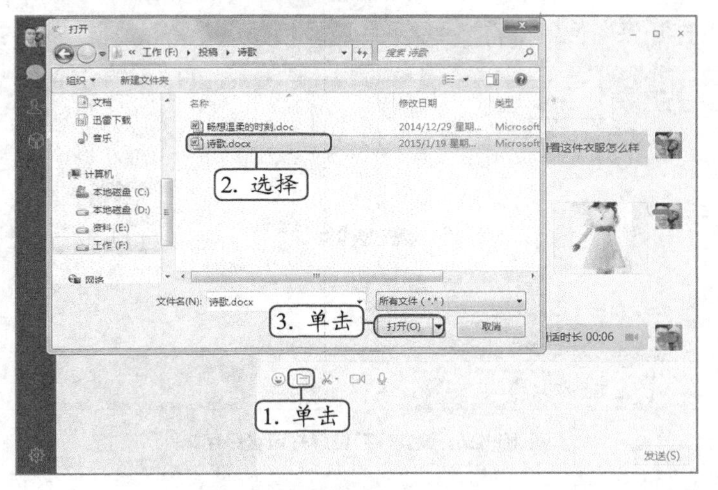

图 10-25 发送文件

操作提示

拖动文件发送

打开文件存放的位置，选择文件后按住鼠标左键不放，将其往微信对话框拖动，添加到文本框可快速进行发送。

（2）好友发送的文件将默认保存在"D:\ 我的文档 \WeChat Files\"文件夹中，在发送的文件上单击鼠标右键，在弹出的快捷菜单中选择"保存"命令，如图 10-26 所示。

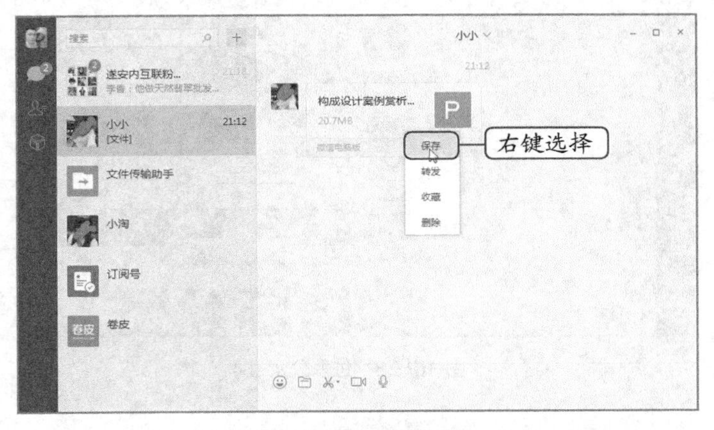

图 10-26 保存文件

知识补充

另存文件后删除微信文件

文件默认保存在"D:\ 我的文档 \WeChat Files\"文件夹中，当另存文件后，可在文件上选择"删除"命令，删除文件，或在"D:\ 我的文档 \WeChat Files\"文件夹删除文件，以防占用空间。

（3）打开“打开”对话框，选择文件保存位置，然后单击 保存(S) 按钮，如图 10-27 所示，保存文件后可打开保存位置查看文件。

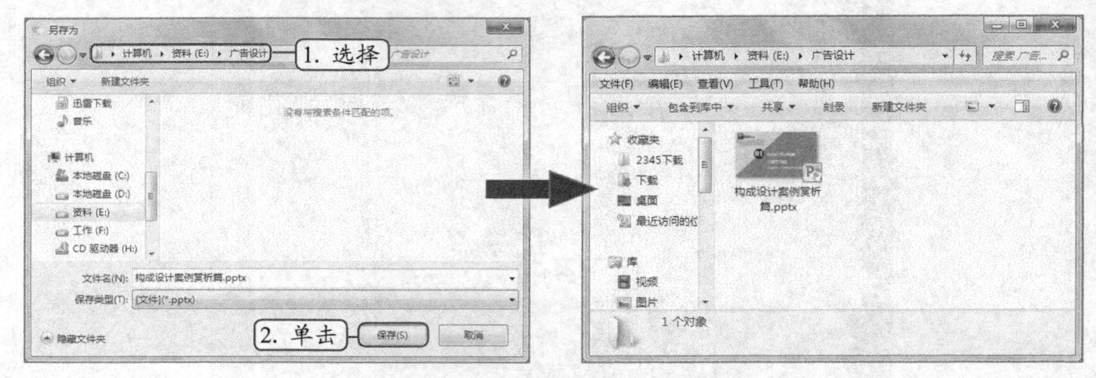

图 10-27 设置保存位置并查看保存文件

（三）查阅公众号文章

在微信客户端中，用户可以方便地查看微信公众号信息，其具体操作如下。

（1）在通讯录列表中选择“公众号”选项，在打开的公众号列表框中单击公众号选项，在打开的浮动框中单击“进入公众号”超链接，如图 10-28 所示。

图 10-28 进入公众号

取消关注公众号

在展开的公众号列表框的公众号选项上单击鼠标右键，在弹出的快捷菜单中选择“取消关注”命令可取消关注公众号。

（2）进入公众号后，在对话框底部单击公众号板块按钮，在打开的列表中选择板块对应的内容选项，如图 10-29 所示。

（3）进入公众号主题板块，在其中单击相关超链接可查看对应的内容，如图 10-29 所示。

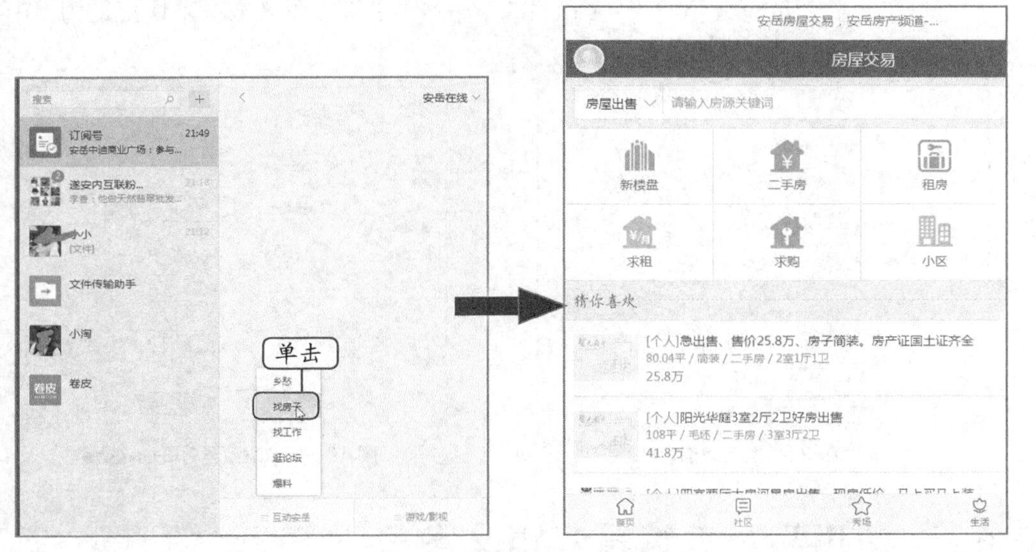

图 10-29　查看公众号文章

（四）选项设置

通过对微信客户端的主要选项进行设置，可以有效管理微信，其具体操作如下。

（1）单击微信客户端左下角的“设置”按钮，打开“设置”对话框，单击“通用设置”选项卡，单击选中 开启新消息提醒声音 复选框，在接收信息时，将发出提示声音。

（2）在“文件管理”栏中单击 更改 按钮，打开“浏览文件夹”对话框，设置文件默认保存位置，如图 10-30 所示。

图 10-30　开启声音提示并设置文件保存位置

（3）在打开的提示对话框中单击 确定 按钮，重启微信客户端，如图 10-31 所示。

（4）重启后，单击“快捷按键”选项卡，设置功能快捷键，如单击“截取屏幕”文本框，打开“请直接在键盘上输入新的快捷键”对话框，在键盘上按任意键，如按【Ctrl+B】组合键设置截取屏幕快捷键为“Ctrl+B”，按【B】键设置截取屏幕快捷键为“B”，如图 10-32 所示，单击 确定 按钮完成设置。

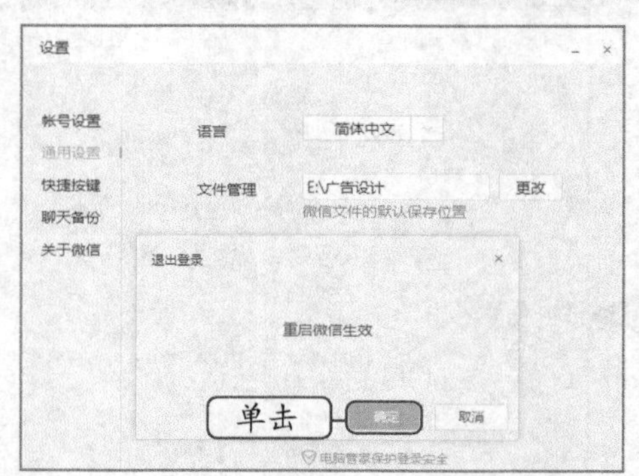

图 10-31　重启微信

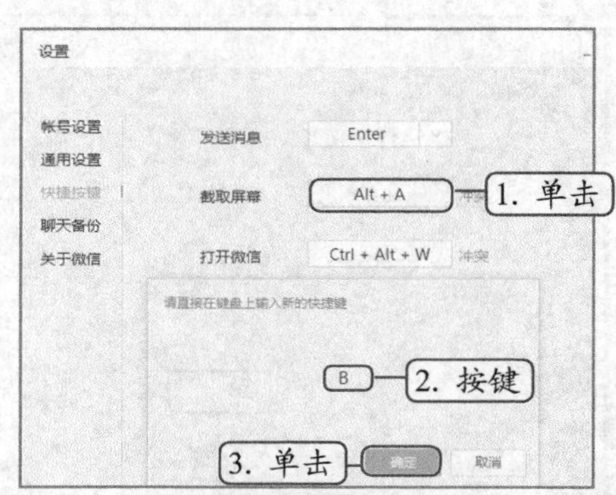

图 10-32　设置屏幕截图快捷键

任务三　使用易企秀编辑营销文案

易企秀是一款针对移动互联网营销的手机幻灯片、H5 场景应用在线制作工具，通过使用易企秀将原来只能在 PC 端制作和展示的各类复杂营销方案转移到更为便携的手机上，用户可随时随地根据自己的需要在 PC 端、手机端进行制作和展示，随时随地进行营销。

一、任务目标

本任务的目标是使用易企秀编辑营销文案，首先登录到易企秀，然后通过易企秀制作场景，完成后分享场景。通过本任务的学习，掌握通过易企秀制作编辑场景的方法。

二、相关知识

（一）什么是 H5

H5 是指第 5 代 HTML，即 HTML5，也指用 H5 语言制作的一切数字产品。HTML 是“超文本标记语言”的英文缩写。我们上网所看到网页，多数都是由 HTML 编写成的；“超文本”是指页面内可以包含图片、链接，甚至音乐、程序等非文字元素；而“标记”指的是这些超文本必须由包含属性的开头与结尾标志来标记。浏览器通过解码 HTML，就可以把网页内容显示出来，它也是支撑互联网兴起的基础。

简而言之，H5 用于制作网页。相对老版的 HTML，HTML5 更简单，功能更多。

（二）什么是易企秀

易企秀是一款针对移动互联网营销的手机网页的 DIY 制作工具，用户可以编辑手机网页，分享到社交网络，通过报名表单收集潜在客户或其他反馈信息。

用户通过易企秀，无需掌握复杂的编程技术，就能简单、轻松制作基于 HTML5 的精美手机幻灯片页面。同时，易企秀与主流社会化媒体打通，让用户通过自身的社会化媒体账号进行传播，展示业务，收集潜在客户。易企秀提供免费平台，使用户可以零门槛使用易企秀进行自营销，从而持续积累用户。

易企秀适用的领域包括：企业宣传、产品介绍、活动促销、预约报名、会议组织、收集反馈、微信增粉、网站导流、婚礼邀请、新年祝福等。

启动浏览器，在地址栏中输入易企秀的官方网址“http://www.eqxiu.com”，进入易企秀官方网站，用户可以通过注册易企秀账号登录，也可使用微信或QQ账号登录，如图10-33所示。

图10-33　登录易企秀

三、任务实施

（一）创建场景

在易企秀中创建场景是编辑文案的过程，创建场景可以通过易企秀提供的模板快速完成，然后将模板中的背景、文字、音乐等修改为自己所需的内容，也可以新建空白场景，然后在场景中添加场景、文字和音乐等内容。下面自定义创建旅游类宣传文案，其具体操作如下。

（1）登录易企秀后，单击“H5展示”超链接，进入该页面后，单击“场景”栏中的 空白模式 按钮，如图10-34所示。

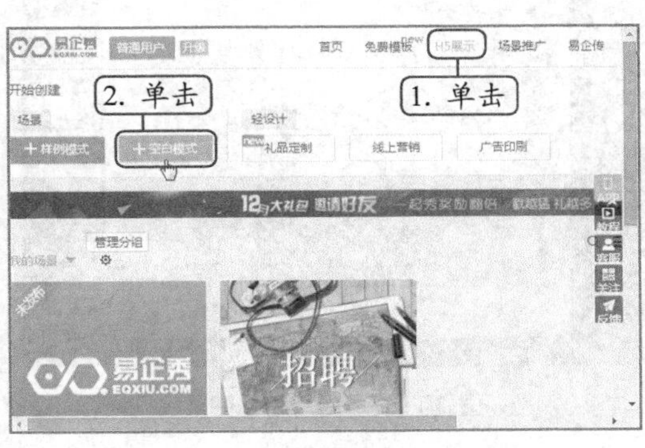

图10-34　新建空白场景

> **知识补充**
>
> **使用样板模式创建场景**
>
> 进入“H5展示”选项卡页面后，单击“场景”栏中的 +样例模式 按钮，在打开的页面将鼠标光标移到目标模板的封面上，单击“就这个”按钮，进入场景的编辑页面，修改模板中的背景图片、文本内容、背景音乐等，快速创建场景。

（2）进入场景的编辑页面，页面左侧显示了模板样式列表，可选择模板选项更改模板样式，页面中间显示场景页面内容，页面右侧显示场景页码列表，单击该选项可在场景页码中切换，页面上方则是场景的编辑工具按钮栏，如图10-35所示。

图 10-35　编辑页面

场景页面

场景页面的大小即是在用户手机页面中显示的大小，在编辑内容时，可以直观形象地感受到文案内容在手机端的显示状态。

（3）单击编辑页面工具栏中的背景按钮，在打开的对话框中显示了易企秀默认提供的背景图片，根据文案主题，选择对应的图片，单击确定按钮，如图 10-36 所示。

（4）在打开的对话框中提示可对背景图片进行裁剪，保留图片在场景页面的显示部分，如图 10-37 所示，确认后单击确定按钮。

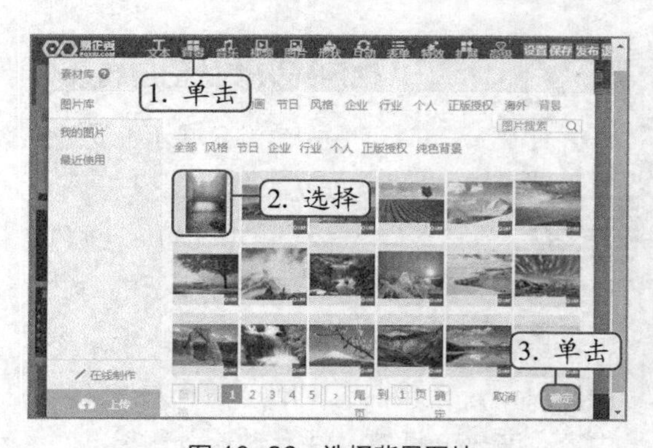

图 10-36　选择背景图片

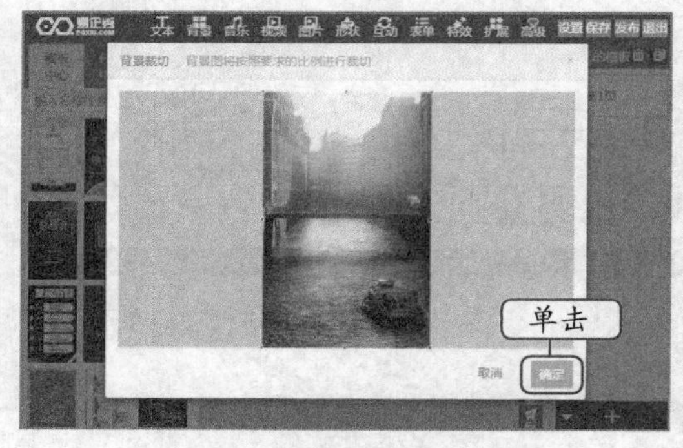

图 10-37　应用背景图片

（5）插入背景图片后，单击工具栏中的文本按钮，在场景页面中插入文本框，在其中输入文字内容，然后选择文字，在打开的字体工具栏中将字号大小设置为“48”，在“组件设置”面板中单击色块按钮，设置字体颜色，如图 10-38 所示，然后单击确定按钮，关闭字体工具栏和“组件设置”面板。

（6）返回场景页面，将鼠标光标移到文本框的边框上，按住鼠标左键不放，拖动鼠标将文本框移到页面合适位置，如图 10-39 所示。

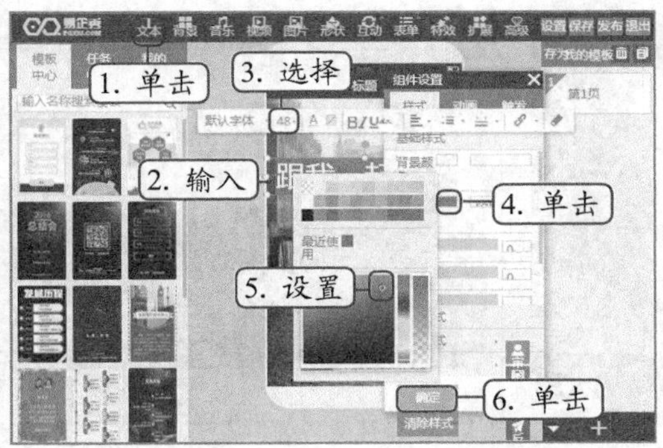

图 10-38　插入并设置文本

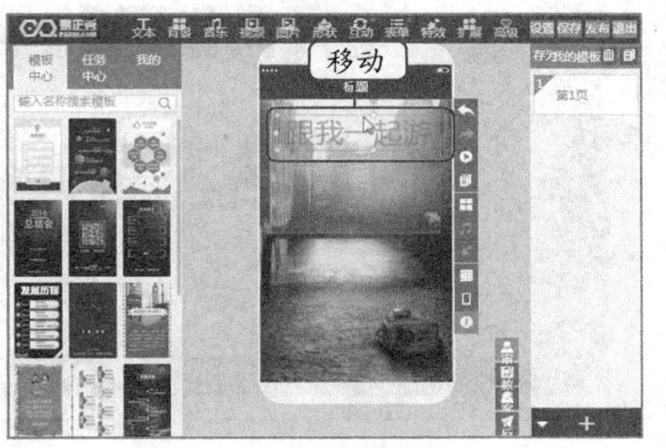

图 10-39　移动文本位置

（7）使用相同方法，输入其他文本内容，如图 10-40 所示。

（8）单击工具栏中的“音乐”按钮，在打开的对话框中浏览并选择音乐库中的音乐，如图 10-41 所示，然后单击确定按钮，设置背景音乐。

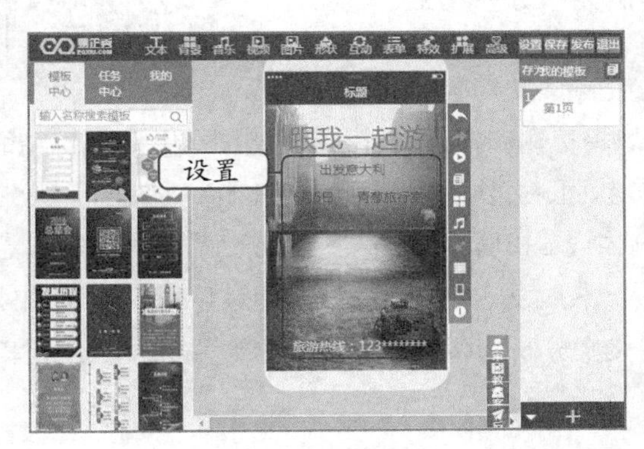

图 10-40　输入其他文本

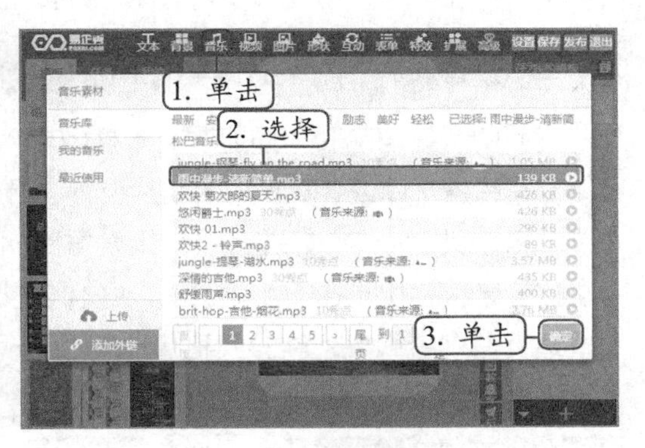

图 10-41　设置背景音乐

操作提示

使用计算机中的音乐文件

在打开添加背景音乐对话框中单击上传按钮，可上传计算机中保存的音乐文件作为文案的背景音乐，其格式要求为 mp3，大小不超过 4M。

（9）单击页码列表框底部的按钮，添加一张空白页面，单击工具栏中的按钮，在打开的对话框中单击上传按钮，然后在“打开”对话框中选择计算机中保存的图片，单击打开(O)按钮上传图片，如图 10-42 所示。

（10）上传完成后，单击上传的图片，在打开的对话框中拖动鼠标选择保留的图片部分，如图 10-43 所示，然后单击确定按钮设置背景图片。

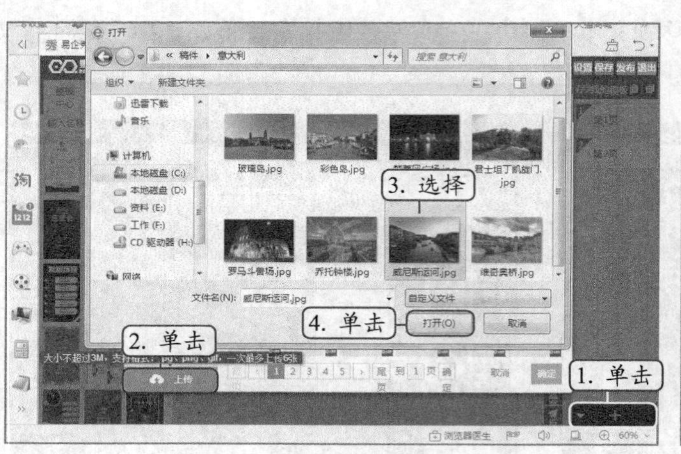

图 10-42 上传计算机中的图片

图 10-43 选择保留部分

（11）使用相同方法在页面中添加文本等元素，并添加其他页面。

（二）分享场景

文案场景制作完成后，可将其进行发布分享，从而实现宣传推广的目的。下面首先为场景添加标题和封面，然后发布分享场景，其具体操作如下。

（1）完成场景的编辑后，单击工具栏中的设置按钮，在打开“常用设置”页面的“标题”和“描述”文本框中输入场景标题和描述内容，然后单击更换封面按钮，将易企秀素材库或计算机中的图片设置为场景封面，如图 10-44 所示，单击确定按钮。

（2）单击工具栏中的发布按钮，将场景发布到网站中，发布后自动进入“社交分享”页面，单击“链接分享”栏中单击复制链接按钮，可复制链接，然后发送给好友，好友通过该链接可进入网站页面观看内容。在该页面中也可将场景文案分享到微信、QQ 和微博等场所，这里单击QQ空间按钮，如图 10-45 所示。

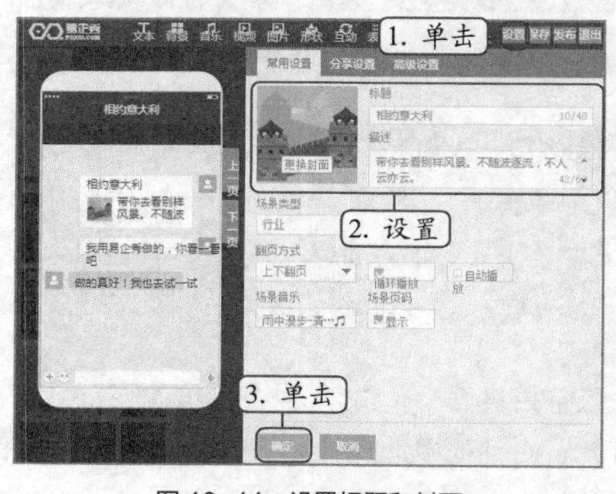

图 10-44 设置标题和封面

图 10-45 分享到 QQ 空间

（3）进入 QQ 空间分享页面，直接单击分享按钮，在打开的对话框中输入 QQ 账号和密码，然后单击登录按钮，如图 10-46 所示。

（4）稍后在打开的页面中将提示分享成功，用户可进入 QQ 空间查看分享效果。图 10-47 所示为在手机端查看场景的分享效果。

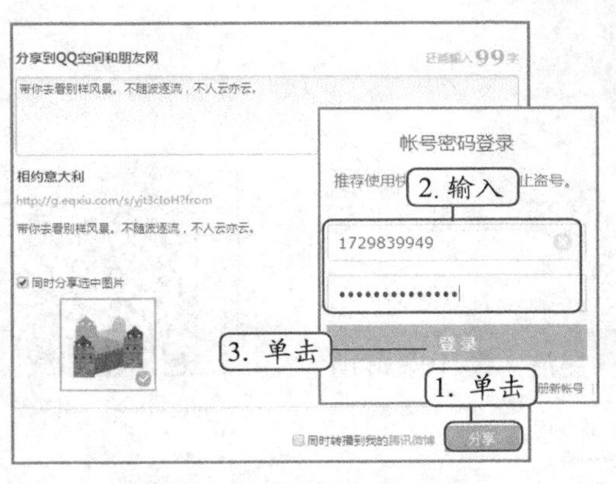

图 10-46　分享场景并登录 QQ

图 10-47　手机端页面效果

添加图片和形状等其他元素

在场景编辑页面上方的工具栏中单击相应按钮，可添加图片和形状等其他元素，与设置文本和添加背景图片的操作方法相似。

实训一　使用 360 手机助手清理手机

【实训要求】

本实训要求手机连接 360 手机助手，清理微信和手机中的无用图片，并卸载手机软件。

【实训思路】

本实训首先使用数据线连接手机，然后清理微信垃圾、图片和视频，最后卸载不使用的手机软件。

【步骤提示】

（1）将手机数据线一端与计算机的 USB 接口相连，另一端与手机相连。

（2）启动 360 手机助手，在主界面单击 微信清理 按钮，打开微信界面，然后单击 立即扫描 按钮，扫描微信清理内容。

（3）扫描完成后，单击“聊天图片”项目下的“小图片”链接。

（4）在打开的界面中单击选中上方的 小尺寸图片 复选框，选中所有图片，再在不用清除的图片上单击鼠标取消选中该张图片。

（5）单击 返回 按钮，返回清理界面，使用相同的方法，选中要清理的大图片和视频，再次单击 返回 按钮，返回清理界面，单击 立即清理 按钮。

（6）单击“我的手机”选项卡，返回 360 手机助手主界面，选择“已装软件”选项。

（7）进入“我的应用”界面，在软件列表框中选择要卸载的软件选项，然后单击 卸载 按钮，再在提示对话框中单击 确定 按钮，确认卸载。

实训二　利用微信客户端聊天

【实训要求】

本实训要求使用微信客户端与好友进行信息沟通。通过本实训的操作进一步巩固使用微信客户端聊天的基本知识。

【实训思路】

本实训先搜索好友，打开对话框，进行信息交流。图 10-48 所示为微信客户端的对话内容。

图 10-48　微信客户端聊天

【步骤提示】

（1）登录微信客户端，在搜索框中输入“小小”，搜索到好友后，选择好友。

（2）打开聊天对话框，在文本框中输入文字内容，插入表情图标，然后发送截图。

（3）查看好友回复信息，继续进行会话。

实训三　制作促销场景文案

【实训要求】

本实训要求登录易企秀，使用模板样式创建一个宣传文案场景。通过本实训进一步熟悉易企秀的操作方法。

【实训思路】

本实训首先登录易企秀，在场景样例页面中的“行业”场景列表中选择一个模板，然后修改模板的内容，编辑完成后进行场景文案的编辑。本实训操作思路如图 10-49 所示。

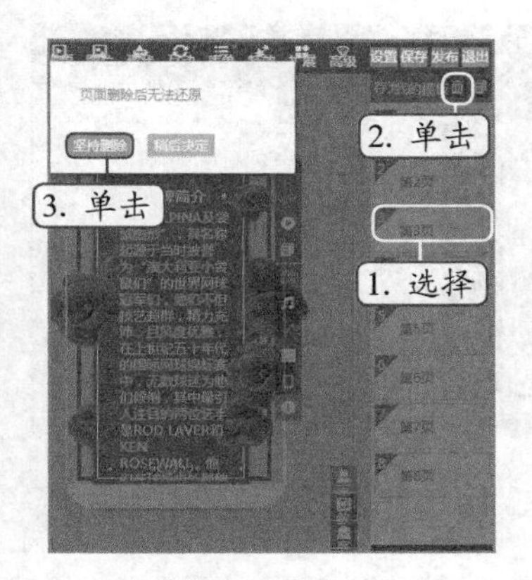

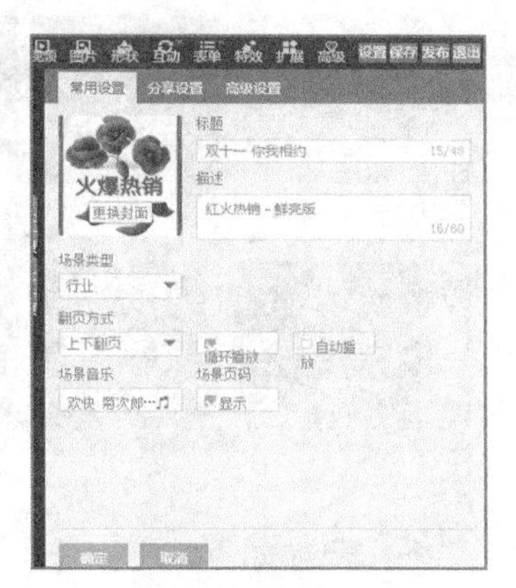

①删除多余页面 ②修改场景内容 ③设置标题和背景音乐

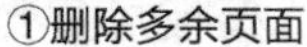

图 10-49 制作促销场景文案操作思路

【步骤提示】

（1）登录易企秀，进入“H5 展示”选项卡页面，单击“场景”栏中的＋样例模式按钮。

（2）在打开的页面将鼠标光标移到目标模板的封面上，单击“就这个”按钮，进入场景的编辑页面。

（3）在页码列表中选择“第 3 页”，单击“删除当前页面”按钮，在打开的对话框中单击坚持删除按钮，然后使用相同方法删除其他多余的页面。

（4）选择第 1 页，双击文本框，修改文本内容，然后使用相同方法修改其他页面。

（5）完成场景的编辑后，单击设置按钮，设置场景标题，单击“背景音乐”栏中的文本框，修改背景音乐，单击确定按钮。

（6）单击发布按钮，发布场景，单击“热门分享”栏中的 QQ 按钮，分享场景给 QQ 好友。

课后练习

练习 1：使用微信客户端发送手机图片

下面将练习手机中的快递单号图片导出到计算机中，然后通过微信客户端发送图片供好友查阅。

操作要求如下。

- 启动 360 手机助手，将手机数据线连接到计算机的 USB 插口。
- 将手机中的图片导入到计算机的桌面暂时存放。
- 启动微信客户端，将图片发送给好友查看。

练习 2：制作圣诞节祝福贺卡

下面将练习使用易企秀制作圣诞节祝福贺卡，参考图 10-50。

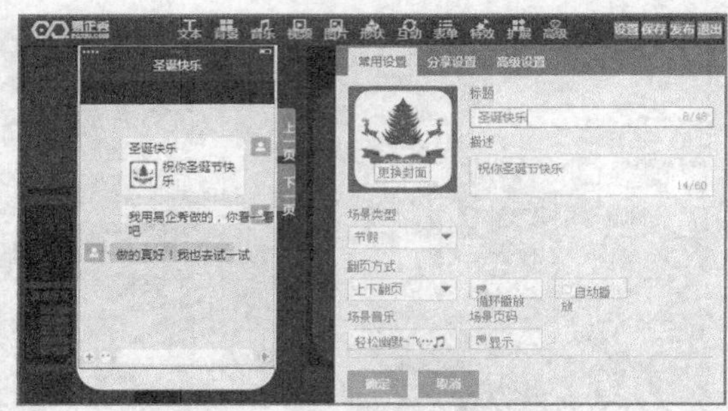

图 10-50　制作圣诞节祝福贺卡

操作要求如下。

- 登录易企秀，进入“H5 展示”页面，在“节假”类别中的“圣诞节”模板封面上单击“就这个”按钮中。
- 在编辑页面中修改文字、图片和背景音乐等内容。
- 设置场景主题，然后发布并分享给 QQ 好友。

技巧提升

1．使用无线网络连接手机

在没有 USB 数据线的情况下下载文件时，可以采用 360 手机助手无线连接，操作方法为：打开 360 手机助手，在界面左上角会显示尚未链接手机。单击开始连接按钮，打开“手机助手”对话框，单击“无线网络连接”选项卡，如图 10-51 所示，根据提示在手机上进行操作即可。

2．管理场景

在易企秀中可对制作的场景进行管理，进入“H5 展示”选项卡页面后，在页面下方可查看到保存的场景，将鼠标光标移动到场景封面上，单击“预览”按钮可预览场景内容，单击“编辑”按钮可再次编辑场景，单击“删除”按钮可删除场景，单击“复制”按钮可复制场景，单击“设置”按钮可设置场景标题和封面等内容，如图 10-52 所示。

图 10-51　手机无线连接

图 10-52　管理场景